"十三五"江苏省高等学校重点教材
（编号：2020-2-162）

IDL 在天文学中的应用

张雪光　著

科学出版社

北　京

内 容 简 介

本书主要介绍 IDL 在天文学中的应用,以简明的数学分析、模型研判为基础,将天文学中前沿课题要点的分析和实例一一对应.

全书共分 8 章. 第 1~3 章介绍 IDL 与天文学的紧密联系、IDL 对天文数据的读取以及 IDL 对天文数据的二维及多维图像的展示;第 4 章重点讨论如何在 IDL 中完成不同数据模型的建立、拟合及后续的梳理验证;第 5 章介绍如何将 IDL 与 Python 语言进行互动,让实用的函数基本上涵盖了现阶段观测天文学的研究领域;第 6 章讨论数据降维及可视化在天文学研究中的应用;第 7 章讨论 IDL 在时域天文学中的应用;第 8 章将以上各章中的内容进行有机结合,并一一展现出来.

本书适合于天文学专业的研究生、高年级的本科生,以及热衷于深度天文科普的科普工作者,还可作为天文学科研人员的参考书和专业工具书.

图书在版编目(CIP)数据

IDL 在天文学中的应用/张雪光著. —北京:科学出版社,2022.3
"十三五"江苏省高等学校重点教材
ISBN 978-7-03-070823-6

Ⅰ. ①I⋯ Ⅱ. ①张⋯ Ⅲ. ①程序语言-应用-天文学-高等学校-教材
Ⅳ. ①P1-39

中国版本图书馆 CIP 数据核字(2021)第 248301 号

责任编辑:龙嫚嫚 范培培 / 责任校对:杨聪敏
责任印制:吴兆东 / 封面设计:无极书装

科学出版社 出版
北京东黄城根北街 16 号
邮政编码:100717
http://www.sciencep.com

北京富资园科技发展有限公司印刷
科学出版社发行 各地新华书店经销
*
2022 年 3 月第 一 版 开本:720×1000 1/16
2024 年 11 月第二次印刷 印张:21 1/4
字数:428 000
定价:89.00 元
(如有印装质量问题,我社负责调换)

前　　言

想写一本关于 IDL 的书稿已经有很长时间了. 笔者是在研究生阶段第一次接触 IDL, 在此之后的数十年科研工作中, IDL 的使用贯穿始终. 这期间既有使用 IDL 完成目标后的喜悦, 也有探索的苦闷和烦恼! 匆匆数十年过去, 笔者积累了较多的 IDL 的使用心得, 虽然远说不上精通, 但是在天文学, 特别是活动星系核研究领域, 在如何运用 IDL 进行半经验半解析的数据处理方面, 笔者有了深刻的了解.

相对于其他的程序语言, 如 MATLAB、C、FORTRAN、Python 等, IDL 的优势并不明显, 特别是在高精度的数据处理方面, IDL 有自己的短板, 但是伴随着 SDSS 巡天发展出来的 IDL 的相关程序包, 为处理 SDSS 数据提供了最大的便捷, 使用者可以方便地利用已经成熟的 IDL 程序函数来处理 SDSS 相关的研究数据, 实现基于 SDSS 数据相关的研究目标. 令人遗憾的是, 除了 IDL 自带的帮助文献, 还没有一本合适的书籍来介绍 IDL 在某个研究领域的使用, 因此, 笔者撰写了本书, 希望本书可以作为一本 IDL 的参考书籍方便读者使用.

当然, 在使用 IDL 处理 SDSS 数据时, 也有很多不足之处, 比如在时域光变研究领域中, IDL 并不提供紧密相关的程序或函数, 因此笔者在书中提供了 IDL 与 Python 之间的相互调用方法, 读者可以在 IDL 中方便地调用 Python 中成熟的模块, 实现相关的研究目标. 尽管最新版本的 IDL 也提供了 IDLBridge 来实现对 Python 的调用, 但是实现起来依然比较麻烦. 笔者觉得使用 IDL 中的 SPAWN 语法完成 Python 的调用会更加的方便实用. Python 作为一门成熟的语言, 已有相当多的资料介绍, 限于篇幅有限, 在本书中不做过多的介绍, 本书仅提供 IDL 调用并运行 Python 模块的方法和实例! 相信阅读本书后, 读者可以方便地实现 IDL 和 Python 语言之间的相互调用.

对于 SDSS 数据的处理, 以及活动星系核相关的研究主题, 本书将重点关注: 数据的读写及图像化展示; 基于模型函数对数据的拟合和检验, 光谱数据的处理; IDL 与 Python 语言的调用; 数据降维; 时域光变的研究. 相信对于重点关注活动星系核光学波段特征的研究主题, 研究人员基本上可以自始至终地使用 IDL 完成数据的处理. 当然, 稍微有些遗憾的是, 本书中并没有过多地涉入较为理论化的研究主题, 比如吸积盘模型, 因为这需要大量的理论储备, 而篇幅有限, 不便于在书中介绍, 但是基于 IDL 对活动星系核的吸积理论的编码和呈现, 现在仍在快速地发展中!

　　笔端星月逝, 拙作望如意; 若有疏漏处, 可遣青鸟传嘉信. 笔者感铭五内!

张雪光

2021 年 2 月 21 日

于南京师范大学行健楼 302 室

目　　录

第 1 章　IDL 及天文软件包简介

天文学是现代科学的一个重要组成部分. 21 世纪以来, 随着观测技术、仪器、手段的快速发展, 天文学研究需要分析和处理的天文数据也越来越庞大、越来越复杂, 需要全世界的天文学家共同处理这些天文数据, 因此, IDL 作为一种高效、直观、易于学习和传播的程序语言被广大的天文学家所接受, 在天文数据处理方面有其独特的贡献.

IDL(interactive data language) 是一种数据分析和图像化应用程序及编程语言, 为美国 ITT 公司所开发, 是第四代科学计算可视化语言, 集开放性、高维分析能力、科学计算能力、实用性和可视化分析为一体, 它可以在多种硬件平台上运行, 并可以方便地和 C、Python、R、MATLAB 等计算机语言相连接. 发展到现在, IDL 的计算速度尽管还无法和 C、Fortran 等语言相比较, 但是随着计算机科学的发展, IDL 的计算速度劣势并不明显, 而且随着 IDL 在数据分析中的广泛引用, 有越来越多的以 IDL 为基础的软件包可以高效、便捷地用来处理天文观测数据. IDL 可以从 ITT 公司的网页 http://www.exelisvis.com 下载、安装. 请购买并使用 IDL 正版软件!

IDL 在天文学中的应用, 可以从以下几个方面来介绍:
- 天文数据的读取和存储;
- 天文观测光谱的分析和处理;
- 天文数据的图像化处理;
- 天文学中时域光变的分析和处理;
- 天文学中统计检验的应用;
- 天文学中数学模型的建立和检验;
- 天文学中常用的数学模型;
- IDL 与其他程序语言的互动.

1.1　IDL 的简单基础

IDL 主要由函数 (function) 和程序 (procedure) 两类组成, 函数的建立以 FUNCTION 开头, 输入函数名, 并输入参数, 进行计算并返回唯一的输出参数, 以 END 结尾. 程序的建立以 Pro 开头, 输入程序名, 并输入参数, 可在程序中引用函数进行计算, 并生成丰富的多种输出, 以 END 结尾. 因此, IDL 以函数为基础, 并辅以循环结构、判断结构等命令体, 以程序建立桥梁, 通过数据的处理和分析以实现最终的研究目标: 发现数据内隐含的相关性并进行模型解释, 进而发现其中隐藏的物理规律.

　　IDL 的函数和程序由基本的数据/数组/矩阵的基本运算组合而成, IDL 中的基本算法是通过基本的运算符实现的, 包括数学运算符号、逻辑运算符、位运算符、关系运算符等, 使用 print 函数实现屏幕输出, 具体的运算符号见表 1.1.

表 1.1　IDL 中常用的运算符

运算符	释意及例子	运算符	释意及例子
+	加法求和 IDL> print, 2+3 　　5 IDL> print, 'A'+ 'E' 　　'AE'	++	递增 1 IDL> a=2 & a++ IDL> print,a 　　3
−	减法 IDL> print, 2−3 　　−1	−−	递减 1 IDL> a=3 & a−− IDL> print,a 　　*5mm 2
*	乘法 IDL> print, 2*3 　　6	/	除法 IDL> print, 3./2. 　　1.5
^	幂指数 IDL> print, 2.^3. 　　8.00	mod	取余数 IDL> print, 5 mod 2 　　1.00
alog10()	log IDL> print, alog10(10) 　　1.00	alog()	ln IDL> print, alog(10) 　　2.30259
<	取小 IDL> print, 5 < 3 　　3	>	取大 IDL> print, 5 > 3 　　5
exp()	自然指数 IDL> print, exp(3.) 　　20.0855	alog2()	2 为底对数 8.4 以后版本 IDL> print, alog2(2.) 　　1.00
[ ]	数组组合 指定序号 IDL> a=[1,2,3] & b =5 IDL> print, [a,b] 　　[1,2,3,5] IDL> print,a[2] 　　3	( )	指定运算顺序 IDL> print, 2+ 2*4^2 　　34 IDL> print, 2+ (2*4)^2 　　66
eq	相等 IDL> IF 9 EQ 3^2 $ IDL> then print, 'true' 　　true	ne	不等 IDL> IF 9 NE 4^2 $ IDL> then print, 'true' 　　true

续表

运算符	释意及例子	运算符	释意及例子
ge	大于等于 IDL> IF 9 ge 9 $ IDL> then print, 'true' true	gt	大于 IDL> IF 9 gt 8 $ IDL> then print, 'true' true
le	小于等于 IDL> IF 9 le 9 $ IDL> then print, 'true' true	lt	小于 IDL> IF 9 lt 10 $ IDL> then print, 'true' true
and	逻辑与/二进制 IDL> print, 6 and 5 4	or	逻辑或/二进制 IDL> print, 6 or 5 7
not	逻辑非/二进制 IDL> print, NOT 4 −5	xor	逻辑异或/二进制 IDL> print, 3 XOR 5 6
?	判断 IDL> print 5 GE 4 ? 0 : 1 0	#	矩阵乘法 IDL> A=[[1, 2, 1], [2, -1, 2]] IDL> B=[[1, 3], [0, 1],[1, 1]] IDL> print, A#B 7 −1 7 2 −1 2 3 1 3
cos( )	余弦/单位弧度 IDL> print, cos(!pi/3) 0.50000	sin( )	正弦/单位弧度 IDL> print, sin(!pi/6) 0.50000
acos( )	反余弦/单位弧度 IDL> print, acos(0.5) 1.0471976	asin( )	反正弦/单位弧度 IDL> print, asin(0.5) 0.52359879
tan( )	正切/单位弧度 IDL> print, tan(!pi/6) 0.57735032	atan( )	反正切/单位弧度 IDL> print, asin(0.57735032) 0.52359879

此外, IDL 提供了丰富的内置函数和程序进行数据、数组和矩阵的运算, IDL 中常用的处理数据、数组和矩阵的内置函数如下:

函数: BINDGEN

```
1   函数形式:
2   A = BINDGEN(D1 [,···,Di][,INCREMENT=v1][,START=v2])
3
4   目的: 产生一个指定字节型数据的数组或矩阵
5
6   参数解释:
7       D1[,···,Di]: 指定数据的长度和维数
8       INCREMENT: 指定数据之间的步长大小
9       START: 指定初始的数据大小
```

```
10
11   函数举例:
12   IDL> print, BINDGEN(4)
13          0    1    2    3
14   IDL> print, BINDGEN(4,INCREMENT=2,START=10)
15         10   12   14   16
16   IDL> print, BINDGEN(2,2, INCREMENT=2,START=10)
17         10   12
18         14   16
```

函数: BYTARR

```
1   函数形式:
2   A = BYTARR(D1 [,…,Di][,/NOZERO])
3
4   目的: 产生一个随机数据或全 0 数据的字节型数组或矩阵
5
6   参数解释:
7       D1,…,Di: 指定数据的长度和维数
8       /NOZERO: 产生非 0 的随机字节数据, 否则所有数据为 0
9
10  函数举例:
11  IDL> print, BYTARR(4)
12         0    0    0    0
13  IDL> print, BINDGEN(4,/NOZERO)
14        49   48   58   48
15  IDL> print, BINDGEN(2,2, /NOZERO)
16        33   45
17        51   49
```

函数: DBLARR

```
1   函数形式:
2   A = DBLARR(D1 [,…,Di][,/NOZERO])
3
4   目的: 产生一个双精度数据的数组或矩阵
5
6   参数解释:
7       D1,…,Di: 指定数据的长度和维数
8       /NOZERO: 可能有非 0 数据, 否则所有数据为 0
9
```

```
10   函数举例:
11   IDL> print, DBLARR(4)
12        0.0000000   0.0000000   0.0000000   0.0000000
13   IDL> print, DBLARR(4,/NOZERO)
14        2.6743505e−28  4.4681549e−91  1.5307395e−94  1.5778889e+214
15   IDL> print, DBLARR(2,2)
16        0.0000000   0.0000000
17        0.0000000   0.0000000
```

函数: DINDGEN

```
1    函数形式:
2    A = DINDGEN(D1 [,···,Di][,INCREMENT=v1][,START=v2])
3
4    目的: 产生一个指定数据的双精度型数组或矩阵
5
6    参数解释:
7        D1,···,Di: 指定数据的长度和维数
8        INCREMENT: 指定数据之间的步长大小
9        START: 指定初始的数据大小
10
11   函数举例:
12   IDL> print, DINDGEN(4)
13        0.0000000        1.0000000        2.0000000        3.0000000
14   IDL> print, DINDGEN(4,INCREMENT=1.2D,START=2.5D)
15        2.5000000        3.7000000        4.9000000        6.1000000
16   IDL> print, DINDGEN(2,2,INCREMENT=10,START=2)
17        2.0000000        12.0000000
18        22.0000000       32.0000000
```

函数: FINDGEN

```
1    函数形式:
2    A = FINDGEN(D1 [,···,Di][,INCREMENT=v1][,START=v2])
3
4    目的: 产生一个指定数据的浮点型数组或矩阵
5
6    参数解释:
7        D1,···,Di: 指定数据的长度和维数
8        INCREMENT: 指定数据之间的步长大小
9        START: 指定初始的数据大小
```

```
10
11  函数举例:
12  IDL> print, FINDGEN(4)
13        0.00000      1.00000      2.00000      3.00000
14  IDL> print, FINDGEN(4,INCREMENT=1.2D,START=2.5D)
15        2.50000      3.70000      4.90000      6.10000
16  IDL> print, FINDGEN(2,2,INCREMENT=1.2D,START=2.5D)
17        2.50000      3.70000
18        4.90000      6.10000
```

函数: FLTARR

```
1   函数形式:
2   A = FLTARR(D1 [,…,Di][,/NOZERO])
3
4   目的: 产生一个浮点型数据的数组或矩阵
5
6   参数解释:
7      D1,…,Di: 指定数据的长度和维数
8      /NOZERO: 可能有非 0 数据, 否则所有数据为 0
9
10  函数举例:
11  IDL> print, FLTARR(4)
12        0.00000   0.00000   0.00000   0.00000
13  IDL> print, FLTARR(4,/NOZERO)
14        0.00783999 1.46686e−19 1.81605e+08 1.00959e−08
15  IDL> print, FLTARR(2,2)
16        0.00000   0.00000
17        0.00000   0.00000
```

函数: IDENTITY

```
1   函数形式:
2   A = IDENTITY(N[,/DOUBLE])
3
4   目的: 产生一个 N 阶单位矩阵
5
6   参数解释:
7      N: 指定数据的长度和维数
8      /DOUBLE: 双精度数据, 否则为浮点型
9
```

```
10   函数举例:
11   IDL> print, IDENTITY(2)
12          1.00000        0.00000
13          0.00000        1.00000
14   IDL> print, IDENTITY(2,/double)
15          1.0000000      0.0000000
16          0.0000000      1.0000000
```

函数: LINDGEN

```
1    函数形式:
2    A = LINDGEN(D1 [,···,Di][,INCREMENT=v1][,START=v2])
3
4    目的: 产生一个指定 32 位长整型数据的数组或矩阵
5
6    参数解释:
7       D1,···,Di: 指定数据的长度和维数
8       INCREMENT: 指定数据之间的步长大小
9       START: 指定初始的数据大小
10
11   函数举例:
12   IDL> print, LINDGEN(4)
13          0            1            2            3
14   IDL> print, LINDGEN(4,INCREMENT=2,START=10)
15          10          12          14          16
16   IDL> print, LINDGEN(2,2, INCREMENT=2,START=10)
17          10          12
18          14          16
```

函数: L64INDGEN

```
1    函数形式:
2    A = L64INDGEN(D1 [,···,Di][,INCREMENT=v1][,START=v2])
3
4    目的: 产生一个指定 64 位长整型数据的数组或矩阵
5
6    参数解释:
7       D1,···,Di: 指定数据的长度和维数
8       INCREMENT: 指定数据之间的步长大小
9       START: 指定初始的数据大小
10
```

```
函数举例:
IDL> print, L64INDGEN(4)
        0                    1                    2                    3
IDL> print, L64INDGEN(4,INCREMENT=2,START=10)
        10                   12                   14                   16
IDL> print, L64INDGEN(2,2, INCREMENT=2,START=10)
        10                   12
        14                   16
```

函数: SINDGEN

```
函数形式:
A = SINDGEN(D1 [,⋯,Di][,INCREMENT=v1][,START=v2])

目的: 产生一个指定字符的字符串数组或字符串矩阵

参数解释:
    D1,⋯,Di: 指定数据的长度和维数
    INCREMENT: 指定数据之间的步长大小
    START: 指定初始的数据大小

函数举例:
IDL> s=SINDGEN(4)
    ; s 含有四个字符'0' '1' '2' '3'
IDL> s=SINDGEN(4,INCREMENT=2,START=10)
    ; s 含有四个字符'10' '12' '14' '16'
```

函数: STRARR

```
函数形式:
A = STRARR(D1 [,⋯,Di])

目的: 产生一个指定长度的字符串数组或字符串矩阵, 含有 0 长度的字符

参数解释:
    D1,⋯,Di: 指定数据的长度和维数

函数举例:
IDL> s=STRARR(4)
    ; s 含有四个空字符
```

函数: INDGEN

1	函数形式:
2	A = INDGEN(D1[, …,Di] [,/BYTE,/DOUBLE,/FLOAT,INCREMENT=v1, $
3	/L64 ,/LONG , /STRING] [, START=v2])
4	
5	目的: 产生指定类型、指定数据的数组或矩阵
6	
7	参数解释:
8	D1,…,Di: 指定数据的维数
9	/BYTE: 关键词, 用以产生字节型数据, 等同于 BINDGEN( )
10	/DOUBLE: 关键词, 用以产生双精度数据, 等同于 DINDGEN( )
11	/FLOAT: 关键词, 用以产生浮点型数据, 等同于 FINDGEN( )
12	/L64: 关键词, 用以产生 64 位长整型数据, 等同于 L64INDGEN( )
13	/LONG: 关键词, 用以产生长整型数据, 等同于 LINDGEN( )
14	/STRING: 关键词, 用以产生字符数组, 等同于 SINDGEN( )
15	INCREMENT: 指定数据之间的步长大小
16	START: 指定初始的数据大小

函数: INVERT

1	函数形式:
2	INVERT_A = INVERT(A[,STATUS][,/DOUBLE])
3	
4	目的: 产生一个 N×N 矩阵的逆矩阵
5	
6	参数解释:
7	A: 指定的 N×N 矩阵
8	STATUS: 计算是否成功, 0 代表成功, 1 代表失效, 2 代表有一定的误差
9	/DOUBLE: 使用双精度计算
10	
11	函数举例:
12	IDL> A = [[5.0, −1.0, 3.0], [2.0, 0.0, 1.0], [3.0, 2.0, 1.0]]
13	IDL> INVERT_A = INVERT(A,STATUS,/DOUBLE)
14	IDL> print, STATUS
15	0
16	IDL> print, INVERT_A
17	−2.0000000 7.0000000 −1.0000000
18	1.0000000 −4.0000000 1.0000000
19	4.0000000 −13.000000 2.0000000

函数: MAX

函数形式:

Max_A = MAX(A [, Subscript][, /ABSOLUTE][, MIN=var1][, /NAN] $
　　　　　　 [, SUBSCRIPT_MIN=var2][, DIMENSION=val3])

目的: 返回数组或矩阵中的最大值

参数解释:

　　A: 指定的数组或矩阵

　　Subscript: 最大值在数组或者矩阵中的位置

　　/ABSOLUTE: 关键词, 所有数据先取绝对值, 而后得到其中的最大值

　　MIN: 同时寻找其中的最小值

　　/NAN: 关键词, 用以屏蔽 NaN 数据和 Infinity 数据

　　SUBSCRIPT_MIN: 最小值的位置

　　DIMENSION: 在指定的维数中寻找极值, 例如: 给定 N1×N2×N3 的数据矩阵 A,

　　　　　　　 MAX(A,DIMENSION=2) 则表示返回 N1×N3 的数据矩阵 B, 且

　　　　　　　 B 中的 (i,j) 数据是矩阵 A(i,*,j) 的最大值

函数举例:

IDL> A = [[5.0, −1.0, 3.0], [2.0, 0.0, 1.0], [3.0, 2.0, 1.0]]

IDL> Max_A = MAX(A,Sub, MIN = minA, /NaN, SUBSCRIPT_MIN=sub2)

IDL> print, Max_A, Sub

　　　 5.0000000　　　　 0

IDL> print, minA, sub2

　　　−1.0000000　　　　 1

IDL> print, MAX(A)

　　　 5.0000000

IDL> print, MAX(A,DIMENSION=1)

　　　 5.00000　　　 2.00000　　　 3.00000

函数: MIN

函数形式:

Min_A = MIN(A [, Subscript][, /ABSOLUTE][, MAX=var1][, /NAN] $
　　　　　　 [, SUBSCRIPT_MAX=var2][, DIMENSION=val3])

目的: 返回数组或矩阵中的最小值

参数解释:

　　A: 指定的数组或矩阵

9 Subscript: 最小值在数组或者矩阵中的位置

10 /ABSOLUTE: 关键词, 所有数据先取绝对值, 而后得到其中的最小值

11 MAX: 同时寻找其中的最大值

12 /NAN: 关键词, 用以屏蔽 NaN 数据和 Infinity 数据

13 SUBSCRIPT_MAX: 最大值的位置

14 DIMENSION: 在指定的维数中寻找极值, 例如: 给定 N1×N2×N3 的数据矩阵 A,

15   MAX(A,DIMENSION=2) 则表示返回 N1×N3 的数据矩阵 B, 且 B 中

16   的 (i,j) 数据是矩阵 A(i,*,j) 的最大值

17

18 函数举例:

19 IDL> A = [[5.0, −1.0, 3.0], [2.0, 0.0, 1.0], [3.0, 2.0, 1.0]]

20 IDL> Min_A = MIN(A,Sub, MAX = maxA, /NaN, SUBSCRIPT_MAX=sub2)

21 IDL> print, Min_A, Sub

22   −1.0000000 1

23 IDL> print, maxA, sub2

24   5.0000000 0

25 IDL> print, MIN(A)

26   −1.0000000

函数: MEAN

1 函数形式:

2 Mean_A = MEAN(A [, /DOUBLE][, /NAN][, DIMENSION=val])

3

4 目的: 返回数组或矩阵的平均值

5

6 参数解释:

7 A: 指定的数组或矩阵

8 /DOUBLE: 计算时使用双精度

9 /NAN: 关键词, 用以屏蔽 NaN 数据和 Infinity 数据

10 DIMENSION: 在指定的维数中计算平均值, 例如: 给定 N1×N2×N3 的数据矩阵

11   A, MEAN(A,DIMENSION=2) 则表示返回 N1×N3 的数据矩阵 B, 且

12   B 中的 (i,j) 数据是矩阵 A(i,*,j) 的平均值

13

14 函数举例:

15 IDL> A = [[5.0, −1.0, 3.0],[2.0, 0.0, 1.0], [3.0, 2.0, 1.0]]

16 IDL> print, MEAN(A)

17   1.7777778

18 IDL> print, MEAN(A, DIMENSION=1)

19   2.3333333 1.0000000 2.0000000

函数: MEDIAN

1	函数形式:
2	Median_A = MEDIAN(A [, /DOUBLE][, /NAN][, DIMENSION=val])
3	
4	目的: 返回数组或矩阵的中位数
5	
6	参数解释:
7	A: 指定的数组或矩阵
8	/DOUBLE: 计算时使用双精度
9	/NAN: 关键词, 用以屏蔽 NaN 数据和 Infinity 数据
10	DIMENSION: 在指定的维数中计算平均值, 例如: 给定 N1×N2×N3 的数据矩阵
11	A, MEDIAN(A,DIMENSION=2) 则表示返回 N1×N3 的数据矩阵 B,
12	且 B 中的 (i,j) 数据是矩阵 A(i,*,j) 的中位数
13	
14	函数举例:
15	IDL> A = [[5.0, −1.0, 3.0],[2.0, 0.0, 1.0], [3.0, 2.0, 1.0]]
16	IDL> print, MEDIAN(A)
17	2.0000000
18	IDL> print, MEDIAN(A, DIMENSION=1)
19	3.0000000 　　　　 1.0000000 　　　　 2.0000000

函数: REM_DUP

1	函数形式:
2	Pos_A = REM_DUP(A)
3	
4	目的: 扣除重复数据后, 数组或矩阵中元素的位置信息
5	
6	参数解释:
7	A: 指定的数组或矩阵
8	
9	函数举例:
10	IDL> x = [1, 2, 1, 3, 5, 6, 5, 8]
11	IDL> pos = REM_DUP(x)
12	IDL> print, pos ;;;; 位置信息
13	0 　　　　 1 　　　　 3 　　　　 4 　　　　 5 　　　　 7
14	IDL> print, x(REM_DUP(x)) ;;; 扣除重复数据后的数组
15	1 　　　　 2 　　　　 3 　　　　 5 　　　　 6 　　　　 8

程序: REMOVE

```
 1  程序形式:
 2  REMOVE, index, A1,[ A2, A3, A4, A5, A6, A7]
 3
 4  目的: 从数组或矩阵中扣除指定位置的元素
 5
 6  参数解释:
 7     A1,···,A7: 指定的一个或多个数组或矩阵
 8     index: 指定要扣除元素的位置信息
 9
10  程序举例:
11  IDL> x = [1, 2, 1, 3, 5, 6, 5, 8]
12  IDL> pos = [0, 5, 6]
13  IDL> print, x[pos]  ; 要扣除的元素
14        1       6       5
15  IDL> REMOVE, pos, A ; 扣除指定位置数据后的数组
16  IDL> print, A
17        2     1     3     5     8
```

函数: SIZE

```
 1  函数形式:
 2  Size_A = SIZE(A [,/L64] [,/DIMENSIONS,/N_DIMENSIONS,/N_ELEMENTS,
 3         /TYPE])
 4
 5  目的: 返回数组或矩阵的长度、维度等信息
 6
 7  参数解释:
 8     A: 指定的数组或矩阵
 9     /L64: 返回 64 位长整型数据
10     /DIMENSION: 返回指定数组或矩阵的维度
11     /N_DIMENSIONS: 返回维度的个数
12     /N_ELEMENTS: 返回数组或矩阵中元素的个数, 等同于命令 N_ELEMENTS( )
13     /TYPE: 表明数据的类型, 例如: 2 位整型、3 位长整型、4 位浮点型、5 位双精度
14     型、7 位字符串、14 位长整型、64 位长整型
15
16  函数举例:
17  IDL> A = [[5.0, −1.0, 3.0], [2.0,  0.0,  1.0],  [3.0,  2.0,  1.0]]
18  IDL> print, SIZE(A)
19        2          3          3          4          9
```

```
20     ; 第一个数字 2 表明数据 A 含有 2 个维度, 第二个数字 3 表明第一维度为 3,
21     ; 第三个数字 3 表明第二维度为 3, 第四个数字 4 表明数组 A 中的数据为
22     ; 浮点型数据, 第五个数据 9 表明数组 A 中含有 9 个数据
23  IDL> print, SIZE(A, /DIMENSIONS)
24         3              3
25  IDL> print, SIZE(A, /N_DIMENSIONS)
26         2
27  IDL> print, SIZE(A,/TYPE)
28         4
29  IDL> print, SIZE(A,/N_ELEMENTS) ; 等同于 N_ELEMENTS(A)
30         9
```

函数: SORT

```
1   函数形式:
2   Sort_A = SORT(A [, /L64])
3
4   目的: 数组或矩阵中的数据按升序重新排列, 并返回一维数组, 包含有元素的位置信息
5
6   参数解释:
7       A: 指定的数组或矩阵
8       /L64: 使用 64 位长整型数据标定元素位置, 针对大型数据
9
10  函数举例:
11  IDL> A = [[5.0, −1.0, 3.0], [2.0, 0.0, 1.0]]
12  IDL> print, SORT(A) ; 按升序排列的元素的位置信息
13         1        4        5        3        2        0
14  IDL> print,A(SORT(A)) ; 完成数据的升序排列
15        −1.00000   0.00000   1.00000   2.00000   3.00000   5.00000
```

函数: STRING

```
1   函数形式:
2   Str_A = STRING(A)
3
4   目的: 将指定的数组或矩阵中的元素转换成字符
5
6   参数解释:
7       A: 指定的数组或矩阵
8
9   函数举例:
```

```
10   IDL> A = [5.0, −1.0, 3.0]
11   IDL> ss = string(A)
12       ;ss 中含有三个字符'5.00000' '−1.00000' '3.00000'
```

函数: STRCOMPRESS

```
1    函数形式:
2    Str_A = STRCOMPRESS(A,/remove_all)
3
4    目的: 将指定的数组或矩阵中的元素转换成字符
5
6    参数解释:
7        A: 指定的字符或字符串
8        /remove_all: 关键词, 用来消除 A 中所有的空格, 否则将每个有多处空格的
9                    地方消减为一个空格
10
11   函数举例:
12   IDL> A = ' 5.00   00  '
13   IDL> print, STRCOMPRESS(A)
14       ' 5.00 00 '
15   IDL> print, STRCOMPRESS(A,/remove_all)
16       '5.0000'
```

函数: STRPOS

```
1    函数形式:
2    Pos_A = STRPOS(A, searching [,pos])
3
4    目的: 寻找字符串中首次满足条件的字符
5
6    参数解释:
7        A: 指定的字符或字符串
8        searching: 要在 A 中寻找位置的字符或字符串
9        pos: 指定开始搜寻的位置, 否则从第一个字符开始搜寻
10
11   函数举例:
12   IDL> A ='History is interesting!'
13   IDL> print, STRPOS(A, 'ory')  ;ory 从第 4 个字符开始
14       4
```

函数: STRMID

1	函数形式:
2	Sub_A = STRMID(A, pos, length)
3	
4	目的: 从指定的字符串中取出子字符串
5	
6	参数解释:
7	A: 指定的字符或字符串
8	pos: 指定子字符串开始的位置
9	length: 指定子字符串的长度
10	
11	函数举例:
12	IDL> A = 'History is interesting!'
13	IDL> print, STRMID(A, 4, 3) ;ory 从第 4 个字符开始
14	ory

函数: TOTAL

1	函数形式:
2	Total_A = TOTAL(A [, DIMENSION] [, /DOUBLE] [, /INTEGER] [, /NAN] $
3	[, /PRESERVE_TYPE])
4	
5	目的: 返回数组或矩阵的和
6	
7	参数解释:
8	A: 指定的数组或矩阵
9	DIMENSION: 返回指定维度的数组或矩阵的和, 例如: 给定 N1×N2×N3 的数据
10	矩阵 A, TOTAL(A,DIMENSION=2) 则表示返回 N1×N3 的数据矩阵
11	B, 且 B 中的 (i,j) 数据是矩阵 A(i,*,j) 的和
12	/DOUBLE: 计算时使用双精度
13	/INTEGER: 计算时使用长整型
14	/NAN: 关键词, 用以屏蔽 NaN 数据和 Infinity 数据
15	/PRESERVE_TYPE: 保持 A 中原来元素的数据类型
16	
17	函数举例:
18	IDL> A = [[5.0, −1.0, 3.0], [2.0, 0.0, 1.0], [3.0, 2.0, 1.0]]
19	IDL> print, TOTAL(A,/DOUBLE)
20	16.000000
21	IDL> print, TOTAL(A)
22	16.00000

```
23   IDL> print, TOTAL(A,1)
24         7.00000      3.00000      6.00000
```

函数: WHERE

```
1    函数形式:
2    Pos_A = WHERE(expression, [, count] [, COMPLEMENT=variable] $
3                      [, /L64] [, NCOMPLEMENT=variable] [, /NULL] )
4
5    目的: 返回数组或矩阵中满足 expression 条件的元素的位置信息
6
7    参数解释:
8        expression: 关于数据的某些运算或判断
9        count: 返回满足条件的元素的个数
10       COMPLEMENT: 返回不满足条件的元素的位置信息
11       /L64: 位置信息使用 64 位长整型数据存储
12       /NCOMPLEMENT: 返回不满足条件的元素的个数
13       /NULL: 如果没有满足条件的元素, 返回!null, 而不是返回 −1
14
15   函数举例:
16   IDL> A = [[5.0, −1.0, 3.0], [2.0, 0.0, 1.0], [3.0, 2.0, 1.0]]
17   IDL> print, WHERE(A gt 5, count,comp=co,ncomp=nco)
18         6           7           8           9
19   IDL> print, count ; 满足条件的元素个数
20         4
21   IDL> print, co    ; 不满足条件的元素的位置信息
22         0       1       2       3       4       5
23   IDL> print, nco   ; 不满足条件的元素的个数
24         6
```

除基本运算和丰富的内置函数/程序外, IDL 以及其相关的天文软件包提供了丰富的可直接使用的函数和程序, 组合 IDL 中的基本运算, 可以书写自己的函数和程序. 函数和程序可写入 txt 文件中, 文件名最好和自己书写的函数或者程序名称一致 (字母的大小写也最好一致), 文件名的后缀一般为 pro. IDL 中的函数的基本形式如下:

FUNCTION

```
1    FUNCTION fun_name, input_pars
2        commands for input_pars
3    return, out_par
```

```
4  END
```

其中各个参数的含义如下:

- fun_name: 建立的函数的名称, 不能以数字开头.
- input_pars: 函数 fun_name 需要用到的多个输入参数的名称, 输入参数的名称不能以数字开头.
- commands for input_pars: 对输入参数进行各种运算.
- out_par: 经过运算后, 函数 fun_name 得到的唯一的输出参数.

写好的函数可存储为 fun_name.pro, 其具体的调用形式如下:

FUNCTION 的编译和调用

```
1  IDL> .COMPILE fun_name
2  IDL> output = fun_name(input_pars)
```

而 IDL 建立的程序则可以有多个输出, 其基本形式如下:

PROCEDURE

```
1  Pro pro_name, input_pars, out_pars
2      commands for input_pars
3  END
```

其中各个参数的含义如下:

- pro_name: 建立的程序的名称, 不能以数字开头.
- input_pars: 程序 pro_name 需要用到的多个输入参数的名称, 输入参数的名称不能以数字开头.
- commands for input_pars: 对输入参数进行各种运算.
- out_pars: 经过运算后, 程序 pro_name 得到的多个输出参数.

写好的程序可存储为 txt 文件 pro_name.pro, 其具体的调用形式如下:

PROCEDURE 的编译和调用

```
1  IDL> .COMPILE pro_name ; 编译时输入的 pro_name 与存储文件名大小写一致
2  IDL> pro_name, input_pars, out_pars ; 编译后使用 pro_name, 对字母的大小写
3                                      ; 没有要求
```

编译非 IDL 内置函数和程序时, 有两点应该注意: ① 编译时, 使用的函数或者程序名中的字母的大小写须和存储文件名称中的字母大小写一致 (IDL 版本不同, 可能要求不一样, 但是写成一致, 并没有坏处); ② 编译完成后, 再次使用该函数或者该程序时, 则对名称中的字母的大小写没有要求. 当然还应当注意, 编译

时, 如果函数或者程序中有语法错误, 会在屏幕中显示错误信息: 语法错误所在的位置及具体的错误信息, 有助于我们对函数或程序的修订和改进.

在函数和程序中, 循环语句和判断语句是最常用的两种语句. 循环语句主要有 FOR ··· ENDFOR, WHILE ··· ENDWHILE, REPEAT ··· ENDREP 三种循环, 其中 FOR ··· ENDFOR 循环的基本形式如下:

FOR 循环

```
1  FOR statements DO BEGIN
2      commands, functions, etc.
3  ENDFOR
```

其中参数的含义如下:

- statements: 循环的先决条件.
- commands, functions, etc.: 循环中主体使用的命令、函数等.

例如对一个含有多个数据的数组 data 进行循环, 依次在屏幕上显示这些数据, 其 FOR 循环的主体结构如下:

FOR 应用

```
1  Length = n_elements(data)
2  FOR k = 0L, Length−1L DO BEGIN
3      print, data[k]
4  ENDFOR
```

其 WHILE ··· ENDWHILE 循环的基本形式如下:

WHILE 循环

```
1  WHILE statements DO BEGIN
2      commands, functions, etc.
3  ENDWHILE
```

其中参数的含义如下:

- statements : 循环的先决条件.
- commands, functions, etc.: 循环中主体使用的命令、函数等.

同样地, 例如对一个含有多个数据的数组 data 进行循环, 依次在屏幕上显示这些数据, 其 WHILE 循环的主体结构如下:

WHILE 应用

```
1  Length = n_elements(data)
2  k=0L
```

```
3   WHILE k LE Length−1L DO BEGIN
4       print, data[k]
5   ENDWHILE
```

其 REPEAT ⋯ ENDREP 循环的基本形式如下:

REPEAT 循环

```
1   REPEAT BEGIN
2       commands, functions, etc.
3   ENDREP until statements
```

其中参数的含义如下:

- statements : 终结循环的条件.
- commands, functions, etc.: 循环中主体使用的命令、函数等.

同样地, 例如对一个含有多个数据的数组 data 进行循环, 依次在屏幕上显示这些数据, 其 REPEAT 循环的主体结构如下:

REPEAT 应用

```
1   Length = n_elements(data)
2   K=0L
3   REPEAT BEGIN
4       print, data[k]
5       k = k+1L
6   ENDREP until k eq Length−1L
```

IDL 中的判断语句主要有 IF⋯ELSE 语句, 其主要形式如下:

IF 语句

```
1   IF statements THEN BEGIN
2       commands1, functions1, etc.
3   ENDIF ELSE BEGIN
4       commands2, functions2, etc.
5   ENDELSE
```

其中参数的含义如下:

- statements : 判断条件.
- commands1, functions1, etc.: 如果满足 statements, 则执行的命令、函数等.
- commands2, functions2, etc.: 如果满足 statements, 则执行的命令、函数等.

同样地, 例如对一个含有多个数据的数组 data 进行判断, 如果可以被 3 整除, 则在屏幕上显示这些数据, 否则显示信息 "It is not one appropriate number.", 其 IF 判断语句的主体结构如下:

FOR + IF 应用

```
1  Length = n_elements(data)
2  FOR k=0L, Length−1L DO BEGIN
3      IF (data[k] MOD 3) EQ 0 THEN BEGIN
4          print, data[k]
5      ENDIF ELSE BEGIN
6          PRINT,'It is not one appropriate number.'
7      ENDELSE
8  ENDFOR
```

这里我们应当注意, 如果 IF 判断语句中的 commands1, functions1 等只需要一行, 那么 IF 判断语句可以简写如下:

IF 判断语句简写

```
1  IF statements THEN (commands1 or functions1)
2  ……
3  或者加上ELSE语句
4  IF statements THEN BEGIN
5      commands1, functions1, etc.
6  ENDIF ELSE (commands2 or functions2)
```

最终, 我们写一个完整的程序如下, 用以在屏幕上依次显示数组中可以被 3 整除的数据, 并同时将被 3 整除的数据存放在一个参数中.

程序: print_screen

```
1  Pro print_screen, data = data, outdata = outdata
2
3      IF n_elements(data) EQ 0 THEN data = DINDGEN(20)
4      Length = n_elements(data)
5      OUT = dblarr(1)
6
7      FOR k=0L, Length−1L DO BEGIN
8          IF (data[k] MOD 3) EQ 0 THEN BEGIN
9              print, data[k]
10             OUT = [OUT, data[k]]
11         ENDIF ELSE BEGIN
```

```
12              print，'It  is  not  one  appropriate  number.'
13          ENDELSE
14       ENDFOR
15
16       outdata = OUT[1:n_elements(OUT)−1L]
17   END
```

程序存为 txt 文件 print_screen.pro, 程序 print_screen 可如下调用:

编译/调用 print_screen

```
1   IDL> .compile print_screen
2   IDL> print_screen, data=[1,2,3,4,5,6], outdata = outdata
3          3       6
4   IDL> print, outdata
5          3       6
6   IDL> print_screen, outdata = outdata
7          3       6       9      12      15      18
8   IDL> print, outdata
9          3       6       9      12      15      18
```

同样地, 可以建立一个函数来完成上述功能.

函数: print_screen_fun

```
1   FUNCTION print_screen_fun, data = data
2
3       IF n_elements(data) EQ 0 THEN data = DINDGEN(20)
4       Length = n_elements(data)
5       OUT = dblarr(1)
6
7       FOR k=0L, Length−1L DO BEGIN
8           IF (data[k] MOD 3) EQ 0 THEN BEGIN
9               print, data[k]
10              OUT = [OUT, data[k]]
11          ENDIF ELSE BEGIN
12              print,'It  is  not  one  appropriate  number.'
13          ENDELSE
14      ENDFOR
15
16      RETURN, OUT[1:n_elements(OUT)−1L]
17   END
```

函数存为 print_screen_fun.pro, 函数 print_screen_fun 可如下调用:

编译/调用 print_screen_fun

```
1   IDL> .compile print_screen_fun
2   IDL> outdata = print_screen_fun(data=[1,2,3,4,5,6])
3          3      6
4   IDL> print, outdata
5          3      6
6   IDL> outdata = print_screen_fun( )
7          3      6      9     12     15     18
8   IDL> print, outdata
9          3      6      9     12     15     18
```

这里也简单地基于程序 print_screen_fun.pro 来看一下 IDL 在编译过程中对错误信息的检视, 比如将其中第七行的内容 "FOR k=0L, Length−1L DO BEGIN" 修改为 "FOR k=0L, Length−1L THEN BEGIN", 很明显 "THEN BEGIN" 的使用不合语法规范, 那么编译 print_screen.pro 程序时, 屏幕会出现如下错误信息:

编译包含错误信息的 print_screen 程序

```
1    IDL> .compile print_screen
2    ;;; 屏幕输出信息如下
3    FOR k=0L, Length−1L THEN BEGIN
4
5    % Syntax error.
6      At: print_screen.pro, Line 7
7
8    ENDFOR
9
10   % Type of end does not match statement (END expected).
11     At: print_screen.pro, Line 14
12
13   % 2 Compilation error(s) in module TEST.
14   % Compiled module: $MAIN$.
```

很明显, 第一个错误在第三行的 "THEN" 处, 第二个错误是 "THEN" 的语法错误导致的 "ENDFOR" 不能配对. 因此熟悉编译时的屏幕输出信息, 可以方便地检视程序或者函数代码中的错误信息, 以便及时修正.

当然, 在 IDL 函数和程序的书写过程中, 有几点要注意的问题如下:

• IDL 不区分大小写, 因此函数或者程序的名字中的大小写并没有差别.

- 函数名、程序名、参数名、关键词等不允许使用 +、-、*、&、%、()、[]、空格等特殊字符, 但是允许使用下划线.

- 数据计算时, 如果要得到较为准确的结果, 请使用双精度数据进行计算, 如 8/3=2, 而 double(8)/double(3) = 2.6666667, 8.d/3.d=2.6666667 等.

- $ 代表续行; & 代表强制断行 (将两行的内容用 & 连接, 可写在一行中).

- ; 后面的内容为 IDL 中的注释内容.

- IDL 中, 进行矩阵或者多维数据相关运算时, 列优先.

- IDL 的书写并不要求严格的格式对齐, 书写方式较为灵活.

- IDL 的函数和程序会提供很多关键参数 (要进行赋值) 和关键词 (使用格式: /+ 关键词的名字) 的设定, 但应注意在不影响唯一性的前提下, 关键参数和关键词的名字可以适当地忽略名字后的一些字符, 例如某个程序或者函数中使用了关键参数 input_file = input_file, 此外不再有含有字符 input 的其他关键参数, 那么使用 input_f、input、input_fi、input_file 是等效的. 这种情况在后面的内容中多次出现.

1.2   以 IDL 为基础的天文软件包

常用的 IDL 天文软件包有很多, 这里我们将本书主要使用到的天文软件包单独列出如下, 具体的内容可参见如下地址的详细说明 https://idlastro.gsfc.nasa.gov/other_url.html.

- The IDL Astronomy User's Library: 包含了大多数天文学所需的基本的 IDL 命令和函数, http://idlastro.gsfc.nasa.gov/.

- IDL_for_SDSS packages: 用以处理 SDSS 数据的 IDL 软件包, http://spectro.princeton.edu/#idlsetup.

- Textoidl package: 可方便地在画图的时候, 生成各种独特的符号, 例如希腊字母、微积分符号、太阳质量符号等, http://physics.mnstate.edu/mcraig/textoidl/.

- mpfit package: 可使用最小二乘法方便地进行数据的线性和非线性模型拟合, http://cow.physics.wisc.edu/~craigm/idl/idl.html.

- pPXF and LTS_LINEFIT packages: 用来拟合光谱中的恒星成分, 并确定寄主星系年龄、金属丰度等物理特征的 pPXF 软件包, 以及可以得到更佳的线性拟合结果的 LTS_LINEFIT 软件包, http://www-astro.physics.ox.ac.uk/~mxc/software/.

- Coyote IDL Program Libraries: 可以让画图更加快捷的软件包, http://www.idlcoyote.com/.

上面的天文软件包, 除 IDL_for_SDSS packages, 解压软件包后, 将解压后的目录存放到 IDL 的 !path 环境中, 即可直接使用其中提供的函数和程序, 使用命令如下:

程序: PREF_SET

```
1   IDL> PREF_SET, 'IDL_PATH', 'your Dir:<IDL_DEFAULT>', /COMMIT
```

或者直接在 IDLDE 中, window → Preferences → IDL → Paths 中添加天文软件包解压后的目录. 而对于 IDL_for_SDSS packages 天文软件包, 可以根据该软件包提供的详细的编译信息, 经过编译后, 再将目录添加到 IDL 的 !path 环境中, 否则其中的某些函数或者程序在调用时, 会出现错误.

第 2 章 天文数据的读取和存储

天文数据广义上可以分为两类, 一类是普通的小容量的天文数据, 通常用 ASCII 的格式存储, 另一类是大容量的天文数据, 通常用 FITs 格式存储. 进入 21 世纪, 天文数据正在以 TB 级甚至 PB 级的速度快速增长. 目前国际上已有多个国家进行了大规模的巡天项目, 例如 SDSS(Sloan Digital Sky Survey, http://www.sdss.org), DES (Dark-Energy Survey,http://www.darkenergysurvey.org), LSST (Large Synoptic Survey Telescope, http://www.lsst.org) 等, 这些巡天项目每天将产生海量的天文数据, 且产生多个容量 GB 甚至 PB 左右的单个大型数据文件, 且其不同目标的数据存储的格式多为 ASCII 和 FITs 两种格式.

2.1 ASCII 格式天文数据的读取和存储

普通的数据存储可以通过 IDL 的常规方法实现, IDL 本身提供较为常用的 READ、READU、READF 等内置函数完成数据文件的读取, 但是这里我们介绍最常用的命令 djs_readcol、djs_readcol 并不是 IDL 的内置函数, 而是 IDL_for_ SDSS packages 天文软件包提供的一个程序命令, 其命令形式如下:

程序: djs_readcol

1	程序形式:
2	djs_readcol,name,v1,v2,v3,v4,v5,v6,v7,v8,v9,v10,v11,v12, $
3	v13,v14,v15,v16,v17,v18,v19,v20,v21,v22,v23,v24,v25, $
4	FORMAT = fmt, DEBUG=debug, SILENT=silent, SKIPLINE = skipline, $
5	NUMLINE = numline
6	
7	目的: 便捷地读取 ASCII 数据文件
8	
9	参数解释:
10	name: 存储数据的文件名
11	v1,···,v25: 数据文件读取后的每列数据的参数名. djs_readcol 现阶段只能读取
12	数据文件的前 25 列数据
13	fmt: 读取数据时的数据格式, 常用的格式为 A-字符串、D-双精度、F-浮点型、
14	I-整型、L-长整型、X-忽略该列数据. 默认数据格式为浮点型
15	silent: 关键词, 用来设定是否屏幕显示数据读取过程中的基本信息

| 16 | skipline: 用来设定前面的多少行数据不用来读取, 以便跳过文件头 |
| 17 | numline: 用来设定读取数据文件中的多少行数据. 默认设置为全部读取 |

使用 djs_readcol 读取数据文件的示例如下, 文件 test.dat 中包含 3 列数据, 且文件头包含必要的文件头信息.

数据文件: test.dat

1	This file includes the spectra data in optical band
2	within wavelength range from 3800 to 9200,
3	first colulm is wavelegth information,
4	second column is flux information,
5	third column is the uncertainties of flux
6	
7	3800, 120.4, 5.4
8	3802, 121.4, 5.5
9	3803, 120.8, 5.6
10	..., ..., ...
11	9197, 80.5, 5.5
12	9198, 81.5, 5.6
13	9199, 79.4, 5.2

要读取完整的光谱信息, 可使用如下命令:

调用 djs_readcol

```
1  IDL> djs_readcol,'test.dat',wave,flux,flux_err,format='D,D,D',silent,$
2  IDL>    skipline=6, numline=numline
```

于是完整的光谱中的波长信息存储在参数 wave 中, 流量信息存储在 flux 中, 流量误差存储在 flux_err 中, 且读取过程中, 前六行的头文件信息已经跳过.

当然, 现阶段的天文数据, 即使使用 ASCII 格式存储的数据, 也往往会超过 25 列数据, 因此, 当使用 djs_readcol 命令读取超过 25 列数据的数据文件时, 在不使用其他额外的 IDL 命令的前提下, 可使用 Linux 系统下的强大的文本处理工具 awk 对多列数据文件先进行简单的处理, 比如一个含有 40 列数据的 ASCII 文件 col_40.dat, 可以结合 shell 下的命令 awk 分两次用 djs_readcol 完成所有 40 列数据的读取. 在 Linux 的 shell 环境中 (请注意, 不是在 IDL 的运行环境中), 使用 awk 完成文件的列分割, 命令如下:

shell/awk

```
1  awk '{for(i=1;i<=20;i++) printf($i"\t"); printf("\n") }' \
2              col_40.dat > col_1_to_20.dat
3  awk '{for(i=21;i<=40;i++) printf($i"\t"); printf("\n") }' \
4              col_40.dat > col_21_to_40.dat
```

借助 awk 命令, 文件 col_40.dat 中的前 20 列数据存放在文件 col_1_to_20.dat 中, 后 20 列数据存放在文件 col_21_to_40.dat, 因此可以很方便地使用 djs_readcol 的命令进行读取.

调用 djs_readcol

```
1  IDL> djs_readcol,'col_1_to_20.dat',c1,c2,c3,c4,c5,c6,c7,c8,c9,c10, $
2          c11,c12,c13,c14,c15,c16,c17,c18,c19,c20, $
3          format = 'D,D,D,D,D,D,D,D,D,D,D,D,D,D,D,D,D,D,D,D'
4  IDL> djs_readcol,'col_21_to_40.dat',c21,c22,c23,c24,c25,c26,c27, $
5          c28,c29,c30,c31,c32,c33,c34,c35,c36,c37,c38,c39,c40, $
6          format = 'D,D,D,D,D,D,D,D,D,D,D,D,D,D,D,D,D,D,D,D'
```

结合 shell 环境命令 awk, 可以方便对具有多列存储数据的文件使用 djs_readcol 命令来完成 ASCII 数据的读取.

相应地, 有时候使用其他的方法得到了天文研究需要的数据, 要把这些数据存储起来, ASCII 格式的数据存储将是一个较为直接简单的方式, 常用的方式是使用 openw 命令和 printf 命令. 例如我们已经得到了光谱的波长、流量、流量误差等信息数据, 且用参数 wave、flux、flux_err 等代替, 那么程序或者函数中常用的存储形式如下:

数据存储

```
1  openw,LUN,'save.dat',/get_lun
2  FOR iline=0L, N_ELEMENTS(wave)-1L DO BEGIN
3      printf,LUN,wave[iline],flux[iline],flux_err[iline],$
4                  format='(3(D0,1X))'
5  ENDFOR
6  FREE_LUN,LUN
```

生成的 save.dat 文件中只包含有纯粹的数据信息, 如果要想加上必要的头文件信息, 可以结合 append 关键词, 使用如下形式的命令:

数据存储

```
1  openw, LUN, 'save.dat', /get_lun, /append
```

```
2
3    PRINTF, LUN,'This file includes the spectra data in optical band'
4    PRINTF, LUN,'within wavelength range from 3800 to 9200,'
5    PRINTF, LUN,'first colulm is wavelegth information,'
6    PRINTF, LUN, 'second column is flux information,'
7    PRINTF, LUN, 'third column is the uncertainties of flux'
8    PRINTF, LUN, '                              '
9
10   FOR iline=0L, N_ELEMENTS(wave)−1L DO BEGIN
11       PRINTF,LUN,wave[iline],flux[iline],flux_err[iline], $
12                   format='(3(D0,1X))'
13   ENDFOR
14
15   FREE_LUN,LUN
```

如此生成的 save.dat 文件和前面所显示的 test.dat 文件中的数据信息的格式一致. openw 命令和 printf 命令的主要格式如下:

openw+printf 格式

```
1
2    openw, LUN, /get_lun,/append
3    ...
4    PRINTF, LUN, file, data, FORMAT=fmt
5    ...
6    FREE_LUN, LUN
```

其中各个参数的主要含义如下:

• LUN: 一个唯一的和文件 file 相对应的逻辑设备号, 可以是数字, 也可以是一个指定的参数.

• /get_lun: 关键词, 用以获得该逻辑设备号.

• /append: 关键词, 用以说明打开文件从末行开始写入. 如果没有使用关键词 /append, 打开一个已经存在的文件, 将会使得该文件的内容清空.

• file: 和逻辑设备号对应的文件、数据将写入该文件.

• data: 要写入文件 file 的数据信息.

• fmt: 数据写入文件 file 时的格式, 常用的格式如: A-字符串、D-双精度、F-浮点型、I-整型、L-长整型、X-代表空格. 可组合使用, 如 FORMAT= '(3(D0,1X))' 表示写入三个双精度的数据, 且中间用空格隔开.

• FREE_LUN、LUN: 释放该逻辑设备号. 请注意, 每打开一个逻辑设备号, 完成写入后, 请记得及时释放该逻辑设备号. openw 和 FREE_LUN 一一对应.

在明确了 ASCII 数据的读取和写入后, 我们注意到, 天文学发表的研究结果往往需要借助很多图和表, 而其中的表格多是由 LaTex 编译生成的, 而且表中多含有上百个数据, 要将上百个数据一个一个地输入到 LaTex 表格中, 会耗时耗力, 而借助 djs_readcol、openw、printf 命令可以方便地生成含有多数据的 LaTex 表格. 我们假定要发表的数据结果存放在文件 par.dat 中, 其中含有 7 列数据, 其信息如下:

数据文件: par.dat

```
1   list of calculated pars
2   first  column ——> name
3   second column ——> mjd
4   third  column ——> plate
5   forth  column ——> fib
6   fifth  column ——> redshift
7   sixth column ——> important_par
8   seventh column ——> error of iportant_par
9
10  J000001.0+123456, 52341, 0123, 0123, 0.12476, 5.4567, 0.0523
11  J000001.0+123457, 52342, 0124, 0125, 0.13012, 6.7898, 0.0745
12  J000001.0+123458, 52343, 0125, 0126, 0.14513, 7.0128, 0.0812
13  ...,          ...,  ...,  ...,  ...,  ...
14  J123456.0+123458, 52345, 0325, 0326, 1.14246, 100.0182, 1.2456
```

那么使用 IDL 生成符合 LaTex 表格要求的数据主体, 可使用如下程序完成, 程序存放在 write_table.pro 文件中.

程序: write_table

```
1   Pro write_table, data_file = data_file, out_file = out_file
2
3      ; 是否指定使用的数据文件, 如不指定, 则使用数据文件 par.dat
4      IF N_elements(data_file) eq 0 THEN data_file = 'par.dat'
5
6      ; 是否指定输出的文件名, 如不指定, 则使用文件名 table.tex
7      IF N_elements(out_file) eq 0 THEN out_file = 'table.tex'
8
9      djs_readcol,data_file, name, mjd, plate, fib,z, im_par, $
10        err_par,format= 'A,A,A,A,A,A,A', skipline=9
11     ; 所有的数据均用字符格式读取, 便于进行格式的调整
12
13     s1 = ' & ' ;LaTex 表格要求的分割符
```

```
14      s2 = ' \\' ;LaTex 表格要求的一行终止符

15

16      col_1 = strcompress(name,/remove_all) ; 表格第一列的内容
17      col_2 = strcompress(mjd,/remove_all)
18      col_3 = strcompress(plate,/remove_all)
19      col_4 = strcompress(fib,/remove_all)
20      col_5 = strmid(strcompress(z,/remove_all),0,4)
21          ; 第 5 列的内容, 数据只保留到小数点后两位

22

23      im_par = strcompress(im_par,/remove_all)
24      err_par = strcompress(err_par,/remove_all)

25

26      col_6 = strmid(im_par, 0,strpos(im_par,'.')+3) + '$\pm$' + $
27          strmid(err_par, 0,strpos(err_par,'.')+ 3)
28          ;;; 只保留到小数点后两位

29

30      ; 打开文件 out_file, 准备写入
31      openw, lun, out_file, /get_lun,/append

32

33      ; 写入 LaTex 要求的表头信息
34      printf, lun, '\begin{table}' ; ' ' 内为写入的字符串
35      printf, lun, '\centering'
36      printf, lun, '\caption{List of Parameters}'
37      printf, lun, '\begin{tabular}{ llllll }'
38      printf, lun, '\hline'
39      printf, lun, 'name & MJD & PLATE & FIB & z & Par \\'
40      printf, lun, '\hline'

41

42      FOR ik = 0L, N_elements(col_1) −1L DO BEGIN
43          printf,lun, col_1[ik], s1, col_2[k], s1, col_3[k], s1, $
44              cl_4[k], s1, col_5[k], s1, col_6[k], s2, $
45              format = '(12(A0,1X))'
46      ENDFOR

47

48      ;;; 写入表尾信息
49      printf, lun, '\hline'
50      printf, lun, '\end{tabular}\\'
51      printf, lun, '\end{table}'

52

53      Free_lun,lun ; 结束数据的写入, 释放设备逻辑号
```

```
54
55  END
```

编译并运行程序 write_table 后, 数据写入指定的 out_file 中.

编译并调用: write_table

```
1  IDL> .compile write_table
2  IDL> write_table
```

生成的输出文件 table.tex 中的内容如下:

数据文件: table.tex

```
1   \begin{table}
2   \centering
3   \caption{List of Parameters}
4   \begin{tabular}{ llllll }
5   \hline
6   name & MJD & PLATE & FIB & z & Par \\
7   \hline
8   J000001.0+123456 & 52341 & 0123 & 0123 & 0.12 & 5.45$\pm$0.05 \\
9   J000001.0+123457 & 52342 & 0124 & 0125 & 0.13 & 6.78$\pm$0.07 \\
10  J000001.0+123458 & 52343 & 0125 & 0126 & 0.14 & 7.01$\pm$0.08 \\
11  ...,            ...,   ...,   ...,   ...,  ...
12  J123456.0+123458 & 52345 & 0325 & 0326 & 1.14 & 100.01$\pm$1.24 \\
13  \hline
14  \end{tabular}\\
15  \end{table}
```

符合 LaTex 的表格要求, 因此可以轻松地完成 LaTex 的大容量数据的表格输入.

2.2　大容量天文数据的读取和存储

大容量的天文数据往往以 FITs(或者 FIT) 的格式存储, FITs 数据文件由文件头和数据两部分组成. 在文件头中存储有对该文件中所包含数据的描述, 便于后期数据的分析. 文件头部分每行占 80 个字符, 并以 END 结尾, 可以方便存储多维的天文数据. IDL 中有专门的命令 hogg_mrdfits 用来读取 FITs 格式的大容量天文数据, 相较于通常的 MRDFITS 命令, hogg_mrdfits 更加高效、灵活和便捷, 因此, hogg_mrdfits 命令是本节主要介绍的. 函数 hogg_mrdfits 的主要形式如下:

函数: hogg_mrdfits

```
1  函数形式:
2  data = hogg_mrdfits(file, extension, header, silent=silent, $
3       range=range, columns=[a,b,···], STATUS=status)
4
5  目的: 进行 FITs 数据文件的读取
6
7  参数解释:
8     data: 读取后的数据存放在 data 中
9     file: 要读取数据的文件名
10    extension: 数据主体的哪一部分
11    header: 数据的头信息存储在 header 中
12    silent: 关键词, 用以屏蔽数据读取过程中的部分屏幕显示信息
13    range: 有两个整数 [a,b] 组成, 用以说明读取数据的第 a 行到第 b 行
14    columns: 说明要存储的某几列数据的名称
15    status: 用以显示数据读取是否成功, 0 为成功, −1 或者 −2 为不成功
```

以 SDSS 提供的大容量天文数据 specObj-SDSS-dr10.fits(数据大小接近 2G, 可以从 SDSS 网站下载 http://data.sdss3.org/sas/dr10/sdss/spectro/redux/) 为例, 我们介绍 hogg_mrdfits 的用法, 但是在使用 hogg_mrdfits 读取该文件以前, 我们可以简单地使用 fits_help 命令检查文件 specObj-SDSS-dr10.fits 的基本信息.

程序: fits_help

```
1  IDL> fits_help,'specObj-SDSS-dr10.fits'
```

其屏幕显示信息如下:

屏幕输出: fits_help

```
1   IDL> fits_help,'specObj-SDSS-dr10.fits'
2   % Compiled module: FITS_HELP.
3   % Compiled module: FITS_OPEN.
4   % Compiled module: SXPAR.
5   % Compiled module: GETTOK.
6   % Compiled module: SXDELPAR.
7   % Compiled module: VALID_NUM.
8
9   specObj-SDSS-dr10.fits
10
```

```
11   XTENSION EXTNAME EXTVER EXTLEVEL BITPIX GCOUNT PCOUNT
         NAXIS NAXIS*
12
13   0                              8      0      0    0
14   1 BINTABLE                     8      1      0    2   1069 × 1843200
15   % Compiled module: FITS_CLOSE.
```

由此屏幕显示信息我们可以看到, 文件 specObj-SDSS-dr10.fits 的主体数据包含在第一个 extension(XTENSION=1) 中, 且包含有 1843200 行数据 (NAXIS* 显示的信息为列 × 行的信息), 但是显示的信息并不包含主体数据的结构体信息, 因此 hogg_mrdfits 可以分两次读取 specObj-SDSS-dr10.fits 中的数据. 首先, 只读取第一个 extension 中的前两行的数据, 但是头信息包含在 head 中, head 将显示文件 specObj-SDSS-dr10.fits 中数据主体的结构体参数.

hogg_mrdfits 读取头文件

```
1   IDL> data = hogg_mrdfits('specObj-SDSS-dr10.fits',1,head, $
2   IDL>        range = [0,1],/ silent )
```

显示其结构体参数如下:

头文件信息

```
1    IDL> print,head
2    XTENSION= 'BINTABLE' /Binary table written by mwrfits v1.11
3    BITPIX =               8 /Required value
4    NAXIS =                2 /Required value
5    NAXIS1 =            1069 /Number of bytes per row
6    NAXIS2 =         1843200 /Number of rows
7    PCOUNT =               0 /Normally 0 (no varying arrays)
8    GCOUNT =               1 /Required value
9    TFIELDS =            127 /Number of columns in table
10   COMMENT
11   COMMENT *** End of mandatory fields ***
12   COMMENT
13   COMMENT
14   COMMENT *** Column names ***
15   COMMENT
16   TTYPE1 = 'SURVEY '        /
17   TTYPE2 = 'INSTRUMENT'     /
18   TTYPE3 = 'CHUNK '         /
19   ······
```

```
20   TTYPE56 = 'PLATE '            /
21   TTYPE57 = 'TILE '             /
22   TTYPE58 = 'MJD '              /
23   TTYPE59 = 'FIBERID '          /
24   ······
25   TTYPE125= 'COMMENTS_PERSON' /
26   TTYPE126= 'CALIBFLUX'        /
27   TTYPE127= 'CALIBFLUX_IVAR' /
28   COMMENT
29   COMMENT *** Column formats ***
30   COMMENT
31   TFORM1 = '6A '               /
32   TFORM2 = '4A '               /
33   TFORM3 = '16A '              /
34   ······
35   TFORM56 = 'J '               /
36   TFORM57 = 'J '               /
37   TFORM58 = 'J '               /
38   TFORM59 = 'J '               /
39   ······
40   TFORM125= 'A '               /
41   TFORM126= '5E '              /
42   TFORM127= '5E '              /
43   END
```

其头文件信息包含三个主体部分, 第一部分显示了数据的每列长度 1069bytes, 共有 1843200 行数据, 和 fits_help 显示的信息一致. 第二部分显示了每列数据的参数名, 例如第一列数据的参数名为 'SURVEY'. 第三部分显示了每列数据的格式, 例如第一列数据的格式为 '6A', 含有 6 个字符的字符串. 最后以 END 结尾. 当然头文件信息也可以通过函数 headfits.pro 来获得, 函数 headfits 的主要形式如下:

函数: headfits

```
1   函数形式:
2   header = headfits( file , exten=exten, silent=silent)
3
4   目的: 读取 FITs 数据文件的头文件信息
5
6   参数解释:
7       file: 要读取数据的文件名
8       exten: 数据主体的某一部分
```

9	silent: 关键词, 用以屏蔽数据读取过程中的部分屏幕显示信息

因此也可以通过 headfits 来读取文件 specObj-dr12.fits 的头信息.

headfits 应用

1	IDL> header = headfits('specObj-dr12.fits',exten = 1, /silent)

由于大容量天文数据的容量过于庞大, 且其中所包含的数据往往只有其中的一部分在科研过程中会被使用, 因此可以方便地使用 columns 设定要读取的某些列, 例如, 我们只读取其中的第 56 列 (column name: PLATE)、第 58 列 (column name: MJD) 和第 59 列 (column name: FIBERID), 那么命令形式如下:

hogg_mrdfits 读取指定的列

1	data = hogg_mrdfits(specObj-dr12.fits,1,head, \$
2	columns=[MJD,PLATE, FIBERID],/ silent)

data 中的数据信息将只含有 MJD(data.mjd),PLATE(data.plate) 和 FIBERID (data.fiberid) 便于后续的数据使用, 节省数据读取时间, 节省所使用的计算机内存空间.

对应于 FITs 文件的读取, 可使用 mwrfits 和 fxaddpar 进行 FITs 文件的写入. 将数据存储为 FITs 格式时, 如果是普通的数据, 可以存放在 FITs 文件的第 0 个 extension 中, 如果数据是具有结构体的, 如 specObj-SDSS-dr10.fits 中的数据, 那么只能存放在其他的 extension 中去. 而 fxaddpar 命令用来为 FITs 文件写入头文件信息.

fxaddpar+mwrfits 写入 FITs 文件

1	程序形式:
2	FXADDPAR, HEADER, NAME, VALUE
3	MWRFITS, DATA, FILE_NAME, HEADER, /CREATE
4	
5	目的: FITs 数据文件的写入
6	
7	参数解释:
8	HEADER: 包含头文件信息的参数名. FXADDPAR 将必要的头文件信息写入
9	HEADER, mwrfits 将 HEADER 写入 FITs 文件中
10	NAME: 必要的参数名称, 可以是数据主体每列的名字 (例如 specObj-SDSS-
11	dr10.fits 头文件中的信息), 或者是包含其他必要叙述性说明信息的参数名称
12	VALUE: 该参数所包含的内容
13	DATA: 要写入 FITs 文件的数据主体

```
14    FILE_NAME：FITs 文件的名称
15    CREATE：关键词, 产生一个新的 FITs 文件, 还是打开一个现有的 FITs 文件,
16            紧接着最后一个 extension 进入数据的写入
```

下面以普通数据和具有结构体的数据写入 FITs 文件为例进行说明, 普通的数据可以先生成一个数据阵列, 然后进行 FITs 文件的写入, 以从 specObj-SDSS-dr10.fits 文件中得到的 MJD、PLATE、FIBERID 信息为例,

FITs 数据的存储和写入

```
1    IDL> FXADDPAR, header_MPF, 'MJD', 'first raw'
2    IDL> FXADDPAR, header_MPF, 'PLATE', 'second raw'
3    IDL> FXADDPAR, header_MPF, 'FIBERID', 'second raw'
4    IDL> data_mpf=[[data.mjd],[data.plate],[data.fiberid]]
5    IDL> mwrfits,data_mpf,'MPF.FITs',header_mpf,/create
```

将生成新的文件 MPF.FITs, 数据存储在第 0 个 extension 中, 含有三行数据, 第一行为 MJD 信息, 第二行为 PLATE 信息, 第三行为 FIBERID 信息.

而通常情况下, 为了减小数据主体的复杂度, 带有结构的数据存储往往更加直观, 因此 mwrfits、fxaddpar 和 structure 的结合更加普遍, 数据的结构体由 structure 构成, 含有多个参数及其对应的数据, 往往由 replicate 生成. replicate 的简单说明如下:

函数: replicate

```
1    函数形式:
2    struc = replicate({name0:fmt0, name1:fmt1,···,namen:fmtn},N)
3    struc.name0 = data_0
4    struc.name1 = data_1
5    ···
6    struc.namen = data_n
7
8    目的: 创建结构体数据
9
10   参数解释:
11       struc：生成的结构体的名字
12       name0：结构体中第 0 个参数的名字
13       fmt0：参数 name0 所使用的数据的格式, 可以是单个数据的格式, 也可以是复杂
14            的数列的格式. 如'    ' 表示为字符串, 0.d 表示为双精度数据,
15            [DINDGEN(6)*0.]表示name0的每行数据中含有六个双精度的数, 据等等
16       name1：结构体中第 1 个参数的名字
17       fmt1：参数 name1 所使用的数据的格式, 可以是单个数据的格式, 也可以是复杂
```

18	的数列的格式
19	namen : 结构体中第 n 个参数的名字
20	fmtn　: 参数 namen 所使用的数据的格式, 可以是单个数据的格式, 也可以是复杂
21	的数列的格式
22	N : 数据结构体含有的总的行数

仍然以从 specObj-SDSS-dr10.fits 文件中得到的 MJD、PLATE、FIBERID 信息为例.

结构体数据的 FITs 写入

1	IDL> FXADDPAR, header_MPF, 'MJD', '5A'
2	IDL> FXADDPAR, header_MPF, 'PLATE', '4A'
3	IDL> FXADDPAR, header_MPF, 'FIBERID', '4A'
4	IDL> data_mpf=replicate({mjd:'', plate:'', fiberid:''}, $
5	IDL> N_ELEMENTS(data.mjd))
6	IDL> data_mpf.mjd = data.mjd
7	IDL> data_mpf.plate = data.plate
8	IDL> data_mpf.fiberid = data.fiberid
9	IDL> mwrfits,data_mpf,'MPF_struc.FITs',header_mpf,/create

将生成新的文件 MPF_struct.FITs, 数据存储在第 1 个 extension 中, 数据结构体含有三个参数, mjd 包含 MJD 信息, plate 包含 PLATE 信息, fiberid 包含 FIBERID 信息.

2.3　本章函数及程序小结

IDL 及其天文软件包中含有多种天文普通数据和大容量天文数据的读入和存取函数, 如 read、readf、read_ascii、fits_read、fits_write 等, 我们这里不做过多的介绍, 因为 djs_readcol 和 hogg_mrdfits 为主要命令, 完全可以满足对天文数据读写的需要. 最终, 我们对本章用到的 IDL 及相关天文软件包提供的函数和程序总结如表 2.1 所示.

表 2.1 本章所使用的函数和程序总结

函数/程序	输入参数	输出参数	例子

djs_readcol	数据文件名
	读取数据格式
		数据参数命名
		支持 25 列数据
			djs_readcol, file, v1, ⋯,v25, \$
			  numline=num, skipline=skip, \$
			  /silent, format=fmt

openw	逻辑设备号 写入文件名		openw, lun, /get_lun, /append
printf	逻辑设备号 要写入数据 写入格式		printf, lun, data, format=fmt
hogg_mrdfits	数据文件名 extension 号 读取行的范围 读取列的名字	主体数据 头文件信息	d = hogg_mrdfits(file,1,head, \$ /silent,status=st, range = ra, \$ columns = co)
fits_help	数据文件名		fits_help, file
headfits	数据文件名 extension 号	头文件信息	headfits, file, exten=exten,/silent
fxaddpar	头文件信息名 输入参数名 输入参数信息		fxaddpar, header, par, value
mwrfits	写入的数据 数据写入文件名 头文件信息名		mwrfits, data, file, head,/create
replicate	参数名 参数信息 总的行数	数据结构体	d=replicate({name1:fm1,⋯},N)

第 3 章　天文数据的图形化显示

在获得天文数据以后, 最直接的检验数据方式就是将天文数据进行图形化显示, 包括一维数据的统计分析展示、二维数据的相关性分析展示、二维数据的图像化展示 (包括等高线图、密度图等)、三维数据的图像化展示. 图形化或者图像化的显示结果, 可以为相关的研究提供基本的思路和方向.

IDL 中的图形化显示程序主要由两部分组成, 简单地说, 先定义要显示图形的窗口或者指定的逻辑设备, 而后将数据的相关图形在指定的窗口或者逻辑设备中显示或存储.

IDL 图形、图像可以显示在屏幕上, 或者存储到指定的文件系统中. 如果要显示到屏幕上, 可使用如下 IDL 命令 window 来确定窗口特性:

程序: window

```
1   程序形式:
2   window, xsize=xsize, ysize= ysize
3
4   目的: 打开一个屏幕显示窗口
5
6   参数解释:
7       xsize: 打开窗口的横边的长度, 以 pixel 为单位
8       ysize: 打开窗口的竖边的长度, 以 pixel 为单位
9
10  程序举例:
11  IDL> window, xsize=1000, ysize= 800
12    ; 将在屏幕上打开一个长 1000pixels、宽 800pixels 的窗口
```

如果图形要存储到指定的文件系统, 将使用 IDL 内置命令 set_plot 结合 device 命令来完成.

程序: set_plot

```
1   程序形式:
2   set_plot, 'device_name'
3   device,  file =file, _set_properties_for_device
4
5   目的: 将图形输出到指定格式的设备或者文件中
```

```
6
7   参数解释:
8       device_name: 指定的文件系统, 进行图形存储, 如 EPS 格式
9       file : 图形存储后的文件名, 可带相应的后缀名
10      _set_properties_for_device: 为指定的图形存储格式进行某些特征的设定,
11                                   例如, 图形的大小、背景颜色等等
```

以天文图形为例, 为更好地发表研究结果, 其相应的图像多是存储为 EPS 格式的, 以 EPS 为例, 其设定如下:

EPS 图形存储

```
1   set_plot, 'ps' ; 指定的文件系统为 PS 系统格式
2   device,  file ='test.ps',/ENCAPSULATE,/COLOR,BITS_PER_COLOR=24, $
3              XSIZE=XSIZE, YSIZE= YSIZE
4
5   COMMANDS FOR PLOTTING
6
7   DEVICE,/CLOSE
8   set_plot,'X'
```

其中参数的含义如下:

- file='test.ps': 图形存储到文件 test.ps.
- /ENCAPSULATE: 生成的图形文件为 EPS 格式.
- /COLOR: 图形为彩色图形.
- BITS_PER_COLOR=24: 采用每 pixel 24 位彩色.
- XSIZE, YSIZE: 指定生成图形的大小, 以 inch 为单位.
- DEVICE,/CLOSE : 关闭输出到 PS 的逻辑设备.
- set_plot,'X' : 重新定位到屏幕输出, 如果是 win 系统, 请用 set_plot, 'win'.

但是请注意, window 命令和 set_plot 命令不能同时使用, 会产生冲突.

在指定的窗口显示和指定设备存储外, 命令 !p.multi 可以用来设定在窗口或者存储设备中是否同时显示多个图形. 多个图形的显示在 IDL 中有两种方法: 第一种方法是使用 IDL 内置参数 !p.multi; 第二种方法是在图形、图像展示时, 对 position 参数进行设定. !p.multi 常用形式如下:

系统参数 !p.multi

```
1   参数设定形式:
2   !p.multi = [0, B, C]
3
4   目的: 指定输出图形的行列数
```

```
5
6    参数解释:
7      B: 每页或者每屏幕显示的图形、图像的列数
8      C: 每页或者每屏幕显示的图形、图像的行数
9
10   举例:
11   IDL> !p.multi = [0,2,3]
12      ; 在指定的设备或窗口中从左上角到右下角显示两列、三行共 6 个图像
13   IDL> !p.multi = 0
14      ; 在指定的设备或窗口中只显示一幅图像
```

　　在设定 !p.multi 参数时, 使用 !p.multi 设定的多行、多列图形是平均分配尺寸的, 即每个图形含有同样的长宽, 为了更灵活地进行多行、多列图形、图像的显示, 参数 position 常用来作为 !p.multi 的补充. 参数 position 是几乎所有的 IDL 内置画图函数和程序所使用的, 其使用形式如下:

position 参数

```
1    参数设定形式
2    ···, position = [xl,yl,xh,yh], ···.
3
4    目的: 设定输出图像的显示位置
5
6    参数解释:
7      xl: 图形左下角的 x 位置, 其中整个屏幕或者设定设备的左下角位置 (0, 0)
8      yl: 图形左下角的 y 位置
9      xh: 图形右上角的 x 位置, 其中整个屏幕或者设定设备的右上角位置 (1, 1)
10     yh: 图形右上角的 y 位置
```

　　请注意, position 并不像 !p.multi 一样可以进行系统性的设定, 最好在相应的画图函数或者画图程序中使用, 以 IDL 最常用的 PLOT 程序 (最基本、最广泛的 IDL 内置画图程序, 会在下面详细讨论) 来说明如何在屏幕上显示尺寸不一样的四个图形.

position 使用示例

```
1    IDL> window, xsize=1000, ysize = 800 ; 打开一个 1000×800 的屏幕显示窗口
2    IDL> !p.multi = [0,2,2] ; 将显示两行、两列四个图形
3    IDL> plot, DINDGEN(10), position = [0.1,0.1,0.4,0.4]
4         ; 第一个图形显示在左下角, 尺寸约为整个尺寸的 1/3
5    IDL> plot, DINDGEN(10), position = [0.5,0.1,0.95,0.4]
6         ; 第二个图形显示在右下角, 高度与第一个图形持平, 长度长于第一个图形
```

```
7   IDL> plot, DINDGEN(10), position = [0.1,0.5,0.95,0.95]
8          ; 第三个图形显示在上方, 尺寸约为整个尺寸的 1/2
9   IDL> plot, DINDGEN(10), position = [0.65,0.576,0.9,0.78]
10         ; 第四个图形显示在右上角, 嵌套在第三个图形内
```

或者将图形存放在一个 eps 文件中, 使用一个完整的程序 test_position.pro 如下:

程序: test_position

```
1   Pro test_position, outfile = outfile
2
3   ; 程序目的: 在同一页中展示四个不同尺寸的图像
4
5     ; 如果没有指定的输出文件名, 则使用 test_position.ps
6   IF N_elements(outfile) EQ 0 THEN outfile = 'test_position.ps'
7
8     !p.multi = [0,2,2]  ; 将显示两行、两列四个图形
9
10    set_plot,'ps'
11    Device, file = outfile,/encapsulate,/color, bits = 24
12
13    plot,  DINDGEN(10), position = [0.1,0.1,0.4,0.4], $
14          title = 'first image'
15         ; 第一个图形显示在左下角, 尺寸约为整个尺寸的 1/3
16
17    plot,  DINDGEN(10), position = [0.5,0.1,0.95,0.4], $
18          title = 'second image'
19         ; 第二个图形显示在右下角, 高度与第一个图形持平, 长度长于第一个图形
20    plot,  DINDGEN(10), position = [0.1,0.5,0.95,0.95], $
21          title = 'third image'
22         ; 第三个图形显示在上方, 尺寸约为整个尺寸的 1/2
23
24    plot,  DINDGEN(10), position = [0.65,0.576,0.9,0.78], $
25          title = 'fourth image'
26         ; 第四个图形显示在右上角, 嵌套在第三个图形内
27
28    device,/close
29    set_plot,'x'
30  END
```

程序存放在 ASCII 文件 test_position.pro 中, 编译并运行后, 图像将存放在一个
指定名称的 eps 文件中.

编译/调用 test_position

```
1   IDL> .compile test_position
2   IDL> test_position, outfile = 'test_position.ps'
```

生成的图形如图3.1所示.

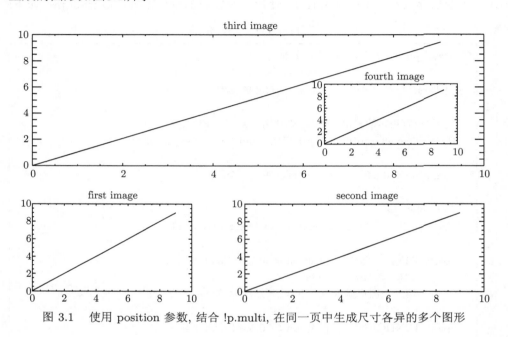

图 3.1　使用 position 参数, 结合 !p.multi, 在同一页中生成尺寸各异的多个图形

在指定显示窗口或者指定的存储逻辑设备后, 天文数据可以方便地显示在指定的窗口或者存储到逻辑设备中去, 而根据数据维度的不同, IDL 及其天文软件包提供了丰富的、不同种类的函数和程序来实现图形、图像的展示, 我们以维数的不同来各自详细说明. 而 IDL 中的一维图形、图像展示多是以 IDL 的内置程序 PLOT 为基础来实现的, 因此我们先对程序 PLOT 做一个详细的说明.

PLOT 的主要形式如下[①]:

程序: PLOT

```
1   程序形式:
2   PLOT, X, Y, /ISOTROPIC, MAX_VALUE=val1, MIN_VALUE=val2, $
3       NSUM=val3,
4           /POLAR, THICK=val4, /XLOG, /YLOG, /YNOZERO, $
```

① 8.4 以后版本的 IDL 中函数和程序形式的 PLOT 同时存在, 其差异不大, 但是使用程序 PLOT 会更加灵活.

5　　　BACKGROUND=color_index, CHARSIZE=val5, CHARTHICK=val6, $

6　　　CLIP=[X0, Y0, X1, Y1], COLOR=value, /DATA, /DEVICE, /NORMAL, $

7　　　FONT=val7, LINESTYLE=val8 ,/NOCLIP, /NODATA, /NOERASE, $

8　　　POSITION=[X0, Y0, X1, Y1], PSYM=val9, SUBTITLE=str1, $

9　　　SYMSIZE=val10, THICK=val11, TICKLEN=val12, TITLE=str2, $

10　　{XYZ}CHARSIZE=val13,{XYZ}GRIDSTYLE=val14, $

11　　{XYZ}MARGIN=[left, right],{XYZ}MINOR=val15, $

12　　{XYZ}RANGE=[min, max], {XYZ}STYLE=val16, $

13　　{XYZ}THICK=val17, {XYZ}TICK_GET=val18, $

14　　{XYZ}TICKFORMAT=str3, {XYZ}TICKINTERVAL= val19, $

15　　{XYZ}TICKLAYOUT=scalar, {XYZ}TICKLEN=val20, $

16　　{XYZ}TICKNAME=str4, {XYZ}TICKS=val21, $

17　　{XYZ}TICKUNITS=str5, {XYZ}TICKV=array,{XYZ}TITLE=str5

18

19　目的: 一维图形展示

20

21　参数解释:

22　　　{XYZ}CHARSIZE: 意味着 XCHARSIZE, YCHARSIZE, ZCHARSIZE 等, 其余

23　　　　　　　　　　的 {XYZ} 开头的关键词与此类似

24　　　X,Y: 画图时X轴、Y轴使用的数, 据如果只有一组数据, y那么X轴的数据由数组

25　　　　　　　　　DINDGEN(y) 代替

26　　　/ISOTROPIC: 关键词, 说明显示的图形具有相同的纵、横轴尺寸

27　　　MAX_VALUE, MIN_VALUE: 要显示的 y 数据的最大值和最小值

28　　　NSUM: 显示的图形以多点平均值进行平滑, NSUM=3 表示进行 3 点平滑

29　　　/POLAR: 关键词, 用来表示图形在极坐标中显示

30　　　/XLOG,/YLOG: 表明 X 轴、Y 轴是线性的还是对数的

31　　　/YNOZERO: 如果 Y 轴所用 y 数据都大于 0, 那么纵轴的显示从 0 开始, 对含

32　　　　　　　　　有负数的 y 数据无效

33　　　BACKGROUND : 设定图形的背景颜色, 为了方便颜色设定, 可使用 IDL_for_

34　　　　　　　　　SDSS packages 软件包提供的 DJS_ICOLOR( ) 函数

35　　　CHARSIZE: 图形中字符的大小, charsize=1 为正常大小, charsize=2 表示为正常

36　　　　　　　　大小的 2 倍

37　　　CHARTHICK: 图形中字符的宽度, charthick=1 为正常

38　　　FONT: 图形显示中的字符所使用的字体集, 可以使用 Textoidl package 软件包

39　　　　　　　提供的 textoidl( ) 函数代替

40　　　LINESTYLE: 图形中所使用线条的线型, linestyle=0 代表实线, 1 代表点线,

41　　　　　　　　2 代表短划线, 3 代表点划线, 4 代表双点划线, 5 代表长划线

42　　　CLIP, /NOCLIP: 只展示图形中在 [X0, Y0, X1, Y1] 区域中的部分, X0, Y0

43　　　　　　　　代表区域的左下角, X1, Y1 代表区域的右上角, 和关键

44　　　　　　　　词/NORMAL 合用, X0, Y0, X1, Y1 为从 0 到 1 的数值

45 COLOR: 画图使用的颜色, 包括图形中的所有的线条、坐标轴、字符等

46 /NODATA: 只显示坐标轴及其信息

47 /NOERASE: 使用 PLOT 程序时, 原图形界面不消失, 但使用的坐标轴重叠在一
48   起, 如果刻度不一, 会显示混乱

49 POSITION: 指明图形的位置

50 PSYM: 显示数据使用的图形符号, 可使用 IDL_for_SDSS packages 软件包提供的
51   plotsym 程序设置, 如果不使用 plotsym 程序, 那么 psym=1 表示 +
52   号, 2 表示 ∗ 号, 3 表示 · 号, 4 表示菱形符号, 5 表示三角形, 6 表示
53   正方形, 7 表示 × 号, 10 表示直方图. PSYM=8 表示使用外部指定的
54   图形符号和 plotsym 程序结合使用

55 SUBTITLE: 图像的子标题, 多置于图像 X 轴标记的下方

56 SYMSIZE: 所使用的图形符号的尺寸, 可使用 plotsym 程序设置

57 THICK: 画图时所用线条的宽度

58 TITLE: 图形的标, 题置于图形的最上方

59 {XYZ}CHARSIZE: 坐标轴刻度字符大小, xcharsize=2 表示 X 轴刻度字符为正常
60   大小的两倍

61 {XYZ}GRIDSTYLE: 坐标轴刻度线所使用的线型, 线型见 linestyle 的说明

62 {XYZ}MARGIN: 坐标轴距离整个图像显示窗口或者设定逻辑设备的边距, 如
63   xmargin = [20,20], 表示 X 轴的最小和最大处到两边的边距
64   约有 20 个字符的大小

65 {XYZ}MINOR: 每个坐标轴刻度之间的最小值, 如 xminor=1, 表示 X 轴上面的刻
66   度线只有在如 1, 2, 3, · · · 处的地方才会有

67 {XYZ}RANGE: 坐标轴的显示范围, 如 xrange=[5,10], 表示 X 轴的刻度从 5 到
68   10

69 {XYZ}STYLE: 坐标轴的显示方式, 1 表示坐标轴严格按照 {XYZ}RANGE 设定
70   的范围显示坐标轴的范围, 如果没有设定 {XYZ}RANGE, 则严格按照每个
71   坐标下所显示数据的极值进行显示, 2 表示坐标轴的显示范围比 {XYZ}
72   RANGE 设定的范围略宽, 4 表示相应的两个坐标轴不显示, 8 表示只显示
73   对应的其中一条坐标轴, 例如 xstyle=4 表示上下两个 X 轴都不显示,
74   ystyle=8 表示只显示左边的 Y 轴

75 {XYZ}THICK: 坐标轴所使用的线型宽度

76 {XYZ}TICK_GET: 坐标轴显示的刻度数字存放在 {XYZ}TICK_GET 指定的参
77   数中

78 {XYZ}TICKFORMAT: 坐标轴显示的刻度数字的显示格式

79 {XYZ}TICKLEN: 坐标轴所使用的刻度线的长度

80 {XYZ}TICKNAME: 指定坐标轴显示的刻度数字

81 {XYZ}TICKS: 指定坐标轴显示的刻度数字的个数, xticks=4 表示 X 轴上显示 5
82   个刻度数字

83 {XYZ}TICKUNITS: 坐标轴显示的刻度数字的单位

84 {XYZ}TICKV: 结合 {XYZ}TICKS 参数, 用以指定坐标轴显示的刻度数字, 如

85　　　　　xticks=3, xtickv=[4,4.5,6,10], 则 X 轴只显示 4, 4.5, 6, 10 四个刻度数字

86　{XYZ}TITLE: 坐标轴的标题, 结合 textoidl 使用

　　从 PLOT 程序的关键词可以看出, 对于要进行图形化展示的天文数据, 可以从以下三个方面进行设置: ① 坐标轴的设定; ② 数据显示的线型、符号、颜色等的设定; ③ 展示图形标题、坐标轴标题以及可能的图形中文字描述的设定. 为了更好地、更方便地完善这三方面的设置, 在 IDL 内置程序 PLOT 外, 有以下五个函数、程序可以和 PLOT 程序结合使用: ① 函数 DJS_ICOLOR 用来进行颜色的设定; ② 程序 PLOTSYM 用来方便地设定数据展示所使用的符号; ③ 函数 textoidl 用来方便地书写带有特殊形式、特殊字符的标题内容及文字描述内容; ④ 程序 XYOUTS 用来方便地在展示的图形中的指定位置写入描述性的文字信息; ⑤ 程序 OPLOT 用来方便地在同一个图形界面中显示多个图形.

　　函数 DJS_ICOLOR 的详细描述如下:

函数: DJS_ICOLOR

1　函数形式:

2　COLOR = DJS_ICOLOR(INPUT)

3

4　目的: 设定颜色

5

6　参数解释:

7　　　COLOR: 输出的颜色信息

8　　　INPUT: 代表各种颜色的名称, 例如, color=djs_icolor('green') 表示选择绿色.

9　　　DJS_ICOLOR( ): 提供了超过 20 种颜色可以选择, 只需记住颜色的名

10　　　　　字即可, 例如, 'red','green','blue','black','white','yellow','purple','brown',

11　　　　　'dark green','dark yellow','yellow red','orange','yellow green', 'dark blue',

12　　　　　'navy','dark magenta', 'magenta red','dark cyan', 'grey', 'gray','light red',

13　　　　　'pink','cyan green','light green', 'light yellow','magenta blue', 'magenta',

14　　　　　'cyan', 'dark grey' 等颜色

15

16　函数举例:

17　IDL> plot,DINDGEN(10),color=DJS_ICOLOR('red')

18　　　; 显示的图形坐标轴、线条等都是红色

　　程序 PLOTSYM 的详细描述如下:

程序: PLOTSYM

1　程序形式:

2　PLOTSYM, PSYM, PSIZE, /FILL, THICK=thick, COLOR=color

```
3
4   目的: 选择指定的图形符号
5
6   参数解释:
7       PSYM: 输入参数, 为 0 到 8 的整数, 其中, 0 为圆, 1 为向下的箭头, 2 为向上的箭
8           头, 3 为五角星, 4 为三角形, 5 为倒三角形, 6 为向左的箭头, 7 为向右的箭头,
9           8 为正方形
10      PSIZE: 指定图形符号的大小, 1 为正常大小
11      /FILL: 关键词, 是否将选择的图形进行填充, 如将空心圆变为实心圆等
12      THICK: 组成图形符号的线条的宽度
13      COLOR: 图形符号的颜色, 可结合函数 DJS_ICOLOR( ) 使用
14
15  程序举例:
16  IDL> PLOTSYM,0,2,/fill,color=DJS_ICOLOR('red')
17      ; 表示选择了一个两倍正常大小的红色的实心圆作为数据显示用的图形符号
18  IDL> plot, DINDGEN(10), psym=8
19      ; 图形中的数据点显示为红色的实心圆
```

函数 textoidl 的详细描述如下.

函数: textoidl

```
1   函数形式:
2   Used = textoidl(old_from_latex)
3
4   目的: 简单地显示复杂的具有特殊格式、特殊字符的输入字符串
5
6   参数解释:
7       Used: IDL 接受的具有特殊格式、特殊字符的输入字符串
8       old_from_latex: 使用 LaTex 格式书写的带有特殊字符、特殊格式的字符串
9
10  函数举例:
11  IDL> ss = textoidl('\alpha\times\odot/\beta^\eta')
12      ; 要显示'$\alpha \times \odot / \beta^{\eta}$', 使用大家熟悉的 LaTex 的数学书写形式
13  IDL> print, ss
14      !7a!X!MX!X!Mn!X/!7b!X!U!7g!X!N
15      ;IDL 可以直接用的格式
16  IDL> ss = textoidl('\alpha\times\odot/\beta^\eta') + '!c' + $
17  IDL>      textoidl('from 20\AA to 2000\AA')
18      ; 含有特殊字体的两行信息的输入, !c 表示换行
```

当然, 我们应该注意, 现阶段的 textoidl 函数仍然不是非常完善的, 并不支持

所有的 LaTex 数学环境中提供的数学形式, 例如积分符号就难以显示, 遇到较为复杂的情况, 仍然需要到 IDL 支持的字体库中寻找对应的特殊字符, 此时, 请利用 IDL 的帮助文件中的 Graphics → Graphics Gallery → Modifying Visualizations → Embedded Formatting Commands 提供的信息, 进行特殊字符、特殊格式的寻找和设定. 不过 textoidl 函数已经基本可以满足多数特殊字符的需求.

程序 XYOUTS 的详细描述如下:

程序: XYOUTS

```
1   程序形式:
2   XYOUTS, X0, Y0, In_string, CHARSIZE=val1, CHARTHICK=val2, $
3          /NORMAL, ORIENTATION = ang, COLOR=color
4
5   目的: 在图形指定的位置处添加字符串
6
7   参数解释:
8       X0, Y0: 写入信息的起始位置, 如果使用关键词/NORMAL, 则 X0, Y0 为 0 到 1
9                的数, 如果没有使用关键词/NORMAL, 则 X0, Y0 和图形中的数据
10               具有相同的单位, 使用坐标轴提供的刻度信息
11      In_string: 要写入图形的信息, 可结合 textoidl 使用
12      CHARSIZE: 写入信息的字符大小
13      CHARTHICK: 写入信息的字符深度
14      ORIENTATION: 写入信息是否从水平位置开始旋转, ang 为其旋转角度
15      COLOR: 写入信息使用的颜色, 可结合 DJS_ICOLOR 使用
16
17  程序举例:
18  IDL> plot, DINDGEN(10)
19  IDL> XYOUTS, 0.5, 0.5, textoidl('\alpha\times\odot/\beta^\eta') + $
20  IDL>        '!c' + textoidl('red color: Main data sample') + $
21  IDL>        '!c' + textoidl('green color: data sample 2'), /NORMAL, $
22  IDL>        color = djs_icolor('blue'), CHARSIZE=1.2, CHARTHICK=1.2,$
23  IDL>        orientation = 60
24    ; 从图形的中心位置开始显示字符串, 并旋转 60 度
```

上述命令行会生成如下的结果, 在一个已生成的图形的中心位置 [0.5,0.5] (x0=0.5, y0=0.5, 并使用了关键词/NORMAL) 处开始写入三行信息, 该信息的字符大小为正常大小的 1.2 倍, 字符深度为正常深度的 1.2 倍, 字符颜色为蓝色, 并且该三行字符从水平方向逆时针旋转了 60 度.

程序 OPLOT 的详细描述如下:

程序: OPLOT

```
1   程序形式:
2   OPLOT, X, Y, COLOR=color, PSYM = psym, SYMSIZE= size, $
3            LINESTYLE=line,THICK=thick,NSUM=nsum
4
5   目的: 在已打开的图形设备或者窗口中使用原有的坐标系, 添加图形
6
7   参数解释:
8       X,Y: 要展示的图形、图像数据 X 和 Y
9       PSYM, SYMSIZE: 要使用的图形符号及其大小, 结合 PLOTSYM 使用
10      LINESTYLE,THICK: 要使用线条的线型及其深度
11      COLOR: 要使用的符号或者线条的颜色, 结合 DJS_ICOLOR 使用
12      NSUM: 要进行的多点平滑
13
14  程序举例:
15  IDL> PLOT, sin(DINDGEN(10))
16  IDL> OPLOT, cos(DINDGEN(10)),color=djs_icolor('red')
```

一般情况下, OPLOT 紧跟在 PLOT 程序后面使用, 使用 PLOT 程序已经设定或者生成的坐标系, 不能对已生成的坐标系特性进行修改, 用来在同一个图形界面中显示多个图形 (和 !p.multi 设定不同, !p.multi 的设定会产生统一图形界面生成多个子图形界面). OPLOT 相对于/NOERASE 的优势在于: 前后多次生成的图形在相同的坐标系中展示, 不会引发坐标系刻度的混乱.

在详细叙述了程序 PLOT、函数 DJS_ICOLOR、程序 PLOTSYM、函数 textoidl、程序 XYOUTS、程序 OPLOT 后, 我们给出几个使用 PLOT 的详细的例子, 用以说明 IDL 画图程序 PLOT 的强大和便捷.

PLOT 使用举例如下:

程序: plot_ex

```
1   Pro plot_ex, in_x = in_x, in_y = in_y, outfile = outfile, ps = ps, $
2            _extra = for_plot
3
4   ; 程序目的: 使用 PLOT 的例子
5
6   ; 输入和输出参数简介:
7   ; in_x, in_y: 要使用的 x 和 y 数据
8   ; outfile: 输出图形的 EPS 文件名
9   ; _extra = for_plot: 参数的传递, 方便在屏幕窗口检测时使用 PLOTHIST 的不同参
10       ; 数设置
```

```
11    ; /ps: 关键词, 图形将存储到 EPS 文件中
12
13    IF N_elements(in_x) EQ 0 THEN in_x = 0.01 + DINDGEN(100) * $
14                     (10.d − 0.01d)/99.d
15      ; in_x 缺省为从 0.01 到 10 的含有 100 个数据的数组
16
17    IF N_elements(in_y) EQ 0 THEN iN_y = sin(in_x)
18      ; 如果没有指定的输入 in_y, 那么 in_y = sin(in_x)
19
20
21      ; 检查 in_x 和 in_y 是否具有等同的数组长度, 如否, 程序终止
22    IF N_elements(in_x) NE N_elements(in_y) THEN BEGIN
23      print , '%%%%%%%%%%%%%%%%%%%%%%%%%%%%%%%%%%%'
24      print , '%%Different Lengths in X AND Y %%'
25      print , '%%    PLease Check Then      %%'
26      print , '%%%%%%%%%%%%%%%%%%%%%%%%%%%%%%%%%%%'
27      STOP  ; 程序终止命令
28    ENDIF
29
30    ; 指定输出的 EPS 文件名
31    IF N_elements(outfile) EQ 0 THEN outfile = 'plot_ex.ps'
32
33    ; 设定关键词/ps, 表明图形将存储为 EPS 格式的图形文件
34    IF keyword_set(ps) THEN BEGIN
35      set_plot,'ps'
36      DEVICE, file = outfile, /Encapsulate,/Eolor,Bits=24, $
37                     xsize=18, ysize=24
38    ENDIF
39
40    ; 如果不设定关键词/ps, 那么图形输出到 1000×800 的屏幕上
41    IF NOT keyword_set(ps) THEN BEGIN
42      window, XSIZE=1000, YSIZE= 800
43    ENDIF
44
45    !P.MULTI = [0, 2, 3] ; 在同一个界面上生成 2 列 3 行共 6 个图形
46
47    PLOT, in_x, in_y ; 最简单的 PLOT 应用
48
49
50    ; 添加坐标轴设定, 图形标题, 字符大小, 显示线型 LINESTYLE,
```

```
51        ; 并结合 textoidl 的 PLOT 应用
52    PLOT, in_x, in_y, line=2, XSTYLE=1,YSTYLE=1, XTITLE = 'x', $
53              ytitle = textoidl('sin(x)'), charsize = 1.5, $
54              title = textoidl('x —— SIN(x): linestyle')
55
56
57    ; 结合 DJS_ICOLOR,PLOTSYM 后的 PLOT 应用
58    plotsym,0,0.75,color=djs_icolor('green')
59    PLOT, in_x, in_y, XSTYLE=1,YSTYLE=1, XTITLE = 'x', $
60              ytitle = textoidl('sin(x)'), charsize = 1.5, $
61              title = textoidl('x —— SIN(x): /xlog + plotsym'),$
62              /xlog,psym=8
63
64
65    ; 再次结合 OPLOT,XYOUTS 后的 PLOT 应用
66    PLOT, in_x, in_y, XSTYLE=1,YSTYLE=1, XTITLE = 'x', $
67              ytitle = textoidl('sin(x)'), charsize = 1.5, $
68              title = textoidl('x —— SIN(x): plotsym + oplot + xyouts')
69    plotsym,0,0.75
70    oplot,in_x, in_y^2, psym=8,color= djs_icolor('red')
71    XYOUTS,Min(in_x) + 0.2, Max(in_y) — 1.6, $
72              textoidl('red circles :') +'!c'+textoidl('(sin(x))^2'), $
73              charsize=0.75, color=djs_icolor('red')
74
75    ; 再次添加设定 xticks,xtickv 后的 PLOT 应用
76    PLOT, in_x, in_y, XSTYLE=1,YSTYLE=1, XTITLE = 'x', $
77              ytitle = textoidL('sin(x)'), charsize = 1.5, $
78              xticks=4, xtickv=[3,4,5,6],  title ='xticks + xtickv'
79
80    ; 再次添加设定 xmargin,ymargin 后的 PLOT 应用
81    PLOT, in_x, in_y, XSTYLE=1,YSTYLE=1, XTITLE = 'x', $
82              ytitle = textoidl('sin(x)'), charsize = 1.5, $
83              xmargin = [12,12], ymargin = [5,5], $
84              title ='xmargin + ymargin'
85
86    ; 如果使用了关键词/ps, 程序结束前应关闭该逻辑设备
87    IF keyword_set(ps) THEN BEGIN
88       Device,/close  ; 关闭
89       set_plot,'x'   ; 显示到屏幕
90    ENDIF
```

```
91
92      !p.multi = 0  ; !p.multi 还原
93
94   END
```

程序存放在 txt 文件 plot_ex.pro 中, 编译并调用程序后, 可以得到 EPS 图形文件.

编译并调用 plot_ex

```
1   IDL> .COMPILE plot_ex ; 编译使用的文件名的字母大小写和存储的文件名必须一致
2   IDL> PLOT_EX, /ps ; 图形存储到 plot_ex.ps 中, 再次使用时, 对大小写没有要求
3   IDL> PLOT_EX   ; 图形显示到 1000×800 的屏幕窗口中
```

生成的图形文件 plot_ex.ps 如图3.2所示. 此处, 我们并没有使用 position 参数 (如图3.1使用 position 显示的结果), 如果结合 position 参数指定不同子图形界面 的位置, 那么 PLOT 程序可以制作出几乎所有可以见到的图形格式和组合. 以 PLOT 程序为基础, 主要是 PLOT 所使用关键参数、关键词等几乎是其他画图程 序所共同使用的, 我们对不同维度的天文数据的图形、图像化显示展示如图 3.2.

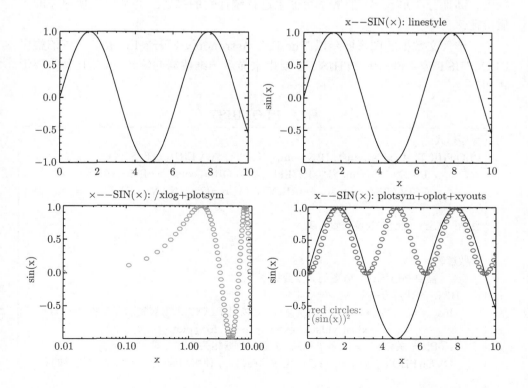

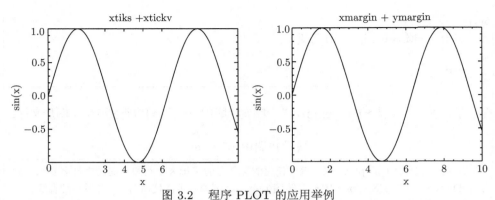

图 3.2　　程序 PLOT 的应用举例

6 个图形使用了不同的关键词或者不同的参数设定, 并结合了 PLOTSYM, DJS_ICOLOR, XYOUTS,
OPLOT 的应用, 以便于检验不同参数对 PLOT 画图结果的影响

3.1　一维天文数据的展示

一维的天文数据往往和数据的统计特性紧密相关, 往往由表示数字位置 (如
平均值、中位数等)、数字分散性 (如方差、变异系数等)、数字分布形状 (如偏度、
峰度、高斯分布形状等) 的数学特征来进行统计性的描述, 并从中发现内在的本
质特征.

一维天文数据的图形展示以 The IDL Astronomy User's Library 提供的程序
PLOTHIST 为主例, PLOTHIST 主要用来显示一维数据的统计直方图, 其主要形
式如下:

程序: PLOTHIST

```
1   程序形式:
2   PLOTHIST, A, xhist,yhist, BIN=bin, /NoPlot, /OVERPLOT, $
3            PSYM = psym, /Peak, /Fill, FCOLOR=Fcolor, FLINE=val, $
4            FSPACING=Fspac, FORIENTATION=For, /NAN, __EXTRA = par_plot
5
6   目的: 显示一维数据的统计直方图
7
8   参数解释:
9      A : 需要画出统计直方图的一维数据
10     BIN: 统计直方图中每个小区间的尺寸
11     xhist,yhist: 每个小区间中的统计值, 可以用 PLOT 来重复显示直方图, PLOT,
12                  xhist,yhist, __extra = pars_for_plot
13     /NoPlot: 关键词, 只显示坐标系, 不显示数据相关的直方图
14     /OVERPLOT: 关键词, 在已经生成的图形上, 使用相同的坐标系, 根据提供的数
```

```
15                     据 A, 显示其统计直方图
16     PSYM: 使用图形符号, 代替常见的类似柱状图的统计直方图, 可结合 PLOTSYM
17          使用
18     /Peak: 显示统计直方图的最大值为 1
19     /Fill: 统计直方图的每个小区间进行颜色或者线条的填充
20     FCOLOR: 进行颜色的填充, 结合 DJS_ICOLOR 使用
21     /FLINE: 关键词, 进行线条的填充, 结合 LINESTYLE 使用
22     FSPACING: 填充线条时, 线条之间的间隔尺寸
23     FORIENTATION: 填充线条时, 线条与水平方向的夹角
24     /NAN: 关键词, 忽略 A 中的 NaN 或 Infinity 数据
25     __EXTRA: IDL 中的参数传递, 此处表示任何 PLOT 程序接受的关键词或者关键
26            参数都适用于 PLOTHIST 程序
```

在 PLOTHIST 外, Coyote IDL Program Libraries 天文软件包也提供了类似的用来画出统计直方图的程序和函数, 例如 cgHISTOGRAM, 但是使用 PLOTHIST 可以完美做出一维数据的统计直方图, 所以这里我们不再介绍 cgHISTOGRAM.

以大容量天文数据 specObj-SDSS-dr10.fits 提供的信息为基础, 使用 PLOTHIST 对其中的红移给出多种情况下相应的统计直方图.

程序: plothist_ex

```
1   ; 程序形式:
2   Pro plothist_ex, input=input, outfile=outfile, __extra=for_plot,$
3      fit_range = fit_range, fit_column = fit_column, ps = ps
4
5   ; 目的: 实例展示 SDSS DR10 中星系的红移分布
6
7   ; 输入和输出参数简介:
8   ; input: 要使用的大容量天文数据, 这里为 specObj-SDSS-dr10.fits
9   ; outfile: 输出图形的 EPS 文件名
10  ; __extra = for_plot: 参数的传递, 方便在屏幕窗口检测时使用 PLOTHIST 的不同
11                        ; 参数设置
12  ; fit_range: 设置读取 FITs 文件的行的范围
13  ; fit_column: 设置读取 FITs 文件中的列的名字
14  ; /ps: 关键词, 图形将存储到 EPS 文件中
15
16    IF N_elements(input) EQ 0 THEN input = 'specObj-SDSS-dr10.fits'
17        ; 将 FITs 文件和程序 plothist_ex.pro 放在一起, 否则请添加
18           ; specObj-SDSS-dr10.fits 所在的完整的路径名
19
20    IF N_elements(fit_range) EQ 0 THEN $
```

```
21          fit_range = [ULong(0), ULong(199999)]
22       ; 只读取前面的 200000 行的数据
23
24    IF N_elements(fit_column) EQ 0 THEN fit_column = ['z','class']
25         ; 只读取其中列名字为'z' 和'class' 的两列内容
26
27    IF N_elements(outfile) EQ 0 THEN outfile = 'plothist_ex.ps'
28         ; 如果使用关键词/ps, 且没有指定 outfile, 图形存储到 plothist_ex.ps 中
29
30    ; EPS 的相关设定, 彩色图, 且含有 2 列 3 行共 6 个直方图
31    IF keyword_set(ps) THEN BEGIN
32       set_plot,'ps'
33       DEVICE, FILE = outfile,/ENCAPSULATE,/COLOR,BITS=24, $
34                   xsize=14,ysize=20
35       !p.multi = [0,2,3]
36    ENDIF
37
38    ; 屏幕窗口显示的设定, 打开一个 1000×800 的窗口
39    IF NOT keyword_set(ps) THEN $
40       window, xsize=1000, ysize=800
41
42    ; 读取数据
43    data = hogg_mrdfits(input,1,range = fit_range, $
44            columns = fit_column,/silent)
45
46    ; 只选择其中星系的红移信息, 且保证红移信息是有效的, 红移大于 0
47    pos = where(data.z gt 0 and data.z lt 10 and $
48                strcompress(data.class) eq 'GALAXY')
49
50    data_z = data[pos].z  ; 要进行直方图显示的星系的红移数据
51
52    ; 关键词/ps 设定后的 6 个图形的输出和存储
53    IF keyword_set(ps) THEN BEGIN
54
55      ; 普通的直方图显示
56      PLOTHIST, data_z, xh, yh, bin =0.03, $
57              xtitle = textoidl('redshift'), ytitle='Number', $
58              title = 'Common: bin=0.03'
59
60      ; 普通的直方图显示, 但改变了每个小区间的尺寸
```

```
61      PLOTHIST, data_z, xh, yh, bin =0.1, $
62             xtitle = textoidl('redshift'),  ytitle='Number', $
63             title = 'Common: bin=0.1'
64
65      ; 使用最大值进行了归一
66      PLOTHIST, data_z, xh, yh, bin =0.03, $
67             xtitle = textoidl('redshift'),  ytitle='Number',/peak, $
68             title = '/peak'
69
70      ; 进行了线条的填充, 且线条与水平方向夹角为 60 度
71      PLOTHIST, data_z, xh, yh, bin =0.03, $
72             xtitle = textoidl('redshift'),  ytitle='Number',/fill,$
73             /fline , line = 0, fspac = 0.1, fori = 60, $
74             title = '/fline'
75
76      ; 进行了红颜色的填充
77      PLOTHIST, data_z, xh, yh, bin =0.03, $
78             xtitle = textoidl('redshift'),  ytitle='Number',/fill,$
79             fcolor=djs_icolor('red'), title = 'fcolor'
80
81      ; 结合关键词/overplot, 同时进行了颜色和线条的填充
82      PLOTHIST, data_z, xh, yh, bin =0.03, $
83             xtitle = textoidl('redshift'),  ytitle='Number',/fill, $
84             fcolor=djs_icolor('red'),  title = 'fcolor + /fline'
85      PLOTHIST, data_z, xh, yh, bin =0.03, /fill, $
86             /fline , fspac = 0.1, fori = 60,/overplot,line=2
87
88   ENDIF ELSE BEGIN
89      ; 屏幕窗口显示需要的语句
90      PLOTHIST, data_z, xh, yh, _extra = for_plot
91   ENDELSE
92
93   IF keyword_set(ps) THEN BEGIN
94      DEVICE,/close ; 关闭逻辑设备
95      set_plot,'x'   ; 恢复到屏幕显示
96      !p.multi = 0  ; 还原 !p.multi
97   ENDIF
98
99  END
```

程序语句存放在 txt 文件 plothist_ex.pro 中, 编译并调用 plothist_ex 程序后,

编译并调用 plothist_ex

```
1  IDL> .COMPILE plothist_ex
2  IDL> plothist_ex,/ps
```

生成的 plothist_ex.ps 图像文件, 其中的图形如图3.3所示. 而要在屏幕上显示图3.3中的 6 幅图形, 灵活使用 _extra 进行参数传递, 可使用如下命令:

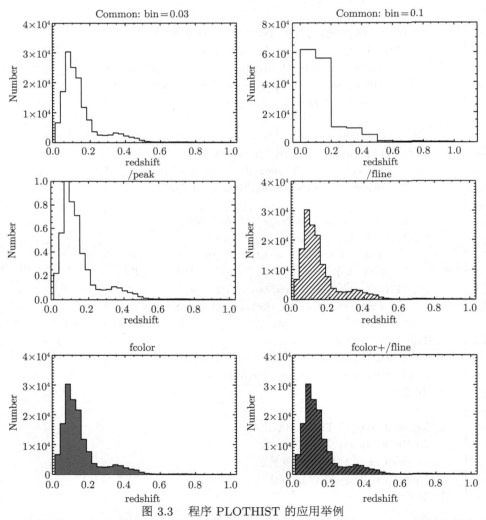

图 3.3 程序 PLOTHIST 的应用举例

6 个图形使用了不同的关键词或者不同的参数设定, 以便于检验不同参数对 PLOTHIST 画图结果的影响

编译并调用 plothist_ex 进行窗口显示

```
1  IDL> .COMPILE plothist_ex
2  IDL> plothist_ex, bin =0.03, xtitle = textoidl('redshift'), $
3  IDL>        ytitle ='Number', title = 'Common: bin=0.03'
4     ; 屏幕窗口显示图3.3左上角图形
5  IDL> plothist_ex, bin =0.1, xtitle = textoidl('redshift'), $
6  IDL>        ytitle ='Number',title = 'Common: bin=0.1'
7     ; 屏幕窗口显示图3.3右上角图形
8  IDL> plothist, bin =0.03, xtitle = textoidl('redshift'), $
9  IDL>        ytitle ='Number',/peak,title = '/peak'
10    ; 屏幕窗口显示图3.3左列中间图形
11 IDL> plothist, bin =0.03, xtitle = textoidl('redshift'), $
12 IDL>        ytitle ='Number',/fill,/fline, line = 0, fspac = 0.1, $
13 IDL>        fori = 60, title = '/fline'
14    ; 屏幕窗口显示图3.3右列中间图形
15 IDL> plothist, bin =0.03, xtitle = textoidl('redshift'), $
16 IDL>        ytitle ='Number',/fill, fcolor=djs_icolor('red'),$
17 IDL>        title = 'fcolor'
18    ; 屏幕窗口显示图3.3左下角图形
19 IDL> plothist, bin =0.03, xtitle = textoidl('redshift'), $
20 IDL>        ytitle ='Number',/fill, fcolor=djs_icolor('red'), $
21 IDL>        title = 'fcolor + /fline'
22 IDL> plothist, bin =0.03, /fill, /fline, fspac = 0.1, fori = 60, $
23 IDL>        /overplot, line =2
24    ; 屏幕窗口显示图3.3右下角图形
```

3.2 二维天文数据的图形化显示

二维的天文数据主要包括两类: 第一类是二维天文数据由紧密相关的两个物理参量提供的数据组成 ($N \times 2$ 或者 $2 \times N$ 的数据), 例如天文观测光谱的波长和流量; 第二类是二维的天文数据本身即代表了一种天文图像 ($N \times M$ 的数据), 如 FIRST 提供的射电天文观测图像. 对于第一类二维图像数据, IDL 的内置程序 PLOT 即可满足其图形化的展示需要, 而对于第二类二维图像数据, 则结合 PLOT 程序和 Coyote IDL Program Libraries 天文软件包提供的 cgImage 程序, 以实现二维天文图像的完美的图形化显示.

第一类的二维数据的图形化显示非常简单, 基于前面所述的 PLOT 程序的使用说明, 以 SDSS113021+005820 的观测光谱为例 (其 SDSS 光谱可以从 SDSS 网站: https://data.sdss.org/sas/dr16/sdss/spectro/redux/26/spectra/0281/spec-

0281-51614-0562.fits) 下载, 对天文观测光谱的显示如下.

程序: plot_spec

```
1    Pro plot_spec, in_file = in_file, out_file = out_file, $
2        _extra=for_plot, ps = ps
3
4    ; 程序目的: 展示 SDSS 光谱
5
6    ; 参数解释:
7    ; in_file: 要读取的保存光谱信息的 FITs 文件名
8    ; out_file: 要将生成的光谱图形存放到 EPS 文件中的文件名
9    ; _extra: PLOT 程序所接受的关键参数和关键词
10   ; /ps: 关键词, 用以表明生成的光谱图形会保存到 EPS 文件中
11
12      IF N_elements(in_file) EQ 0 THEN $
13         in_file = 'spec−0281−51614−0562.fits'
14
15      ; 检验输入文件是否存在, 如不存在则终止程序
16      IF NOT FILE_TEST(in_file) THEN BEGIN
17         print, '%%%%%%%%%%%%%%%%%%%%%%%%%'
18         print, '%%   NO FITS files            %%'
19         print, '%%   Checking                 %%'
20         print, '%%%%%%%%%%%%%%%%%%%%%%%%%'
21         STOP  ; 终止程序
22      END
23
24      ; 输出 EPS 文件的名称
25      IF N_elements(out_file) EQ 0 THEN $
26         outfile = 'plot_spec.ps'
27
28      ; EPS 存储或屏幕显示
29      IF keyword_set(ps) THEN BEGIN
30         set_plot,'ps'
31         Device, file = outfile,/encapsulate, /color, bits=24
32      ENDIF ELSE BEGIN
33         window, xsize=1000, ysize=800
34      ENDELSE
35
36      ; 读取 FITs 文件, 使用 mrdfits 和 hogg_mrdfits 一样
37      spec = mrdfits(in_file,1,head)
```

```
38
39      ; 光谱的波长和流量信息, 请注意 SDSS DR10 将光谱信息存储在一个结构中,
40          ; 而早期的光谱数据则存储在一个数组中, 请检查头文件信息确认
41      wave = 10.d^spec.loglam
42      flux = spec.flux
43
44      ; 光谱的显示
45      plot, wave,flux,psym=10, xs =1, ys = 1, nsum=4, $
46          xtitle = textoidl('wavelength (\AA)'), $
47          ytitle = textoidl('f_\lambda (10^{-17}erg/s/cm^2/\AA)'), $
48          _extra = for_plot, charsize = 1.25, $
49          title = strmid(in_file,0,21), yrange = [0, max(flux) * 1.1]
50
51      ; 光谱中较强发射线的标记
52      xyouts, 5300, 400, textoidl('H\beta + [O III] doublet'), $
53          color = djs_icolor('blue')
54      xyouts, 7100,170, textoidl('H\alpha + [N II] doublet'), $
55          color = djs_icolor('blue')
56
57      ; 关闭 DEVICE, 恢复屏幕显示
58      IF keyword_set(ps) THEN BEGIN
59          DEVICE, /close
60          set_plot,'x'
61      ENDIF
62
63      END ; 程序 plot_spec.pro 终止
```

其中, 程序中使用了函数 FILE_TEST( ) 用来检查文件是否存在, 其具体的用法如下.

函数: FILE_TEST

```
1      函数形式:
2      RES = FILE_TEST(FILE)
3
4      目的: 检查输入的文件 FILE 是否存在
5
6      参数解释:
7      FILE: 输入参数, 要进行检查的文件
8      RES: 输出参数, 如果文件 FILE 存在, RES=1, 否则 RES=0
9
```

```
10   函数举例:
11   IDL> res = FILE_TEST('/home/test/TEST.dat')
```

完整的 plot_spec 程序语句存放在 plot_spec.pro 中，那么编译并调用程序 plot_spec 后，生成 plot_spec.ps 图像文件，其中的图形如图3.4所示.

编译并调用 plot_spec

```
1    IDL> .COMPILE plot_spec
2    IDL> plot_spec, /ps
```

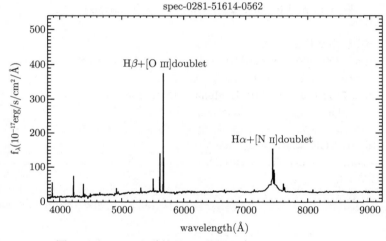

图 3.4   SDSS 光谱的显示, 使用程序 plot_spec.pro

当然, 类似于 PLOT_SPEC 程序, 也可以方便地将多个光谱显示在同一个文件的多页中，但是, 应当注意, 图像文件的多页显示应该以 PS 的格式存储, 不要使用 EPS 的格式存储, 因此 DEVICE 设置中的关键词 ENCAPSULATE 不要使用, 如下例.

程序: plot_multi_spec

```
1    Pro plot_multi_spec, in_file = in_file, out_file = out_file, $
2        _extra=for_plot, ps = ps
3
4    ; 程序目的: to show SDSS spectrum
5
6    ; 参数解释:
7    ; in_file: 要读取的保存光谱信息的 FITs 文件名
```

```
8    ; out_file: 要将生成的光谱图形存放到 EPS 文件中的文件名
9    ; _extra: PLOT 程序所接受的关键参数和关键词
10   ; /ps: 关键词, 用以表明生成的光谱图形会保存到 PS 文件中
11
12      ; 在当前目录下搜寻 FITs 数据文件
13      IF N_elements(in_file) EQ 0 THEN $
14         in_file = FINDFILE('spec−*.fits', count = NP)
15
16      ; 检验输入文件是否存在, 如不存在则终止程序
17      IF NP LE 0 THEN BEGIN
18       print , '%%%%%%%%%%%%%%%%%%%%%%%%%'
19       print , '%%   NO FITS files            %%'
20       print , '%%   Checking                 %%'
21       print , '%%%%%%%%%%%%%%%%%%%%%%%%%'
22       STOP   ; 终止程序
23      END
24
25    ; 输出 EPS 文件的名称
26    IF N_elements(out_file) EQ 0 THEN $
27       outfile = 'plot_multi_spec.ps'
28
29    ;PS 存储或是屏幕显示, 不使用关键词 ENCAPSULATE
30    IF keyword_set(ps) THEN BEGIN
31       set_plot,'ps'
32       DEVICE, file = outfile, /color, bits=24
33    ENDIF ELSE BEGIN
34       WINDOW,xsize=1000, ysize=800
35    ENDELSE
36
37    ; 循环读取 NP 个 FITs 数据文件
38    FOR i = 0L, NP −1L DO BEGIN
39
40       spec = mrdfits(in_file[i],1, head)
41       wave = 10.d^spec.loglam
42       flux = spec.flux
43
44       plot ,wave,flux,psym=10, xs =1, ys = 1, nsum=4, $
45            xtitle = textoidl('wavelength (\AA)'), $
46            ytitle = textoidl('f_\lambda (10^{-17}erg/s/cm^2/\AA)'), $
47            _extra = for_plot, charsize = 1.25, $
```

```
48          title  = strmid(in_file,0,21), yrange = [0, max(flux) * 1.1]
49
50      ; 如果设定为屏幕输出, 则每显示一幅光谱, 需要输入随机的键盘输入,
51          ; 进行下一幅光谱的显示
52      IF NOT keyword_set(ps) THEN BEGIN
53          str = QGET_STRING() ; 读取键盘输入, 回车终止
54      ENDIF
55   ENDFOR
56
57   ; 关闭 DEVICE, 恢复屏幕显示
58   IF keyword_set(ps) THEN BEGIN
59      DEVICE, /close
60      set_plot,'x'
61   ENDIF
62
63   END ; 程序 plot_multi_spec.pro 终止
```

其中, 程序 plot_multi_spec 中使用了函数 FINDFILE 用来搜索文件, 其具体的用法如下:

函数: FINDFILE

```
1    函数形式:
2    RES = FINDFILE(FILE_fmt, CUNT=NP)
3
4    目的: 检查文件名符合 FILE_fmt 的文件
5
6    参数解释:
7       FILE_fmt: 文件名中包含的信息, 例如文件的后缀, 文件中包含的某些字符信息等
8       RES: 输出符合条件的文件名
9       NP: 符合条件的文件的个数
10
11   函数举例:
12   IDL> res = FINDFILE('/home/test/*.dat', count = N)
13      ; 目录/home/test/下后缀为 dat 的文件
14   IDL> res = FINDFILE('spec'−*−0233*fits', count = N)
15      ; 当前目录下, 以'spec−' 开头中间包含'−0233' 且以'fits' 结尾的文件
16      ; 注意: 较新版本的 IDL 中, 用 file_search 代替了 FINDFILE
```

此外, 程序 plot_multi_spec 中使用了函数 QGET_STRING 用来进行键盘信息输入, 其具体的用法如下:

函数: QGET_STRING

```
1    函数形式:
2    RES = QGET_STRING( )
3
4    目的: 等待键盘输入, 读入键盘输入信息, 以回车结束
5         可以较为方便地控制程序的暂停
6
7    参数解释:
8       RES: 键盘输入的信息
9
10   函数举例:
11   IDL> ss = QGET_STRING( )
12      ; 键盘输入: It is very interesting! 回车
13   IDL> print, ss
14      It is very interesting !
```

编译并运行程序 plot_multi_spec 后, 那么在当前目录下的 NP 个光谱, 将存储到 PS 文件 OUTFILE 的 NP 页中.

编译并调用 plot_multi_spec

```
1    IDL> .COMPILE plot_multi_spec
2    IDL> plot_multi_spec, /ps
```

对于二维的 $N \times M$ 图像, 通常有两种方式的图像展示: 第一种方式直接进行图像的显示, 所使用的命令为 cgImage(比 IDL 内置的画图程序 TV、TVSCL 更加方便); 第二种方式结合等高线图进行图像的显示, 所使用的命令为 cgImage、cgContour(contour)、cgSurface(surface) 等.

二维图像的显示命令 cgImage 为 Coyote IDL Program Libraries 天文软件包提供的命令, 以 IDL 的内置图像程序 TV 和 TVSCL 为基础, 其具体形式如下:

程序: cgImage

```
1    程序形式:
2    cgImage, image, x, y, /AXES, AXKEYWORDS=structure, BACKGROUND=str, $
3          CHARSIZE=flt, COLOR=str, CTINDEX=int, /DISPLAY, $
4          /KEEP_ASPECT_RATIO, MAXVALUE=var, MINVALUE=var, $
5          POSITION=flt, /REVERSE, __EXTRA=For_plot
6
7    目的: 对二维数据 image 进行图像显示
8
```

9　参数解释:

10　　image: 要进行图像显示的二维数据

11　　x,y: 一般情况下省略, 界定显示图像的左下角的 x 位置和 y 位置, 单位和显示数据

12　　　　　单位一致

13　　/AXES: 显示坐系系

14　　AXKEYWORDS: 坐标系刻度显示的信息, 结合 PLOT 中的参数 XTicks 和

15　　　　　Xtickname 进行设定, 例如 AXKEYWORDS = {XTicks:1, XTickname:

16　　　　　['Low', 'High']}, 表示 X 轴上刻度信息为'Low', 'High', 或者显示

17　　　　　数字信息: AXKEYWORDS = XTicks:1, XTickname:[1, 2]

18　　BACKGROUND: 一般情况下省略, 图像显示时所用的背景颜色, 结合

19　　　　　　　　　DJS_ICOLOR( ) 使用

20　　CHARSIZE: 坐标轴信息字符大小

21　　COLOR: 坐标轴使用的颜色, 结合 DJS_ICOLOR( ) 使用

22　　CTINDEX: 在指定的颜色表中的某种颜色的索引号, 结合 LOADCT 使用

23　　/DISPLAY: 打开一个新的图像窗口, 显示的图像具有纵横轴比为 1

24　　KEEP_ASPECT_RATIO: 显示的图像纵横轴比为 1

25　　MAXVALUE: 显示数据使用的最大值

26　　MINVALUE: 显示数据使用的最小值

27　　POSITION: 图像显示的位置, [x0,y0,x1,y1] 图像的左下角、右上角的位置, 应注

28　　　　　意, cgImage 不要和 !p.multi 一起使用, 否则 position 的设置会失真

29　　/REVERSE: 使用所选定颜色表的反颜色

30　　_EXTRA=For_plot: PLOT 程序中对坐标轴信息设定所使用的参数, 如 xrange,

31　　　　　yrange, title, xtitle, ytitle 等

32

33　函数举例:

34　IDL> cgImage, DINDGEN(100,100)

35　　; 最简单的图像显示

36　IDL> cgImage, DINDGEN(100,100),/KEEP_ASPECT_RATIO, $

37　IDL>　　xrange = [−50, 50], yrange = [−50,50], xtitle = 'X', $

38　IDL>　　ytitle = textoidl('\odot'),color = djs_icolor('red'), $

39　IDL>　　position = [0.2,0.2,0.9,0.9],/ normal

40　　; 添加坐标轴信息、图像位置的图像显示

在显示二维图形时, 需要首先进行颜色的设定, 否则使用黑白色. 颜色表的选择是通过程序 LOADCT 来实现的, 其具体形式如下:

程序: LOADCT

1　程序形式:

2　LOADCT, CT_index

3

4 目的: 对二维数据 image 进行图像显示时的颜色表的选择

5

6 参数解释:

7   CT_index: 颜色表的索引号, 为 1 至 74 的整数, 主要颜色表可使用 LOADCT 查

8   看, 如 CT_index=1 为 BLUE/WHITE, CT_index=34 为 Rainbow 等

9

10 程序举例:

11 IDL> LOADCT

12   ; 显示所有可用的颜色表

13 IDL> LOADCT, 34

14   ; 使用彩虹色为指定的颜色表

在选定颜色表后, 还需要标定颜色表内每种颜色对应的显示数据的数值, 因此使用程序 cgCOLORBAR(或者 IDL 的内置程序 COLORBAR) 来设定图像的显示数据和色带的一一对应, 其具体应用如下:

程序: cgCOLORBAR

1 程序形式:

2 cgCOLORBAR, range = range, position = position, /vertical,/left, $

3   /right, /top, /bottom, divisions = div, minor = var, $

4   title =str, tlocation = str2,_extra = For_plot

5

6 目的: 为二维的图像显示, 添加 color bar

7

8 参数解释:

9   range: color bar 显示的最大值和最小值, 否则显示默认的 0 至 255, 或者显示

10   NCOLOR 设定的值

11   position: 自由的设定 color bar 所处的位置

12   / vertical: 设定 color bar 为竖直方向的

13   /right: 和/vertical 结合, 表明坐标轴信息显示在右边, 否则坐标轴信息显示在左边

14   /top: 默认的水平方向的 color bar, 且坐标轴信息显示在上边

15   /bottom: 默认的水平方向的 color bar, 且坐标轴信息显示在下边

16   divisions: color bar 的坐标轴被分割成几个部分

17   minor: 分割后的坐标轴的每个部分的细分程度

18   title : color bar 的标题

19   tlocation: color bar 的标题所在的方位, tlocation='right' 表明标题在竖直 color

20   bar 的右侧

21   _extra=For_plot: PLOT 程序中的设定坐标轴信息等的参数

22

```
23   程序举例:
24   IDL> cgCOLORBAR, /vertical,/left, range = [0,10],divisions=4, $
25   IDL>      minor=5
26      ;color bar 为竖直方向显示, 坐标轴信息在 color bar 的左边,
27         ; 坐标轴从 0 到 10, 分成四个部分, 每个部分又细分成 5 个小块
```

在叙述了 cgImage 的使用方法后, 我们从 FIRST 得到的活动星系核的射电图像为例, 展示如何用 cgImage 进行二维图像的显示, 从 FIRST 网站 http://third.ucllnl.org/cgi-bin/firstcutout 上根据坐标信息 113021+005820, 可以方便地下载 FITs 文件, 图像尺寸为 2.5′, 该图像文件命名为 FIRST_1130+ 0058.FITs, 其图像可以如下显示:

射电图像的显示

```
1    IDL> d = mrdfits('FIRST_1130+0058.FITs',0,/silent, head)
2       ; 读取 FIRST 数据文件, 100×100 的二维数据
3    IDL> LOADCT, 3 ; 读入 color table:  RED TEMPERATURE
4    IDL> cgImage, d, /interpolate, /axes, /keep, $
5    IDL>      xtitle  = textoidl('RA offset in arcmin from 11:30:20'), $
6    IDL>      ytitle  = textoidl('DEC offset in arcmin from +00:58:20'), $
7    IDL>      title  = 'FIRST image', xrange = [1.5,−1.5], $
8    IDL>      yrange = [−1.5,1.5],charsize=0.75 ; 二维图像的显示
9    IDL> cgCOLORBAR, /vertical, range = [0,max(d)∗1000.], $
10   IDL>      title ='FLux Density(mJy)',tlocation='right', $
11   IDL>      charsize=0.75, divisions=4, minor=5 ; 添加 color bar
```

其生成的图像如图3.5所示.

此外, 为了更好地显示二维数据, cgContour 程序可以用来显示二维数据的等高线图, cgContour 的具体用法如下:

程序: cgContour

```
1    程序形式:
2    cgContour, data, x, y, AXISCOLOR=str, BACKGROUND=str, $
3       C_ANNOTATION=str, C_CHARSIZE=var, C_COLORS=var, $
4       C_LABELS=c_labels, /CELL_FILL, CHARSIZE=var, $
5       /ISOTROPIC, /IRREGULAR, LABEL=var, LEVELS=levels, $
6       NLEVELS=nlevels, OLEVELS=olevels, /ONIMAGE, /OVERPLOT, $
7       POSITION=position, RESOLUTION=resolution, $
8       _extra = FOR_PLOT
9
10   目的: 展示一维或者二维数据的等高线图
```

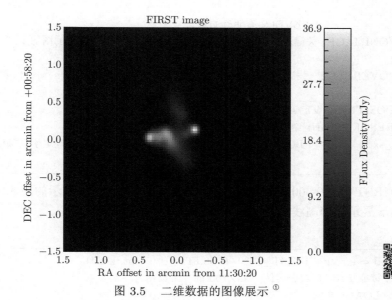

图 3.5 二维数据的图像展示 [①]

参数解释:

11

12 参数解释:

13   data: 需要进行等高线图展示的一维或者二维数据

14   x,y: 用来表示坐标轴刻度的信息, 如果 data 为一维数据, 则 data, x, y 一一对应

15   AXISCOLOR: 坐标轴的颜色, 结合 DJS_ICOLOR 使用

16   BACKGROUND: 背景颜色, 结合 DJS_ICOLOR 使用

17   C_ANNOTATION: 等高线的标记设定, 缺省情况下显示数字

18   C_CHARSIZE: 等高线标记信息字符大小, 不改变坐标轴信息字符大小

19   C_COLORS: 不同等高线显示使用的不同颜色

20   C_LABELS: 指定需要显示标记信息的等高线

21   /CELL_FILL: 关键词, 指定等高线图进行颜色填充

22   CHARSIZE: 指定坐标轴信息字符大小

23   /ISOTROPIC: 关键词, 设定纵横轴具有相同的比例尺

24   /IRREGULAR: 对一维数据的等高线图展示有用, 且可以结合参数

25   RESOLUTION 执行

26   LABEL: 设定等高线信息显示的样式, label=0: 等高线不标记信息, label=1: 所有

27   的等高线都进行标记, label=2: 每隔一条等高线, 标记一条等高线,

28   label=3: 每隔两条等高线, 标记一条等高线

29   LEVELS: 生成等高线图需要的 LEVELS

30   NLEVELS: 生成的等高线图有几条等高线, 可忽略 LEVELS

31   OLEVELS: 存储生成的等高线图使用的 LEVELS, 如果使用 NLEVELS,

① 扫描图片旁的二维码, 即可查看相应彩色版图片.

32	OLEVELS 有明确的意义
33	/ONIMAGE: 关键词, 方便地将叠放在已经使用 cgImage 显示的图像上, 重叠其
34	对应的等高线图
35	/OVERPLOT: 关键词, 在已经生成的等高线图上, 使用现有的坐标信息, 再次画
36	出一个等高线图
37	POSITION: 设定等高线图展示的位置
38	RESOLUTION: 结合/IRREGULAR 使用
39	_extra=FOR_PLOT: PLOT 程序所使用的参数或者关键词, 设定坐标轴信息、
40	图像标题等

以 FIRST_1130+0058.FITs 射电图像为例, 在 cgImage 展示的图像上, 使用 cgContour 展示其等高线图如下:

射电图像等高线图的展示

```
1   IDL> d = mrdfits('FIRST_1130+0058.FITs',0,/silent, head)
2     ; 读取 FIRST 数据文件, 100×100 的二维数据
3   IDL> LOADCT, 3
4     ; 读入 color table:  RED TEMPERATURE
5   IDL> cgImage, d, /interpolate, /axes, /keep, $
6   IDL>     xtitle = textoidl('RA offset in arcmin from 11:30:20'), $
7   IDL>     ytitle = textoidl('DEC offset in arcmin from +00:58:20'), $
8   IDL>     title = 'FIRST image', xrange = [1.5,−1.5], $
9   IDL>     yrange = [−1.5,1.5],charsize=0.75
10    ; 二维图像的显示
11  IDL> cgCOLORBAR, /vertical, range = [0,max(d)∗1000.],$
12  IDL>     title ='FLux Density(mJy)',tlocation='right', $
13  IDL>     charsize=0.75, divisions=4, minor=5
14    ; 添加 color bar
15  IDL> cgContour, d, /ONIMAGE, NL = 10, $
16              Color=djs_icolor('blue'),label=0
17    ; 展示等高线图, 不对等高线进行标记
```

其生成的图像如图3.6所示.

或者显示颜色填充的等高线图如下. 图形显示如图3.7.

射电图像具有颜色填充效果的等高线图展示

```
1   IDL> d = mrdfits('FIRST_1130+0058.FITs',0,/silent, head)
2     ; 读取 FIRST 数据文件, 100×100 的二维数据
3   IDL> LOADCT, 3
4     ; 读入 color table:  RED TEMPERATURE
5   IDL> ra_data = −1.5 + DINDGEN(100)∗3/99
```

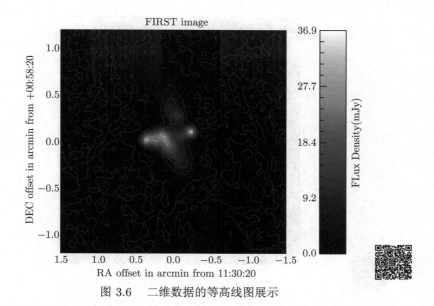

图 3.6   二维数据的等高线图展示

```
6    IDL> dec_data = −1.5 + DINDGEN(100)∗3/99
7        FIRST 数据的 RA 和 DEC 信息, 便于等高线图的正确的坐标轴信息展示
8    IDL> cgContour, d, ra_data, dec_data, NL = 8, /cell_fill, $
9    IDL>        position  =  [0.15,0.1,0.95,0.8], $
10   IDL>        xtitle  = textoidl('RA offset in arcmin from 11:30:20'), $
11   IDL>        ytitle  = textoidl('DEC offset in arcmin from +00:58:20'), $
12   IDL>        title  = 'Contour: FIRST image'
13       ; 展示颜色填充的等高线图
14   IDL> cgCOLORBAR, range = [0,max(d)∗1000], $
15   IDL>        charsize=0.75, divisions=4, minor=5, $
16   IDL>        position  =  [0.15,0.9,0.95,0.95], $
17   IDL>        divi=4, MINOR=5
18       ; 添加等高线图的 color bar
```

当然, 在展示等高线图的同时, 也可以使用 SURFACE 程序进行曲面图的展示, SURFACE 的具体用法如下:

程序: SURFACE

```
1    程序形式:
2    SURFACE, data, x, y, AX=degrees, AZ=degrees, BOTTOM=color, $
3        /HORIZONTAL, /LEGO, MAX_VALUE=val, MIN_VALUE=val, /SAVE, $
4        _extra=FOR_plot
```

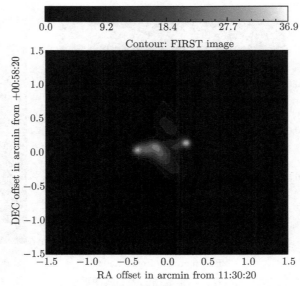

图 3.7　二维数据的颜色填充的等高线图的展示

```
5
6    目的: 展示二维数据的曲面图
7
8    参数解释:
9        data: 需要进行等高线图展示的一维或者二维数据
10       x,y: 用来表示坐标轴刻度的信息
11       AX,AZ: 曲面图显示时, X 轴和 Z 轴的旋转角度
12       BOTTOM: 显示曲面的底部所使用的颜色, 结合 DJS_ICOLOR 使用
13       /HORIZONTAL: 显示曲面使用栅格线, 只使用水平方向的线条
14       /LEGO: 整个曲面的每个数据点处都使用柱状图形, 类似乐高玩具的组合
15       MAX_VALUE, MIN_VALUE: 曲面图显示的最大值和最小值
16       /SAVE: 存储 surface 使用的二维坐标系和三维坐标系转换时使用的转换矩阵, 方便
17               后续的二维图形和曲面图形展示在一起
18       _extra=FOR_plot: 程序 PLOT 使用的参数和关键词
```

以 FIRST_1130+0058.FITs 射电图像为例, 使用 SURFACE 展示其曲面图如下:

射电图像的曲面图展示

```
1    IDL> d = mrdfits('FIRST_1130+0058.FITs',0,/silent, head)
2       ; 读取 FIRST 数据文件, 100×100 的二维数据
3    IDL> ra_data = −1.5 + DINDGEN(100)*3/99
4    IDL> dec_data = −1.5 + DINDGEN(100)*3/99
```

```
5        FIRST 数据的 RA 和 DEC 信息, 便于曲面图的正确的坐标轴信息展示
6   IDL> SURFACE, d, ra_data, dec_data, $
7   IDL>      xtitle  = textoidl('RA offset from 11:30:20'), $
8   IDL>      ytitle  = textoidl('DEC offset from +00:58:20'), $
9        ; 曲面图的显示
```

其生成的图像如图3.8所示.

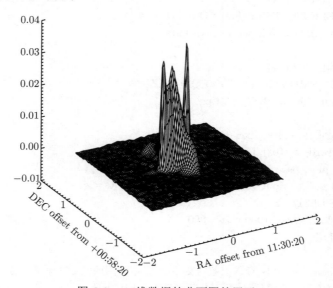

图 3.8   二维数据的曲面图的展示

　　FIRST 射电图像是已知的二维数据, 但是很多情况下, 需要对两组天文数据在数据空间中的分布进行等高线图的展示, 比如天文学中广为人知的 BPT 分布图, 用以区分 HII 星系、LINER 和 Seyfert 星系, 以此为例, 我们展示如何借助 HIST_2D() 函数画出两个一维数组的等高线图. SDSS DR9 提供了几乎所有星系的发射线的信息, 数据存储在大数据文件 galSpecLine-dr9.fits 中 (该 FITs 文件超过 1.5G), 可从 SDSS 网站 https://data.sdss.org/sas/dr9/sdss/spectro/redux/galSpecLine-dr9.fits 下载, 以此文件提供的发射线信息, 我们可以画出精美的 BPT 图, 以下程序语句写入文件 BPT_plot 中.

程序: BPT_plot

```
1   Pro BPT_plot, in_file = in_file, out_file = out_file, $
2      _extra=for_plot, ps = ps
3
4   ; 程序目的: 展示 BPT 图
```

```
 5  ; 参数解释:
 6  ; in_file: 需要输入的数据文件, 包含发射线信息
 7  ; out_file: 需要输出的图像文件的名字
 8  ; _extra=for_plot: PLOT 程序接受的参数和关键词
 9  ; ps=ps: 是否将输出图形存储在 PS 或者 EPS 文件中
10
11     ; 读入数据的文件名
12     IF N_ELEMENTS(in_file) EQ 0 THEN $
13          in_file = 'galSpecLine−dr9.fits'
14
15     ; 设定输出的文件名
16     IF N_ELEMENTS(out_file) EQ 0 THEN $
17          out_file = 'BPT_plot.ps'
18
19     ; 设定是否存储图像, 还是在屏幕上显示
20     IF keyword_set(ps) THEN BEGIN
21        set_plot,'ps'
22        device, file  =out_file,/encapsulate,/color,bits=24
23     ENDIF ELSE BEGIN
24        window, xsize=1000,ysize=800
25     ENDELSE
26
27     ; 使用 hogg_mrdfits 读入大数据文件, 只读取有用的发射线流量信息
28     ; 发射线流量的存储信息, 可以从头文件 head 中获取
29     data = hogg_mrdfits(in_file, 1, head, $
30          colu = ['OIII_5007_FLUX','OIII_5007_FLUX_ERR', $
31                  'H_BETA_FLUX', 'H_BETA_FLUX_ERR', $
32                  'H_ALPHA_FLUX','H_ALPHA_FLUX_ERR', $
33                  'NII_6584_FLUX','NII_6584_FLUX_ERR'],/silent)
34
35     flux_o3 = data.OIII_5007_FLUX
36     flux_o3_err = data.OIII_5007_FLUX_ERR
37     flux_hb = data.H_BETA_FLUX
38     flux_hb_err = data.H_BETA_FLUX_ERR
39     flux_ha = data.H_ALPHA_FLUX
40     flux_ha_err = data.H_ALPHA_FLUX_ERR
41     flux_nii = data.NII_6584_FLUX
42     flux_nii_err = data.NII_6584_FLUX_ERR
43
44
```

```
45    ; 选取可信的发射线流量
46    pos = where(flux_o3_err gt 0 and flux_o3 gt 5*flux_o3_err and $
47              flux_hb_err gt 0 and flux_hb gt 5*flux_hb_err and $
48              flux_ha_err gt 0 and flux_ha gt 5*flux_ha_err and $
49              flux_nii_err gt 0 and flux_nii gt 5*flux_nii_err)
50
51    flux_o3 = flux_o3[pos]
52    flux_hb = flux_hb[pos]
53    flux_ha = flux_ha[pos]
54    flux_nii = flux_nii[pos]
55
56    ; 用于 BPT diagram 的流量比值
57    bpt_x = alog10(flux_nii/flux_ha)
58    bpt_y = alog10(flux_o3/flux_hb)
59
60    ; 设定用于计算 bpt_x, bpt_y 空间分布密度的极值
61    min_x = -1.5 & max_x = 0.5
62    min_y = -1.2 & max_y = 1.2
63
64    ; 使用 HIST_2D 函数计算空间分布密度
65    result = HIST_2D(bpt_x, bpt_y, min1=min_x, max1 =max_x, $
66              min2 = min_y, max2=max_y, bin1=0.05, bin2=0.05)
67
68    ; 设定显示等高线图的坐标轴的信息, axis_x 和 axis_y 的长度必须要
69          ; 与 result 的两个维度一致
70    Dim = size(result)
71    axis_x = min_x + DINDGEN(Dim[1]) * (max_x - min_x)/(Dim[1] -1L)
72    axis_y = min_y + DINDGEN(Dim[2]) * (max_y - min_y)/(Dim[2] -1L)
73
74    ; 显示颜色填充的等高线图
75    LOADCT,3
76    cgContour, result, axis_x, axis_y, nl = 12, label = 0, $
77          xtitle = textoidl('log([N II]/H\alpha)'), $
78          ytitle = textoidl('log([O III]/H\beta)'), $
79          title = 'BPT diagram', xs= 1, ys = 1,/cell_fill, $
80          xrange = [-1.5,0.5], yrange = [-1.2,1]
81
82    IF keyword_set(ps) THEN BEGIN
83       device,/close
84       set_plot,'x'
```

```
85      ENDIF
86
87  END
```

其中函数 HIST_2D 是为了计算数据的空间分布密度, 其具体用法如下.

函数: HIST_2D

```
1  函数形式:
2  result  = HIST_2D(DA1, DA2, BIN1=VAR1, BIN2=VAR2, MIN1=VAR3, $
3       MAX1=VAR4,MIN2=VAR5,MAX2 = VAR6)
4
5  目的: 计算数据的空间分布密度
6
7  参数解释:
8      DA1,DA2: 需要计算空间密度的两组数据, 可以是一维的, 也可以是二维的
9      BIN1,BIN2: 计算空间密度时, x 方向 y 方向设定的每个划分的小区间的尺寸
10     MIN1,MAX1: 计算时, DA1 使用的极值范围
11     MIN2,MAX2: 计算时, DA2 使用的极值范围
```

编译并调用 BPT_plot 后, 生成的图像如图3.9所示.

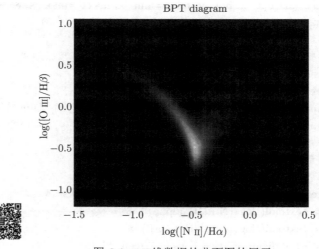

图 3.9　二维数据的曲面图的展示

编译并调用 BPT_plot

```
1  IDL> .compile BPT_plot
2  IDL> BPT_plot,/ps
```

3.3 三维天文数据的展示

三维的天文数据往往代表了真彩色的图像, 使用 FITs 格式存储, 或者直接存储为 JPEG 格式的图像. 因此, 我们在本节中主要介绍对天文彩色图像 JPEG 的处理. JPEG 图像可使用 IDL 内置程序 READ_JPEG 进行数据的读入, 而后可以使用 cgImage、cgContour 等程序进行进一步的处理. 程序 READ_JPEG 的具体用法如下:

程序: READ_JPEG

```
1  程序形式:
2  READ_JPEG, image_file, image_data
3
4  目的: 读取 JPEG 图像文件
5
6  参数解释:
7     image_file: JPEG 图像的文件名
8     image_data: 读入 JPEG 图像后的数据
```

当然为了更好地确认 JPEG 格式的图像是否能够被 IDL 成功读取, QUERY_JPEG 函数往往和 READ_JPEG 结合使用, QUERY_JPEG 函数用来读取 JPEG 格式图像的基本信息, 其具体用法如下:

函数: QUERY_JPEG

```
1  程序形式:
2  result = QUERY_JPEG(image_file)
3
4  参数解释:
5     image_file: JPEG 图像的文件名
6     result: 1 表明图像文件可以被 READ_JPEG 成功读取, 0 则表明不能使用
7              READ_JPEG 读取
```

以 SDSS 的彩色图片 sdss.jpeg 为例, 该图片可以在 Linux 下使用 wget 命令获得.

shell/wget

```
1  wget −c http://skyservice.pha.jhu.edu/DR10/ImgCutout/getjpeg.aspx\?\
2         ra=197.614455642896\&dec=18.438168853724\&scale=0.2 \
3         −O sdss.jpeg
```

或者在 SDSS 的网页 (http://skyserver.sdss.org/dr12/en/tools/chart/navi.aspx?
ra=197.614455642896&dec=18.438168853724&scale=0.2) 上浏览该图片, 那么在
IDL 中处理 JPEG 图像可以如下:

SDSS 图像的读取和显示

```
1    IDL> result = QUERY_JPEG('sdss.jpeg')\index{query\_jpeg}
2    IDL> print, results
3         1
4    IDL> READ_JPEG, 'sdss.jpeg', im_data
5         ; 读取 JPEG 文件数据
6    IDL> cgImage, im_data, /axes,/keep, xrange = [−64, 64], $
7    IDL>      yrange = [−64,64], $
8    IDL>      xtitle = textoidl('RA (0.2" per pixel + 197.614456)'), $
9    IDL>      ytitle = textoidl('DEC (0.2" per pixel + 18.43817)'), $
10   IDL>      charsize=1.5
11        ; 显示该彩色图像, 坐标轴信息由 SDSS 图片信息得到
12        ; 用来添加等高线图, 但等高线图只能处理一维或者二维的数据
13         ; 因此先从三维数据中抽取二维数据
14   IDL> dim = size(im_data)
15   IDL> con_data = DINDGEN(dim[2],dim[3])
16   IDL> con_data[*,*] = im_data[0,*,*]
17   IDL> cgContour, con_data, nl =8, /ONIMAGE, $
18            color=djs_icolor('blue')
```

以上命令, 将生成如图3.10所示的图像.

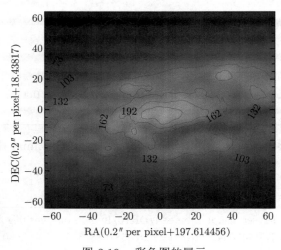

图 3.10　彩色图的展示

3.4 利用天文图片创建视频

IDL 不仅提供了丰富的图形图像展示程序和函数, 而且 IDL 也提供了丰富的程序用来创建视频内容. 但是应该注意, 新版本的 IDL 中有些创建视频的程序和函数在旧的版本中是不存在的, 比如仅仅在 IDL8 以后版本出现的 IDLffVideoWrite 函数. 因此, 为了避免对版本的依赖, 本节主要介绍以下函数和程序 MPEG_OPEN, MPEG_PUT、MPEG_SAVE、MPEG_CLOSE, 该程序和函数在 IDL6 以后的版本中均存在, 具体形式如下:

函数: MPEG_OPEN

```
1   函数形式:
2   mpegID=MPEG_OPEN(Dimensions,FILENAME=str,QUALITY=value{0 to 100})
3
4   目的: 打开一个设备逻辑号, 准备视频的写入
5
6   参数解释:
7       Dimensions: 设定视频显示的窗口尺寸
8       FILENAME: 视频存储后的文件名称
9       QUALITY: 0 到 100 之间的数, 用以设定视频显示的质量, 100 为高质量视频显示
10
11  函数举例:
12  IDL> mpeg_id = MPEG_OPEN([1000,800],FILE = 'TEST.mpeg', quality = 50)
13      ; 打开用以写入视频的文件 TEST.mpeg, 该视频显示尺寸 1000×800,
14          ; 显示质量为中等品质
```

程序: MPEG_PUT

```
1   程序形式:
2   MPEG_PUT, mpegID, /COLOR, FRAME=frame_number, IMAGE=array
3
4   目的: 将指定的图片作为视频源放入 MPEG_OPEN 打开的逻辑号中
5
6   参数解释:
7       mpegID: MPEG_OPEN 函数指定的逻辑号
8       /COLOR: 关键词, 使用 24 位真彩色, 否则使用 8 位颜色
9       FRAME: 图像载入视频时的指定帧次, 数值越大, 速度越慢
10      IMAGE: 指定载入视频的图像数据
11
12  程序举例:
```

```
13   IDL> MPEG_PUT, mpeg_ID, /COLOR, FRAM=i_frame, im_data
```

程序: MPEG_SAVE

```
1    程序形式:
2    MPEG_SAVE, mpegID, FILENAME=str
3
4    目的: 将视频存储
5
6    参数解释:
7        mpegID: MPEG_OPEN 函数指定的逻辑号
8        FILENAME: 视频存储后的文件名称, 如 MPEG_OPEN 已设定 FILENAME,
9                  可省略
10
11   程序举例:
12   IDL> MPEG_SAVE, mpeg ID
```

程序: MPEG_CLOSE

```
1    程序形式:
2    MPEG_CLOSE, mpegID
3
4    目的: 关闭 MPEG_OPEN 打开的逻辑号
5
6    参数解释:
7        mpegID: MPEG_OPEN 函数指定的逻辑号
8
9    程序举例:
10   IDL> MPEG_CLOSE, mpeg ID
```

因此, 基于以上关于视频 MPEG 的四个函数和程序, 可以方便地将多幅图片生成视频流. 假定已经有多幅关于同一个目的的 JPEG 图片, 要将其生成视频流进行更直观地检测其对时间的依赖, 可以使用如下的程序 (程序语句写入 txt 文件 MPEG_WRITE.pro) 进行视频的生成:

程序: MPEG_WRITE

```
1    Pro MPEG_WRITE, file_dir = fir_dir, outfile = outfile, $
2        Delta_Iframe = Delta_Iframe
3
4    ; 程序目的: 将 N 幅图片写入到一个 MPEG 视频文件中
```

```
5   ; 参数解释:
6   ; file_dir: 指定多幅图片存储的路径
7   ; outfile: 指定生成的视频文件的名称
8   ; Delta_Iframe: 指定帧次, 用来设定视频流中显示图片的速度
9
10      ; 指定图像文件的存储路径, 否则在当前目录下搜索图像文件
11      IF N_ELEMENTS(file_dir) EQ 0 THEN $
12          file_dir = './'
13
14      ; 指定生成的视频文件的名字
15      IF N_ELEMENTS(outfile) EQ 0 THEN $
16          outfile = 'test.mpeg'
17
18      ; 指定视频流中显示图片的速度
19      IF N_ELEMENTS(Delta_Iframe) EQ 0 THEN $
20          Delta_Iframe = 1
21
22      ; 在指定的目录下搜索指定的图像文件, 假定为 jpeg 后缀图像文件
23      images = FINDFILE(FILE_DIR + '*.jpeg', count = Np)
24
25      ; 确定图像文件的尺寸
26      READ_JPEG, images[0], image_data0
27      Dim = size(s0,/dimension)
28
29      ; 设定生成的视频的窗口尺寸和品质
30      mpegID=MPEG_OPEN([dim[1]*0.8, dim[2]*0.8], quality=50)
31
32      ; 将图像文件存储到 mpegID 中
33      Iframe=1
34      FOR k=0L, np − 1L DO BEGIN
35          READ_JPEG, file[k], image_data
36          ; 每幅图片压缩为原来尺寸的 0.8 倍
37          New_Image = CONGRID(image_data, 3, dim[1]*0.8, dim[2]*0.8)
38          MPEG_PUT,mpegID,fram =Iframe, image=New_Image
39          Iframe = Iframe + Delta_Iframe
40      ENDFOR
41
42      ; 完成视频文件的存储
43      MPEG_SAVE,mpegid,filename= outfile
44      MPEG_CLOSE,mpegID
```

```
45
46   END
```

其中使用了函数 CONGRID 对三维图像进行尺寸的调整, 其具体用法如下:

函数: CONGRID

```
1    函数形式:
2    Result = CONGRID(IM_data, X, Y, Z)
3
4    目的: 调整图像的尺寸
5
6    参数解释:
7       IM_data: 用以调整尺寸的图像数据
8       X, Y, Z: 设定的图像调整后的尺寸或者维度
9
10   函数举例:
11   IDL> new_data = CONGRID(im_data, 3, 100, 100)
12      ;new_data 的维度为 [3,100,100]
```

程序 MPEG_WRITE 编译并运行后, 可生成视频文件 test.mpeg.

编译并运行 MPEG_WRITE

```
1    IDL> .compile MPEG_WRITE
2    IDL> MPEG_WRITE
```

或者展示一个更加具体的例子, 使用上面提及的 sdss.jpeg 为例, 展示一个使用旋转的 sdss.jpeg 生成的视频流文件, 程序文件写入 txt 文件 MPEG_WRITE2.pro 中, 具体程序如下:

程序: MPEG_WRITE2

```
1    Pro MPEG_WRITE2, outfile = outfile, Delta_Iframe = Delta_Iframe
2
3    ; 程序目的: 将 N 幅图片写入到一个 MPEG 视频文件中
4
5    ; 参数解释:
6    ; file_dir: 指定多幅图片存储的路径
7    ; outfile: 指定生成的视频文件的名称
8    ; Delta_Iframe: 指定帧次, 用来设定视频流中显示图片的速度
9
10      ; 指定生成的视频文件的名字
11      IF N_elements(outfile) EQ 0 THEN $
```

```
12          outfile  = 'test_sdss.mpeg'
13
14  ; 指定视频流中显示图片的速度, 数值不要过大
15  IF N_elements(Delta_Iframe) EQ 0 THEN $
16          Delta_Iframe = 5
17
18  ; 读入 sdss.jpeg, 其维度为 [3,128,128]
19  READ_JPEG, 'sdss.jpeg', image_data
20  image_data0 = image_data
21  dim = size(image_data,/dimension)
22
23  ; 开始视频文件的开启, 大小为 400×400
24     ; 设定包含约 300 幅图片
25  mpegID=MPEG_OPEN([400,400], quality=50)
26  np = 300
27  ; 设定每幅图片基于 sdss.jpeg 的旋转角度
28  rot_angle = DINDGEN(300) * 360 / 300
29
30  ; 将图片文件读入
31     ; 由于 ROT 函数只能操作二维数据, 因此将三维数据抽取为三个二维数据,
32        ; 旋转后, 再合称为一个三维数据
33
34  Iframe = 1
35  FOR k=0L, np − 1L DO BEGIN
36      ss = DINDGEN(3,dim[1], dim[2]) *0.
37      res0 = DINDGEN(dim[1], dim[2]) * 0.
38      res1 = DINDGEN(dim[1], dim[2]) * 0.
39      res2 = DINDGEN(dim[1], dim[2]) * 0.
40
41      res0 [*,*]  = image_data0[0,*,*]
42      res1 [*,*]  = image_data0[1,*,*]
43      res2 [*,*]  = image_data0[2,*,*]
44      res0 = rot(res0,rot_angle[k])
45      res1 = rot(res1,rot_angle[k])
46      res2 = rot(res2,rot_angle[k])
47
48      image_data[0,*,*] = res0[*,*]
49      image_data[1,*,*] = res1[*,*]
50      image_data[2,*,*] = res2[*,*]
51
```

```
52        New_Image = CONGRID(image_data,3, 400, 400)
53        MPEG_PUT,mpegID, fram = Iframe,image=New_Image
54        Iframe = Iframe + Delta_Iframe
55    ENDFOR
56
57    ; 完成视频文件的存储
58    MPEG_SAVE,mpegID,filename= outfile
59    MPEG_CLOSE,mpegID
60
61 END
```

其中使用了函数 ROT 进行数组的旋转, 其具体用法如下:

函数: ROT

```
1  函数形式:
2  new_data = ROT(data, Angle)
3
4  目的: 将二维数组进行旋转, 如使用高维数据, 请先将其抽取为多个二维数组, 而后旋
5        转组合
6
7  参数解释:
8     data: 要进行旋转的二维数组
9     Angle: 旋转的角度, 以度为单位
10
11 函数举例:
12 IDL> new_data = ROT(data, 90)
13    ; 将二维数据 data 顺时针旋转 90 度, 旋转后的数据存储在 new_data 中
```

程序 MPEG_WRITE2 编译并运行后, 可生成视频文件 test_sdss.mpeg, 其大小为 7M.

编译并调用 MPEG_WRITE2

```
1 IDL> .compile MPEG_WRITE2
2 IDL> MPEG_WRITE2
```

3.5　本章函数及程序小结

最终, 我们对本章用到的 IDL 及相关天文软件包提供的函数和程序总结如表 3.1.

表 3.1　本章所使用的函数和程序总结

函数/程序	输入参数	输出参数	例子
window	显示窗口尺寸	打开显示窗口	window, xs=80, ys=80
set_plot	图像显示到窗口或存储到文件		set_plot,'x'
DEVICE	存储到文件的文件信息设定	对应指定文件的逻辑号	DEVICE, file ='test.ps' DEVICE, /close
!p.multi	输出图像的行列数		!p.multi = [0,2,2]
PLOT	要进行图像展示的数据, 各种参数设定	展示的图形、图像	PLOT, x, y, _extra=pt
DJS_ICOLOR	颜色名	指定的颜色	color=DJS_ICOLOR('red')
PLOTSYM	符号代码	指定的符号	PLOTSYM, 0, /FILL
textoidl	LaTex 常用格式	IDL 接受格式	title=textoidl('It is')
XYOUTS	指定位置 输入信息 参数设置	写入指定信息	XYOUTS, 5,10, 'Here, it is'
OPLOT	使用数据 部分参数设置	在已有的图像上再次添加图像	OPLOT, X, Y
PLOTHIST	一维数据 参数设置	柱状分布图	PLOTHIST, DATA, BIN=0.1
FILE_TEST	要检查的文件名	检查信息	res = FILE_TEST('sdss.jpeg')
FINDFILE	搜寻检索的信息	符合条件的文件	files = FINDFILE('sdss*.fit')
QGET_STRING	键盘输入	键盘输入信息	ss = QGET_STRING( )
cgImage	展示的数据 参数设置	展示的图像	cgImage, data,/axes,/keep
LOADCT	颜色表代码	指定的颜色表	LOADCT, 3
cgCOLORBAR	参数设置	添加 color bar	cgCOLORBAR, /ver, /right
cgContour	输入数据 参数设置	等高线图	cgContour, data, nl =12
SURFACE	输入数据 参数设置	曲面图	SURFACE, data
READ_JPEG	图片文件名	图片数据	READ_JPEG, 'ss.jpg', im
QUERY_JPEG	图片文件名	文件信息检查	info = QUERY_JPEG('ss.jpg')
MPEG_OPEN	视频参数设置		ID = MPEG_OPEN([400, 400])
MPEG_PUT	视频文件逻辑号 图像数据 参数设置	图片数据存入视频流	MPEG_PUT, ID,fram =Ifra, image=Ima
MPEG_SAVE	视频文件逻辑号	存储视频流	MPEG_SAVE, mpegID
MPEG_CLOSE	视频文件逻辑号	释放逻辑号	MPEG_CLOSE, mpegID

第 4 章　天文数据的模型拟合及统计检验

从天文数据样本中, 通过统计方法可以获得数据背后更加深入明确的物理意义, 为开展深层次的天文观测、研究及其物理预测提供了方向. 因此, 数学及物理学领域中的数据统计检验同时也是天文学研究领域中的一个重要分支, 包含丰富的研究内容, 例如数据的线性及非线性拟合及其模型拟合度的检验、参数误差的推定及检验、数据的平滑等.

4.1　数据的线性拟合

天文数据的线性拟合往往用来对两个参量之间的相关性、依赖度等特性进行界定, 常用的 IDL 程序为 LINFIT、FITEXY、LTS_LINEFIT 等, 我们不再详细地介绍线性拟合的数学原理, 如最小二乘法原理、贝叶斯统计等, 而是详细地说明如何使用 IDL 提供的函数和程序进行天文数据的线性拟合.

在进行天文数据的线性拟合前, 首先要对两组数据的相关性进行检查, 常用的函数为 R_CORRELATE, 其具体的用法如下:

函数: R_CORRELATE

1	函数形式:
2	result = R_CORRELATE(X, Y, /KENDALL)
3	
4	目的: 计算两组数据的相关系数及其置信度
5	
6	参数解释:
7	X,Y: 需要计算相关性的两组数据
8	/KENDALL: 关键词, 用以指定计算 Spearman Rank 相关系数
9	还是 Kendall 相关系数
10	result: 返回相关系数及其置信概率, 包含两个数据: 第一个数据为相关系数, 第
11	二个数据为置信概率, 表明该相关系数不可信的概率, 因此, 第二个数据
12	越小, 说明数据的相关程度越高
13	
14	函数举例:
15	IDL> res = R_CORRELATE(x,y)
16	; 计算 x 和 y 的 Spearman Rank 相关系数及其置信概率

```
17  IDL> res = R_CORRELATE(x,y,/ken)
18      ; 计算 x 和 y 的 Kendall 相关系数及其置信概率
```

以天文学中广为人知的活动星系核的宽发射线区尺度和连续谱的光度的相关性检验为例, 其数据可以从天文学相关参考文献[①] 中获得, 具体如下:

数据文件: RBLR_L.dat

1	first colulm is BLRs size in unit of light—days			
2	second column is uncertainty of BLRs size			
3	third column is the continuum luminosity			
4	fourth column is uncertainty of continuum luminosity			
5	16.8	4.8	43.70	0.06
6	12.5	6.5	43.78	0.05
7	14.3	0.7	43.68	0.06
8	111.0	28.3	44.91	0.02
9	89.8	24.5	44.75	0.03
10	17.4	4.3	43.92	0.05
11	20.7	3.5	43.53	0.07
12	14.0	8.8	43.07	0.11
13	29.2	5.0	43.32	0.08
14	28.8	4.2	43.59	0.06
15	38.1	21.3	44.01	0.05
16	25.9	2.3	43.87	0.05
17	47.1	12.4	43.92	0.06
18	37.1	5.4	43.57	0.10
19	9.0	8.3	43.57	0.07
20	16.1	6.6	43.67	0.07
21	16.0	6.4	43.60	0.07
22	146.9	18.9	44.85	0.02
23	24.3	8.5	43.62	0.04
24	20.4	10.5	43.69	0.04
25	33.3	14.9	43.47	0.05
26	150.1	22.6	45.13	0.01
27	3.75	0.82	42.24	0.11
28	2.74	0.83	43.54	0.04
29	11.68	1.53	42.73	0.21
30	2.31	0.62	42.07	0.28
31	3.99	0.68	42.48	0.11

---

① Bentz M C, Denney K D, Grier C J, et al. The low-luminosity end of the radius-luminosity relationship for active galactic nuclei. The Astrophysical Journal, 2013, 767: 149-175.

32	10.20	3.30	42.55	0.18
33	3.66	0.61	42.23	0.17
34	1.87	0.54	41.96	0.20
35	6.58	1.12	42.09	0.22
36	3.05	1.73	42.20	0.18
37	6.16	1.62	42.51	0.13
38	306.8	90.9	45.90	0.02
39	37.8	27.6	43.64	0.06
40	3.73	0.75	42.87	0.18
41	5.55	2.22	42.49	0.13
42	105.6	46.6	44.79	0.02
43	16.70	3.90	43.64	0.08
44	124.3	61.7	44.50	0.02
45	19.70	1.50	43.33	0.10
46	18.60	2.30	43.08	0.11
47	15.90	2.90	43.29	0.10
48	11.00	2.00	43.01	0.11
49	13.00	1.60	43.26	0.10
50	13.40	4.30	43.32	0.10
51	21.70	2.60	43.46	0.09
52	16.40	1.20	43.37	0.09
53	17.50	2.00	43.18	0.10
54	26.50	4.30	43.52	0.09
55	24.80	3.20	43.44	0.09
56	6.50	5.70	43.05	0.11
57	14.30	7.30	43.05	0.11
58	6.30	2.60	42.90	0.13
59	4.18	1.30	42.95	0.11
60	12.40	3.85	42.93	0.12
61	95.02	37.1	44.57	0.02
62	19.00	3.70	43.73	0.05
63	15.30	3.70	43.61	0.05
64	33.60	7.60	43.61	0.05
65	14.04	3.47	43.78	0.05
66	8.72	1.21	43.11	0.06
67	40.10	15.20	44.71	0.03
68	71.50	33.70	44.33	0.02
69	251.8	45.9	45.53	0.01
70	23.60	6.20	43.62	0.10
71	46.40	3.60	44.43	0.03

72	6.64	0.90	42.05	0.29
73	79.60	6.10	44.13	0.05
74	9.60	1.20	44.14	0.03
75	24.30	4.00	43.56	0.10

计算宽发射线区尺度和连续谱光度之间的相关性如下:

宽发射线区尺度和连续谱光度相关性的检验

```
1  IDL> djs_readcol,'RBLR_L.dat',R_blr, R_blr_err,L_con,L_con_err, $
2  IDL>      FORMAT = 'D,D,D,D', skipline = 4
3  IDL> print, R_CORRELATE(R_blr, L_con)
4       0.820072  2.17825e−18
5     ; Spearman Rank 相关系数为 0.82
6       ; 对应的 $P_{null} \sim 2 \times 10^{-18}$
```

结果显示: 宽发射线区尺度和连续谱光度之间具有很强的正相关性, 可以使用线性模型进行数据的拟合. 在进行拟合数据之前, 我们将宽发射线区尺度和连续谱光度画成图形, 以进一步显示其强的正相关性. 由于测量的数据都带有可信的测量误差, 因此在画图时, 数据误差也应该显示在图形上, 这里程序 DJS_OPLOTERR 用来在显示图形的数据点上添加误差信息, 程序 DJS_OPLOTERR 的具体用法如下:

程序: DJS_OPLOTERR

```
1  程序形式:
2  DJS_OPLOTERR, x, y, xerr=xerr, yerr=yerr, xlen=xlen, ylen=ylen, $
       _extra=For_plot
3
4  目的: 在已显示的图形上添加数据误差信息
5
6  参数解释:
7     x,y: 测量的数据
8     xerr, yerr: 测量数据的对应误差
9     xlen, ylen: 显示的误差棒在极值处的短划线的长度, 默认为整个坐标轴范围的 6%
10    _extra=For_plot: PLOT 程序接受的一些关键词和关键参数
```

结合 PLOT 和 DJS_OPLOTERR 程序, 可以画出带有误差棒的图形.

带有误差棒的图形展示

```
1  IDL> PLOTSYM, 0, 0.75
```

```
2    IDL> plot,L_con, R_blr,psym=8,/ylog,ys=1, xs=1, $
3    IDL>        yrange = [0.5,400], xrange = [41.5, 46], $
4    IDL>        xtitle = textoidl('log(L_{con}) (erg/s)'), $
5    IDL>        ytitle = textoidl('R_{BLRs} (light-days)')
6    IDL> DJS_OPLOTERR, L_con, R_blr, xerr = L_con_err, $
7    IDL>        yerr = R_blr_err
```

其显示的图形如图 4.1 左上角图形所示. 接下来, 我们可以考虑如何更好地拟合宽发射线区尺度和连续谱光度之间的相关性, 在考虑误差的影响下, 常用的线性拟合程序主要包括 MPFIT、LINFIT、FITEXY 和 LTS_LINEFIT, 但是 MPFIT 程序更多的是用来进行非线性的模型拟合, 其将在 4.2 节中详细介绍. 因此这里主要介绍 LINFIT、FITEXY 和 LTS_LINEFIT.

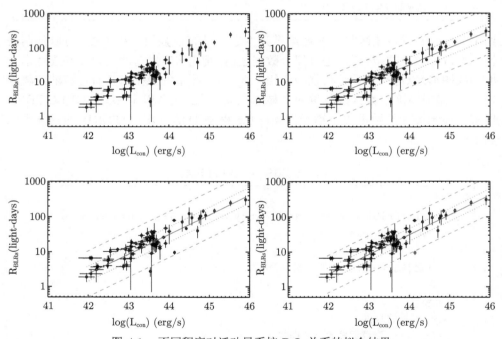

图 4.1　不同程序对活动星系核 R-L 关系的拟合结果

　左上角图形为纯粹的加误差棒信息的图形展示, 右上角图形为使用 LINFIT 函数拟合的结果及其 1σ 和 2.6σ 的置信区间, 左下角图形和右下角图形分别为使用 FITEXY 和 LTS_LINEFIT 程序的拟合结果及其相应的 1σ 和 2.6σ 的置信区间

　　LINFIT 函数是 IDL 的内置函数, 使用最小二乘法来便捷地进行数据的线性拟合, 只是拟合过程中, 不考虑数据的误差, 或者只考虑其中变量的测量误差而不考虑自变量的测量误差, 其具体用法如下:

函数: LINFIT

1	程序形式:
2	res = LINFIT(x,y, CHISQ = chi, /Double, Covar = cov, \$
3	measure_errors=error, sigma = sig, yfit = yfit, prob = prob)
4	
5	目的: 进行数据的线性拟合 y=a+bx
6	
7	参数解释:
8	res: 返回拟合结果 a,b
9	x,y: 要进行线性拟合的自变量和变量数据
10	CHISQ: 拟合后的 χ^2
11	/Double: 关键词, 指定使用双精度型数据
12	Covar: 拟合得到的协方差矩阵, 用以计算 a, b 的误差
13	measure_errors: 变量的测量误差
14	sigma: a, b 的误差
15	yfit: y 数据的最佳的拟合结果
16	prob: 0 到 1 的数据, 越接近 1 说明拟合结果越可信

结合 LINFIT 函数, 宽发射线区尺度和连续谱光度之间的关系可以确定如下:

LINFIT 线性拟合 R-L 关系

1	IDL> x= L_con & y = alog10(R_blr)
2	IDL> yerr = R_blr_err/R_blr/ln(10)
3	IDL> par = linfit(x, y, measure = yerr, yfit = yfit, \$
4	IDL> sigma = par_e, chisq = chi2)
5	; 注意, 由于使用 log(R_blr) 作为 y, 因此其相应的误差也由
6	; R_blr_err 转换为 R_blr_err/R_blr/ln(10)
7	IDL> print, par, pare, chi2
8	−19.956241 0.48811645 ;A, B
9	0.53126583 0.012188771 ;A, B 误差
10	593.18
11	;χ^2 没有除以自由度

LINFIT 函数给出的最终拟合结果为

$$\log\left(\frac{R_{\mathrm{blr}}}{\mathrm{light-days}}\right) = (-19.956 \pm 0.531) + (0.488 \pm 0.012) \times \log\left(\frac{L_{\mathrm{con}}}{\mathrm{erg/s}}\right) \quad (4.1)$$

拟合后的结果如图 4.1 中的右上角图形中的红色实线所示. 为了更好地显示拟合结果对测量数据的拟合程度, 我们应该将相应的拟合结果的置信区间也显示在图形上. 拟合结果置信区间的标定是基于如下的假定: 拟合结果对应的残差 $(Y - Y_{\text{fit}}$, Y 为测量数据, Y_{fit} 代表拟合结果) 满足高斯分布, 因此拟合结果的 $k\sigma$ 置信区间可以表示如下:

$$\text{RMS} = \text{STDDEV}(Y - Y_{\text{fit}})$$

$$Y_{k \times \sigma, \text{upper}} = Y_{\text{fit}} + k \times \text{RMS} \tag{4.2}$$

$$Y_{k \times \sigma, \text{lower}} = Y_{\text{fit}} - k \times \text{RMS}$$

在图 4.1 中的右上角图形中, 1σ (对应于 68.3%) 和 2.6σ (对应于 99%) 的置信区间. 从结果可以明显地看到: 99% 的置信区间内几乎包含了所有的测量数据点, 因此拟合结果是可信的. 此外在图 4.1 中的左下角中显示了残差的分布图, 可以看到一个几乎标准的高斯分布 (在下文中将详细地叙述对高斯分布的拟合以及数据分布是否满足高斯分布的判定), 因此可以使用残差分布的标准差来标定拟合结果的置信区间. 此处我们使用了 IDL 的内置函数 STDDEV 来计算残差分布的标准差, 其基本用法如下:

函数: STDDEV

```
 1  函数形式:
 2  STD = STDDEV(x, /Double, /Nan)
 3
 4  目的: 计算数组 x 的标准差 (standard deviation)
 5
 6  参数解释:
 7      x: 数组
 8      /Double: 关键词, 计算结果使用双精度型数据
 9      /Nan: 关键词, 忽略数组 x 中的无效数据, 比如无限大或者无限小的数据
10
11  函数举例:
12  IDL> x = DINDGEN(10)
13  IDL> print, STDDEV(x)
14      3.0276504
```

　　FITEXY 程序是通过最小二乘法在同时考虑两组数据误差影响的前提下进行的线性拟合[①], 我们主要介绍其具体的用法, 如下:

程序: FITEXY

---

① Press W H, Teukolsky S A, Vetterling W T, et al. Numerical Recipes: The Art of Scientific Computing. 3rd ed. Cambridge: Cambridge University Press, 2007.

```
 1  程序形式:
 2  FITEXY, x, y, A, B, X_SIG=xerr,Y_SIG=yerr,sigma_A_B, chi_sq, q, $
 3       TOL=tol
 4
 5  目的: 同时考虑两组数据的测量误差, 进行线性拟合 y=A+Bx
 6
 7  参数解释:
 8     x,y: 要进行拟合的两组数据
 9     X_SIG: x 数据的测量误差
10     Y_SIG: y 数据的测量误差
11     A,B: 拟合后的参数 Y=A+BX
12     sigma_A_B: 参数 A, B 的误差
13     chi_sq: 拟合结果得到的 χ² 值
14     q: χ² 的置信概率, 0 到 1 之间的数值, 数值越小, 拟合越差
15     TOL: 希望拟合达到的精度, 缺省为 10⁻³
```

结合 FITEXY 程序, 宽发射线区尺度和连续谱光度之间的关系可以确定如下:

FITEXY 线性拟合 R-L 关系

```
 1  IDL> FITEXY, L_con, alog10(R_blr), A, B, $
 2  IDL>      X_SIG = L_con_err, Y_SIG = R_blr_err/R_blr/ln(10), $
 3  IDL>      sigma_A_B, chi_sq, q
 4   ; 注意, 由于使用 log(R_blr) 作为 y, 因此其相应的误差也由
 5       ; R_blr_err 转换为 R_blr_err/R_blr/ln(10)
 6  IDL> print, A, B, sigma_A_B
 7     -23.224809     0.56273372     0.69375401     0.015939839
 8  IDL> print, chi_sq, q
 9     381.53749     0.0000000
```

因此, FITEXY 程序给出的最终结果为

$$\log\left(\frac{R_{\text{blr}}}{\text{light} - \text{days}}\right) = (-23.225 \pm 0.694) + (0.563 \pm 0.016) \times \log\left(\frac{L_{\text{con}}}{\text{erg/s}}\right) \quad (4.3)$$

而且 q 值接近 0, 说明拟合的结果是可信的. 拟合后的结果如图 4.1 中的左下角图形中的红色实线所示. 同样地, 为了更好地显示拟合结果对测量数据的拟合程度, 我们将相应的拟合结果的 1σ (对应于 68.3%) 和 2.6σ (对应于 99%) 置信区间也显示在图形上. 我们注意到, 在同时考虑自变量和变量测量误差的条件下, 其拟合结果和 LINFIT 函数给定的结果有较大的差异, 而天文学已经进入了数据较为精确化、精细化的时代, 细微的差异会预示着内禀的物理差异, 之所以 FITEXY 程序给定的结果更为可靠, 是因为其考虑的误差因素更加全面.

在对常用的 FITEXY 程序进行线性拟合外, 还有 LTS_LINEFIT 程序[①]用来进行线性拟合, FITEXY 和 LTS_LINEFIT 在一定程度上是相似的, 但是有一个明显的差别: 如果拟合的两组数据中存在可能的坏点 (或者通常称为异常数据 outlier), FITEXY 并不能排除该异常数据的影响, 但是 LTS_LINEFIT 可以将异常数据点的影响排除. LTS_LINEFIT 是基于 robust LTS-FAST 技术进行线性拟合的. LTS_LINEFIT 程序的具体用法如下:

程序: LTS_LINEFIT

1   程序形式: 2   LTS_LINEFIT, x, y, sigx, sigy, par, sig_par, chi_sq, \$ 3   PLOT=plot, RMS=rms, BAD=bad, /BAYES, \$ 4   CLIP=clip, GOOD=good, OVERPLOT=overplot, PIVOT=pivot, \$ 5   _extra = for_plot 6 7   目的: 考虑测量误差、数据异常点以及内禀的数据离散度, 进行数据的线性拟合 8 9   参数解释: 10   x,y: 要进行拟合的两组数据 11   sigx: x 数据的测量误差 12   sigy: y 数据的测量误差 13   par: 拟合后的参数 Y=par[0]+par[1]X 14   sig_par: 参数 par 的误差 15   chi_sq: 拟合结果得到的 χ^2 值 16   /PLOT: 是否将拟合结果显示在窗口中 17   RMS: 拟合后得到的残差 18   BAD: 数据异常点在数组中的位置信息 19   /BAYES: 指定是否通过 Kelly 于 2007 年提供的贝叶斯方法进行数据的拟合 20   CLIP: 根据内禀离散度进行异常数据点的检验, CLIP=2.6 表明是内禀离散度高斯 21   分布 99%范围外的数据点为异常点, 标记为 BAD 22   GOOD: 最终进行线性拟合时使用的数据点的位置信息 23   OVERPLOT: 在现有的图像窗口上, 添加拟合结果的图像显示 24   PIVOT: 使用函数 y=a+b(x-PIVOT) 进行线性拟合 25   _extra = for_plot ; plot 程序接受的参数或者关键词都可以使用

结合 LTS_LINEFIT 程序, 宽发射线区尺度和连续谱光度之间的关系可以如下拟合:

---

① 应注意, 由 Michele Cappellari 教授提供的 LTS_LINEFIT 程序借用了 MPFIT 软件包的部分函数进行数据拟合中间的多次线性拟合, 因此要使用 LTS_LINEFIT 程序, 必须安装 MPFIT 软件包, MPFIT 的详细说明见 4.2 节.

LTS_LINEFIT 线性拟合 R-L 关系

```
1  IDL> LTS_LINEFIT, L_con, alog10(R_blr), L_con_err, $
2  IDL>       R_blr_err/R_blr/ln(10), par, sig_par, chi2, $
3  IDL>       good = good, bad = bad, /plot, $
4  IDL>       xtitle = textoidl('log(L_{con}) (erg/s)'), $
5  IDL>       ytitle = textoidl('log(R_{BLRs})')
6    ; 注意, 由于使用 log(R_blr) 作为 y, 因此其相应的误差也由
7        ; R_blr_err 转换为 R_blr_err/R_blr/ln(10)
8  IDL> print, par, sig_par
9      -22.311480    0.54263990    0.11734150
10     1.1039508    0.025321650    0.021695385
11  IDL> print, chi2, bad
12     67.086572       23          69
13    ; 23, 69 说明样本中的第 23 个、69 个数据点为异常点
```

因此, LTS_LINEFIT 程序给出的最终结果为

$$
\log\left(\frac{R_{\mathrm{blr}}}{\mathrm{light-days}}\right) = (-22.311 \pm 1.104) + (0.543 \pm 0.025) \times \log\left(\frac{L_{\mathrm{con}}}{\mathrm{erg/s}}\right) \quad (4.4)
$$

而且 χ^2 远比 LINFIT 和 FITEXY 得到的更小, 说明拟合的结果更加准确. 拟合后的结果如图 4.1 中的右下角图形中的红色实线所示. 同样地, 为了更好地显示拟合结果对测量数据的拟合程度, 将相应的拟合结果的 1σ (对应于 68.3%) 和 2.6σ (对应于 99%) 置信区间也显示在图形上. 注意到, 由 LTS_LINEFIT 确定的两个数据异常点不包含在置信区间内. 这预示着可以进一步地考虑这两个数据异常点所在的天体的特殊物理本质.

将对活动星系核宽发射线区尺度和连续谱光度线性拟合的内容写入一个完整的程序 plot_rl.pro 当中, 生成结果如图 4.1 所示, 并在屏幕输出拟合结果, 内容如下:

程序: plot_rl

```
1  ; 程序形式:
2  Pro plot_rl, data_file = data_file, output = output, ps = ps
3
4  ; 程序目的: 展示 R-L 关系
5
6  ; 参数解释:
7  ; data_file: 要使用的数据文件, 应包含路径信息
8  ; output: 要输出的图形文件的文件名
```

```
9    ; /ps : 是否将结果存储到图形文件中
10
11
12   IF N_elements(data_file) EQ 0 THEN $
13          data_file = 'RBLR_L.dat'
14   IF N_elements(output) EQ 0 THEN output = 'rl.ps'
15
16   ; 读取数据文件 RBLR_L.dat
17   djs_readcol,'RBLR_L.dat',R_blr, R_blr_err, L_con, L_con_err, $
18          FORMAT = 'D,D,D,D', skipline = 4
19
20   ; 设定 EPS 文件
21   IF keyword_set(ps) THEN BEGIN
22      set_plot,'ps'
23      device, file = 'rl.ps' ,/encapsulate,/color, bits=24, $
24                      xsize=36, ysize=20
25   ENDIF
26
27   !p.multi = [0,2,2]   ; 生成 2×2 的图形集合
28
29   plotsym,0,0.75  ; 选取大小为 0.75 的空心圆显示下面数据
30
31   plot,L_con, R_blr,psym=8,/ylog,ys=1, $
32       yrange = [0.5,1000], xrange = [41.5, 46], $
33       xtitle = textoidl('log(L_{con}) (erg/s)'), $
34       ytitle = textoidl('R_{BLRs} (light-days)')
35
36   ; 添加误差信息
37   DJS_OPLOTERR, L_con, R_blr, xerr = L_con_err, $
38       yerr = R_blr_err
39
40   ; 使用 LINFIT 函数拟合数据, 并开始第二幅图的生成
41   plot,L_con, R_blr,psym=8,/ylog,ys=1, $
42       yrange = [0.5,1000], xrange = [41.5, 46], $
43       xtitle = textoidl('log(L_{con}) (erg/s)'), $
44       ytitle = textoidl('R_{BLRs} (light-days)')
45   DJS_OPLOTERR, L_con, R_blr, xerr = L_con_err, $
46       yerr = R_blr_err
47
48   par = linfit (L_con, alog10(R_blr), $
```

```
49
50       measure = R_blr_err/R_blr/alog(10), yfit = yfit, sigma = pare, chisq = chi2)
51
52       print, 'results from linfit '
53       print, par, pare, chi2
54
55       A = par[0] & B = par[1]
56       rms = STDDEV(A+B*L_con − alog10(R_blr))
57
58       ; 基于 rms 在拟合结果上添加置信区间信息
59       xx = L_con(sort(L_con))
60       oplot,xx, 10.d^(A + B *xx), color = djs_icolor('red')
61       oplot,xx, 10.d^(A + B*xx −rms), color=djs_icolor('green'), line=1
62       oplot,xx, 10.d^(A + B*xx +rms), color=djs_icolor('green'), line=1
63       oplot,xx, 10.d^(A + B*xx +3*rms), color=djs_icolor('green'), $
64           line= 2
65       oplot,xx, 10.d^(A + B*xx −3*rms), color=djs_icolor('green'), $
66           line= 2
67
68       ; 使用 FITEXY 程序拟合数据, 并开始第三幅图的生成
69       plot,L_con, R_blr,psym=8,/ylog,ys=1, $
70           yrange = [0.5,1000], xrange = [41.5, 46], $
71           xtitle = textoidl('log(L_{con}) (erg/s)'), $
72           ytitle = textoidl('R_{BLRs} (light−days)')
73       DJS_OPLOTERR, L_con, R_blr, xerr = L_con_err, $
74           yerr = R_blr_err
75
76       FITEXY, L_con, alog10(R_blr), A, B, $
77           x_sig = L_con_err, y_sig = R_blr_err/R_blr/alog(10), $
78           sigma_A_B, chi_sq, q
79
80       print,'results from FITEXY'
81       print, A, B, sigma_A_B, chi_sq, q
82
83       rms = STDDEV(A+B*L_con − alog10(R_blr))
84       ; 基于 rms 在拟合结果上添加置信区间信息
85       xx = L_con(sort(L_con))
86       oplot,xx, 10.d^(A + B *xx), color = djs_icolor('red')
87       oplot,xx, 10.d^(A + B*xx −rms), color=djs_icolor('green'), line=1
88       oplot,xx, 10.d^(A + B*xx +rms), color=djs_icolor('green'), line=1
```

```
89   oplot,xx, 10.d^(A + B*xx +3*rms), color=djs_icolor('green'), $
90       line= 2
91   oplot,xx, 10.d^(A + B*xx −3*rms), color=djs_icolor('green'), $
92       line= 2
93
94   ; 使用 LTS_LINEFIT 程序拟合数据, 并开始第四幅图的生成
95   plot,L_con, R_blr,psym=8,/ylog,ys=1, $
96       yrange = [0.5,1000], xrange = [41.5, 46], $
97       xtitle = textoidl('log(L_{con}) (erg/s)'), $
98       ytitle = textoidl('R_{BLRs} (light−days)')
99   DJS_OPLOTERR, L_con, R_blr, xerr = L_con_err, $
100      yerr = R_blr_err
101
102  LTS_LINEFIT, L_con, alog10(R_blr), L_con_err, $
103      R_blr_err/R_blr/alog(10), par, pare, chi2, $
104      good = good, bad = bad, rms = rms
105
106  ; 使用红色的实心圆标记数据异常点
107  plotsym,0,/fill,color=djs_icolor('red')
108  oplot,[L_con[bad]],[R_blr[bad]], psym=8
109
110  print,'results from LTS_LINEFIT'
111  print, par, pare
112  print, chi2, bad
113
114  ; 基于 rms 在拟合结果上添加置信区间信息
115  xx = L_con(sort(L_con))
116  oplot,xx, 10.d^(A + B *xx), color = djs_icolor('red')
117  oplot,xx, 10.d^(A + B*xx −rms), color=djs_icolor('green'), line=1
118  oplot,xx, 10.d^(A + B*xx +rms), color=djs_icolor('green'), line=1
119  oplot,xx, 10.d^(A + B*xx +3*rms), color=djs_icolor('green'), $
120      line= 2
121  oplot,xx, 10.d^(A + B*xx −3*rms), color=djs_icolor('green'), $
122      line= 2
123
124  IF keyword_set(ps) THEN BEGIN
125      device,/close
126      set_plot,'x'
127  ENDIF
128
```

```
129   END
```

编译并调用 plot_rl 程序后, 生成如图 4.1 所示的结果, 并有详细的屏幕输出结果如下:

编译并调用程序 plot_rl

```
1    IDL> .compile plot_rl
2    IDL> plot_rl,/ps
3    % Compiled module: PLOT_RL.
4    % Compiled module: DJS_READCOL.
5    % Compiled module: NUMLINES.
6    % Compiled module: ZPARCHECK.
7    % Compiled module: REMCHAR.
8    % Compiled module: GETTOK.
9    % Compiled module: REPCHR.
10   % Compiled module: STRNUMBER.
11   % DJS_READCOL: Skipping Line 76
12   % DJS_READCOL: 71 valid lines read
13   % Compiled module: PLOTSYM.
14   % Compiled module: TEXTOIDL.
15   % Compiled module: STR_SEP.
16   % Compiled module: DJS_OPLOTERR.
17   % Compiled module: DJS_OPLOT.
18   % Compiled module: DJS_ICOLOR.
19   % Compiled module: LINFIT.
20   % Compiled module: IGAMMA.
21   results from linfit
22        -19.956241      0.48811645
23        0.53126583      0.012188771
24        593.18964
25   % Compiled module: FITEXY.
26   % Compiled module: MINF_BRACKET.
27   % Compiled module: MINF_PARABOLIC.
28   % Compiled module: CHISQR_PDF.
29   % Compiled module: ZBRENT.
30   results from FITEXY
31        -23.268274      0.56273372      0.71134584      0.015939839
32        381.53749       0.0000000
33   % Compiled module: LTS_LINEFIT.
34   % Compiled module: ROBUST_SIGMA.
```

35	% Compiled module: CAP_ZBRENT.
36	% Compiled module: MPFIT.
37	Computing sig_int error
38	Repeat at best fitting solution
39	results from LTS_LINEFIT
40	−22.311480 0.54263990 0.11734150
41	1.1039508 0.025321650 0.021695385
42	67.086572 23 69

4.2　数据的非线性拟合

对天文数据的描述和拟合, 更多的是在非线性的情况下, 线性情况只是其中的特例, 本节详细介绍如何使用 MPFIT 软件包的程序进行天文数据的非线性拟合. 由于 MPFIT 的源程序代码过于冗长, 这里将其分为四部分作介绍: ① 模型函数的建立; ② 模型参数的初始化; ③ 参数的传递; ④ 模型函数的调用.

4.2.1　模型函数的建立

要对天文数据进行非线性拟合, 就要事先知道数据之间内在的函数关系, 由此函数关系建立符合 mpfit 要求的模型函数. 模型函数的建立可以分为两大类: 第一类模型函数非常简单, 由现成的 IDL 函数可以直接组合而成; 第二类模型函数非常复杂, 需要自己创建符合要求的 IDL 函数. 模型函数的要求有两个: 自变量为 x, 参数为 p (p 中包含多个数据).

如果模型函数过于简单, 那么模型函数的创建也非常简单. 比如要进行线性拟合, 那么可建立函数: lin_fun = 'p[0] + p[1]*x'. 再比如要对一组数据进行高斯拟合, 那么可以建立函数: gau_fun = 'gauss1(x,p[0:2]) + gauss1(x,p[3:5])' 等. 其中 gauss1 为 IDL 中的高斯函数, 具体用法如下:

函数: gauss1

1	函数形式:
2	y = gauss1(x,[w0,sigma,flux])
3	
4	目的: 产生一个高斯函数
5	
6	参数解释:
7	x: 生成高斯函数的自变量
8	w0: 高斯函数的中心位置 (center wavelength)
9	sigma: 高斯函数的宽 (second moment)
10	flux: 高斯函数的覆盖的面积 (flux)

```
11
12   函数举例:
13   IDL> y = gauss1(DINDGEN(100),[50,10,200])
14       ; 生成一个中心点在 50, 宽为 10, 面积为 200 的高斯函数
```

请注意, 在建立简单的模型函数时, 函数描述语句中 ('' 中的内容) 不能出现 x、p 外的其他参数. 那么建立的模型函数 lin_fun、gau_fun 等可以直接被 MPFITEXPR 函数调用 (MPFITEXPR 将在下面详细介绍).

如果模型函数较为复杂, 那么要建立满足需求的 IDL 函数, 以 FUNCTION 开头, 以 x 为自变量, 以数组 p 为要求的模型参数, 基本样式如下:

模型函数的样式

```
1   FUNCTION fun_name, x, p
2
3      functions on x and p
4
5      return, result
6   END
```

其中 fun_name 是 MPFIT 要调用的函数的名称, x、p 是该函数的自变量 (x 可以是数组, 代表多个自变量) 和参数 (p 可以是数组, 代表多个输入参数), result 为模型函数的输出量, 用来描述观测变量 y. 因此只要有清晰的数学模型, 复杂的模型函数的建立是极为简单的. 建立的复杂模型函数应该在输入自变量 x 和参数 p 后, 能够产生清晰的物理图像. 这里以以下三个例子为基础解释复杂模型函数的建立.

第一个例子是对活动星系核光学波段宽铁线的拟合. 在活动星系核的观测光谱中, 光学波段在 4400Å 到 5600Å 范围内有明显的宽铁发射线, 同时也存在其他的强发射线: Hβ, [O III]λ4959Å, 5007Å 双线以及 He II λ4686Å 发射线, 因此要拟合从 4400Å 到 5600Å 范围内的活动星系核的观测光谱, 需要建立一个稍微复杂的模型函数, 包含强的铁发射线成分、活动星系核的连续谱成分、宽发射线成分、窄发射线成分. 其中铁发射线成分可以由四部分组成, 每部分由不同数目的高斯成分描述, 活动星系核的连续谱成分可以由一个幂律函数描述, 宽/窄发射线可以由高斯函数描述. 请注意: 构建模型函数时, 没有必要考虑对模型参数的限制, 模型参数的限制会在 "模型参数的初始化" 部分完成. 因此, 可以构建一个模型函数 AGN_fe.pro 用来描述活动星系核在光学波段 4400Å 到 5600Å 范围内的观测光谱特征, 其模型函数如下:

模型函数 AGN__fe

```
FUNCTION AGN_fe, x, p

; 程序目的: 描述光学波段的观测光谱

; 参数解释:
; x: 自变量, 请注意自变量是线性空间还是对数空间的
            ; 这里是线性空间的
; p: 要输入的参数

  ; 对铁发射线的描述, 波长和相对强度
  tw1 = [4472.929, 4489.183, 4491.405, 4508.288,4515.339,4520.224, $
        4522.634, 4534.168, 4541.524, 4549.474,4555.893,4576.340, $
        4582.835, 4583.837, 4620.521, 4629.339, 4666.758,4993.358, $
        5146.127]
  tf1 = [0.036, 0.110, 0.243, 0.367, 0.348, 0.233, 0.859, 0.029, $
        0.078, 1.000, 0.474, 0.136, 0.070, 1.353, 0.076, 0.459, $
        0.055, 0.030,0.011]

  tw2 = [4731.453, 4923.927, 5018.440, 5169.033,5284.109]
  tf2 = [0.030, 0.693, 1.000, 0.854, 0.019]

  tw3 = [5197.577, 5234.625, 5264.812, 5276.002,5316.615,5316.784, $
        5325.553, 5337.732, 5362.869, 5414.073, 5425.257]
  tf3 = [0.620, 0.695, 0.084, 0.928, 1.000, 0.097, 0.047, 0.010, $
        0.146, 0.012, 0.035]
  tw4 = [4418.957, 4449.616, 4471.273, 4493.529, 4614.551, 4625.481, $
        4628.786, 4631.873, 4660.593, 4668.923, 4740.828,5131.210, $
        5369.190, 5396.232, 5427.826]
  tf4 = [3.00, 1.50, 1.20, 1.60, 0.70, 0.70, 1.20, 0.60, 1.00, $
                0.90, 0.50, 1.1, 1.45, 0.4, 1.4]

  ; 每条铁线用一个高斯函数描述, 每一组铁线有一个总的流量强度
    ; p[2:5] 表示铁线的流量,
    ; 铁线具有相同的高斯宽度 p[0] 以及相同的偏移速度 p[1]
    ; p[0:1] 的单位为 km/s
  wave = x & flux1 = wave * 0.
  FOR k=0,n_elements(tw1)-1L DO BEGIN
    flux1 = flux1 + gauss1(wave,[tw1[k] * (1. + p[1]/3d5), $
            p[0]*tw1[k]/3d5,tf1[k]]) * p[2]
```

```
39    ENDFOR
40
41    flux2 = wave * 0.
42    FOR k=0,n_elements(tw2)−1L DO BEGIN
43        flux2 = flux2 + gauss1(wave,[tw2[k] * (1. + p[1]/3d5), $
44                p[0]*tw2[k]/3d5,tf2[k]]) * p[3]
45    ENDFOR
46
47    flux3 = wave * 0.
48    FOR k=0,n_elements(tw3)−1L DO BEGIN
49        flux3 = flux3 + gauss1(wave,[tw3[k] * (1. + p[1]/3d5), $
50                p[0]*tw3[k]/3d5,tf3[k]]) * p[4]
51    ENDFOR
52
53    flux4 = wave * 0.
54    FOR k=0,n_elements(tw4)−1L DO BEGIN
55        flux4 = flux4 + gauss1(wave,[tw4[k] * (1. + p[1]/3d5), $
56                p[0]*tw4[k]/3d5,tf4[k]]) * p[5]
57    ENDFOR
58
59    FeII = flux1 + flux2 + flux3 + flux4
60
61    ; 宽 Hβ 发射线用一个高斯函数描述
62    broad_hb = gauss1(x,p[6:8])
63
64    ; 窄 Hβ 发射线用一个高斯函数描述
65    narrow_hb = gauss1(x,p[9:11])
66
67    ; [O III]λ4959Å, 5007Å 双线用双高斯拟合
68    narrow_o3 = gauss1(x,p[12:14]) + gauss1(x,p[15:17])
69
70    ;AGN 的连续谱用幂律函数描述
71    power_law = p[18] * (x/5100.)^p[19]
72
73    ; 宽的 He II 发射线用一个高斯函数描述
74    broad_he = gauss1(x,p[20:22])
75
76    ; 所以 4400Å 到 5600Å 之间线谱总描述如下:
77    result = FeII + broad_hb + narrow_hb + narrow_o3 + $
78            power_law+ broad_he
```

```
79
80    return, result
81  END
```

该模型函数 AGN_fe.pro 的物理意义极为明确, 给定合理的 p 值 (p 中包含 23 个参数), 将生成一个活动星系核光学波段的观测光谱. 例如, 给定如下的自变量和 p, 调用函数 AGN_fe 后, 显示的结果如图 4.2 所示.

测试模型函数 AGN_fe

```
1   IDL> x = 4400 + DINDGEN(1200)
2       ; 自变量波长, 范围 4400Å 到 5600Å
3   IDL> par_feii = [1000., 200., 100, 200, 200, 100]
4       ; 铁线宽 (second moment)1000km/s, 偏移速度 (shift velocity)
5       ; 200km/s, 四组铁线的强度分别为 100, 200, 200, 100
6   IDL>par_broad_hb = [4861., 20.,400.]
7       ; 宽 Hβ 线-中心点 4861Å , 宽 20Å , 强度 (或者线流量)400
8   IDL>par_narrow_hb = [4861., 4.,50.]
9       ; 窄 Hβ 线-中心点 4861Å , 宽 4Å , 强度 (或者线流量)50
10  IDL>par_narrow_o3 = [5007., 4., 350., 4959., 4., 120.]
11      ; O III 双线有两个高斯成分, 中心点分别为 5007Å 和 4959Å ,
12      ; 宽度为 4Å , 流量分别为 350 和 120
13  IDL>par_law = [0.1, −0.4]
14      ; 幂律成分 0.1 * (x/5100)( − 0.4)
15  IDL>par_heii = [4687, 20., 100]
16      ; 宽 He II 线-中心点 4687Å , 宽 20Å , 流量 100
17  IDL>par = [par_feii, par_broad_hb, par_narrow_hb, par_narrow_o3, $
18  IDL>       par_law, par_heii]
19  IDL> .compile AGN_fe
20  IDL> res = AGN_fe(x,par)
21  IDL> plot,x,res,xtit = textoidl('wavelength'), ytit =textoidl('f_\lambda')
```

第二个例子是基于吸积盘模型对活动星系核双峰宽发射线的拟合. 在吸积盘模型中, 由于双峰结构的宽发射线带有明显的相对论效应, 其数学描述是复杂的, 但是数学概念极为清楚: 在中心吸积盘的特定区域上产生发射线, 由于吸积盘的旋转性和延展性, 其观测的发射线产生了两个明显的峰. 其简洁的数学表达方式为

$$f_\lambda = \int_r\int_\phi H(\text{model})\mathrm{d}r\mathrm{d}\phi \qquad (4.5)$$

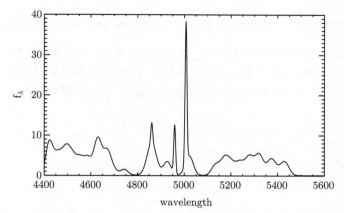

图 4.2　使用模型函数 AGN_fe.pro 生成的光学波段含铁发射线的特征

其中 $H(\mathrm{model})$ 是来自吸积盘上某一点处的发射线某处频率 (或波长) 的流量. 基于该数学形式[①] 的复杂的模型函数构建如下. 因为模型函数中包含有明显的二重积分函数, 所以我们先介绍一下关于二重积分的 DL 的内置函数 INT_2D.pro.

函数: INT_2D

1	函数形式:
2	Result = INT_2D(Fxy, AB_Limits, PQ_Limits, Pts)
3	
4	目的: 对给定的含有两个自变量 x, y 的二元函数 Fxy 进行二重积分
5	
6	参数解释:
7	Fxy: 含有二元函数描述的函数名称
8	AB_Limits: 含有两个数据的数组, 代表对自变量 x 的积分下限和上限
9	PQ_Limits: 代表对自变量 y(x) 的积分下限和上限, 注意,
10	PQ_Limits 应当写为函数的形式
11	Pts: 二重积分时的精度选择, 可以为 6,10,20,48,96, 数值越大, 计算的精度越高,
12	计算时间越长

给一个简单的例子, 计算如下的二元函数积分, 自变量 x 的积分区间为 $[0, 2]$, 依赖自变量 x 的自变量 y 的积分区间为 $[0, \exp(x)]$:

$$S = \int_{x=0}^{2} \int_{y=0}^{\exp(x)} \frac{\cos(xy)}{x^2 + y^2} \mathrm{d}x\mathrm{d}y \tag{4.6}$$

① Eracleous M, Livio M, Halpern J P, et al. Elliptical accretion disks in active galactic nuclei. The Astrophysical Journal, 1995, 438: 610-622.

那么可通过构建包含二元函数 $\dfrac{\cos(xy)}{x^2+y^2}$ 的函数 Fxy.pro (可以取自己拟订的任何函数名称) 以及包含 y 积分区间的 PQ_Limits.pro 函数. Fxy.pro 和 PQ_Limits.pro 可以写成两个单独的 txt 文件, 也可以将两个函数和积分的主程序写在一起, 如程序 INT2D_ex.pro 所示, txt 文件 INT2D_ex.pro 中包含两个函数和一个程序.

程序: INT2D_ex

```
1   FUNCTION fun_int, x, y
2   ; 二元函数 cos(xy)/(x²+y²) 的描述
3       return, cos(x*y)/(x^2.d + y^2.d)
4   END
5
6   FUNCTION limits_y, x
7   ; 自变量 y(x) 的积分区间
8     return,  [0.,  exp(x)]
9   END
10
11  Pro INT2D_ex
12
13  ; 目的:   二元函数的积分示例
14
15     limits_x = [0, 2] ; 自变量 x 的积分区间
16
17     res = INT_2D('fun_int', limits_x, 'limits_y', 96)
18     print, res
19  END
```

编译并调用后, 结果如下:

编译并调用 INT2D_ex

```
1   IDL>.compile INT2D_ex
2     ; 屏幕显示如下
3   % Compiled module: FUN_INT.
4   % Compiled module: LIMITS_Y.
5   % Compiled module: INT2D_EX.
6    ; 编译后, 函数 FUN_INT 和 LIMITS_Y 可以被其他的函数或程序直接调用
7   IDL>INT2D_EX
8      14.5758
```

在介绍了二元函数的二重积分后, 我们接着讲述如何使用 IDL 编写程序进行

双峰宽发射线的吸积盘模型的描述和拟合. 在 Eracleous 的模型中, 其数学的描述形式如下:

$$F_\nu = S \times \iint \psi \tag{4.7}$$

很明显, 该模型含有 7 个模型参数: 吸积盘发射线区的内半径 (Rmin) 及外半径 (Rmax, 半径以施瓦西半径为单位), 吸积盘发射线区的椭率 (e, 0 到 1 之间的数), 吸积盘发射线区的倾角 (i), 吸积盘发射线区发射线强度对半径的依赖 ($q : f_r \propto r^{-q}$), 吸积盘发射线区的本地展宽速度 (σ, 以 km/s 为单位) 以及吸积盘发射线区长轴与短轴的夹角 (the orientation angle of the elliptical rings, ϕ_0). 模型函数的自变量为半径 r (Rmin $\leqslant r \leqslant$ Rmax) 和角度 ϕ ($\phi_0 \leqslant \phi \leqslant \phi_0 + 2\pi$). 模型函数 disk_model.pro 的描述如下:

模型函数: disk_model

```
1
2   FUNCTION ring_elliptical,logr,phi
3   ; 二元函数 H(model) 的数学描述, 自变量为 logr 和 φ
4
5     ; Common extra_par 表示模型参数的传递, 将在 4.2.3 节中详细讲述
6       ; Common 模块方便在复杂的模型函数中传递固有的数据信息或者模型参数等
7     Common extra_par, par_x, par_sini, par_q, par_sigma, par_e,par_phi0
8
9   ; Common extra_par 中的参数介绍:
10    ; par_x: 发射线的波长信息
11    ; par_sini: 倾角
12    ; par_q:fr ∝ r⁻�q
13    ; par_sigma: 本地展宽速度
14    ; par_e: 椭率
15    ; par_phi0: orientation angle of the rings
16
17    r=exp(logr) & ecos=1.−par_e*cos(phi−par_phi0)
18    cosphi=cos(phi) & sinphi=sin(phi−par_phi0)
19    psi=r*(1+par_e)/ecos & invpsi=1./psi
20    factor=(1.−par_sini*cosphi)/(1+par_sini*cosphi)*invpsi
21    g=1.+factor & f2=1.−2.*invpsi
22    br=sqrt(1−par_sini^2*cosphi^2)*(1+factor)
23    gamma0=1./sqrt(1.0−((par_e*sinphi)^2+f2*ecos^2)/(psi*f2^2*ecos))
24    invD=gamma0*(1./sqrt(f2)−par_e*sinphi*sqrt(abs(1.−br*br*f2)/ $
25        (psi*f2^3*ecos))+par_sini*sin(phi)*br*sqrt(ecos/(psi*f2*(1. $
26        −(par_sini*cosphi)^2))))
27    D=1./invD
```

```
28    Xmax=max(D)*(10.0*par_sigma+1.0)−1.0
29    Xmin=min(D)*(−10.0*par_sigma+1.0)−1.0
30
31    integ=exp(−((1.0+par_x−D)/(sqrt(2.0)*par_sigma*D))^2)*G*D^3* $
32        psi^(2.0−par_q) * (( 1.0 + par_e)/ecos) * sqrt(1.0 − $
33        par_sini^2.0) / par_sigma
34
35    return, integ
36  END
37
38  FUNCTION PQ_limits,x
39  ; 用于二重积分 INT_2D 的函数 PQ_limits
40    Common phi0,xpar_phi0 ; 传递参数 φ0
41
42    twopi=2.0*!pi   ; !pi 为 IDL 中的 π
43    return,[xpar_phi0,xpar_phi0+2*!pi]
44  END
45
46  FUNCTION disk_model,wave,params
47  ; 模型函数 disk_model 的主体, 进行二元函数的积分, 每个波长或频率处积分一次
48
49  ; 参数解释:
50    ; wave: 自变量波长
51    ; params: 模型参数 params 中包含 8 个变量,
52      ; params[0]: 中心波长信息
53      ; params[1:2]: [Rmin, Rmax]
54      ; params[3]: sin(i), 倾角
55      ; params[4]: q, f_r ∝ r^{−q}
56      ; params[5]: σ
57      ; params[6]: e
58      ; params[7]: φ0
59
60    Common extra_par, par_x, par_sini, par_q, par_sigma, par_e, $
61    par_phi0 Common phi0, xpar_phi0
62
63    x=params[0]/wave−1.0 & par_sini=params[3]
64    par_q=params[4] & par_sigma=params[5]
65    par_e=params[6] & par_phi0=params[7]
66    xpar_phi0 = par_phi0 & nx=n_elements(x)
67
```

```
68    logRmin=alog(params[1]) & logRmax=alog(params[2])
69
70    invrmax=exp(−logRmin) & f1=sqrt(1.0−3.0*invrmax)
71
72    fx=dblarr(nx)
73    FOR i=0, (nx−1) DO BEGIN
74        par_x=x[i]
75        fx[i]=INT_2D('ring_elliptical',[logRmin, logRmax],$
76            'PQ_limits', 96,/double)
77    ENDFOR
78
79    Return, (fx*(1.+x)^2)
80    END
```

我们注意到, 由于 INT_2D 函数在积分时不允许出现自变量 r 和 ϕ 以外的参数, 因此, 使用 Common 模块进行参数的传递. 该模型函数 disk_model.pro 的物理意义极为明确, 给定合理的 wave 和 params 值 (params 中包含 8 个参数), 将生成一个具有双峰结构的宽发射线. 例如, 给定如下的自变量 wave 和 params:

测试模型函数 disk_model

```
1     IDL> wave = 6300 + DINDGEN(600) ; 波长范围 6300Å 到 6900Å
2     IDL> par0 = 6564.61 ; 发射线中心波长 6564.61Å
3     IDL> par12 = [600,2000] ; 吸积盘半径范围 600 到 2000 个史瓦西半径
4     IDL> par3 = 0.5 ; 倾角 30°
5     IDL> par4 = 2 ; fr ∝ r⁻²
6     IDL> par5 = 600/3d5 ; σ = 600km/s, 注意输入时单位为光速
7     IDL> par6 = 0.1 ; e=0.1
8     IDL> par7 = 0 ; φ0 = 0
9     IDL> pars = [par0, par12, par3, par4, par5, par6, par7]
10    IDL>.compile disk_model
11    IDL> flambda = disk_model(wave,pars)
12    IDL> plot, wave, flambda, xtitle = 'wave', ytitle ='flux'
```

显示的结果如图 4.3 所示.

　　第三个例子是对活动星系核观测光谱中寄主星系成分的拟合. 活动星系核的观测光谱中往往含有明显的星系成分, 为了更好地得到活动星系核本身的特性, 其观测光谱中的星系成分最好能够被明确地确定下来, 这对通过光谱特征进行活动星系核和寄主星系的共同演化的研究有着重要的意义, 因此, 这里给出进行星系成分拟合的模型函数的构建. 通常, 星系成分的拟合主要有两种方法, 一种是通

过主成分分析 (PCA) 的方法 (包括 PCA 的进阶方法独立主成分分析, ICA), 另外一种是简单星族合成 (SSP) 方法, 通过恒星模板进行展宽和组合, 得到寄主星系成分的最佳拟合, 通常使用 STARLIGHT、ppxf 等软件包, 以 SSP 为基础进行细化应用. 相对于 PCA 方法, SSP 方法能够得到的寄主星系成分的信息更加饱满, 因此, 这里以 SSP 方法为基础介绍构建模型函数, 以进行寄主星系成分的拟合.

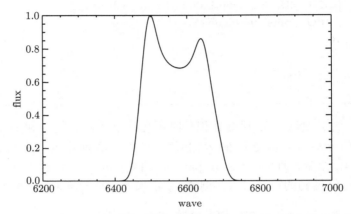

图 4.3　使用模型函数 disk_model.pro 生成的基于吸积盘模型的双峰结构的宽发射线

　　恒星的模板谱可以来自不同的渠道, 可以是实际观测得到恒星光谱, 也可以是理论恒星光谱, 当然现阶段多使用理论上得到的恒星光谱, 可以尽量地减少观测误差, 并带有足够的物理信息 (比如, 年龄、质量、金属丰度等). 以 Bruzal 和 Charlot 的方法为基础, 可以很方便地得到不同年龄、不同金属丰度、不同恒星质量的恒星光谱[①]. 这里选取了 39 条理论恒星光谱作为恒星的模板谱, 其存放在参数 star_template 中. 因此, 模型函数的构建只有两个步骤: ① 将模板谱进行展宽, 需要构建单独的展宽函数 vdisp_gconv.pro (包含在 SDSS 的软件包 IDLU-TILS 中); ② 将展宽后的模板谱进行组合. 因此, 模型函数 star_AGN.pro 的构建如下:

模型函数 star_AGN

```
1  FUNCTION vdisp_gconv, x, sigma
2  ; 展宽函数
3
4  ; 参数介绍:
```

① Bruzual A G, Charlot S. Spectral evolution of stellar populations using isochrone synthesis. The Astrophysical Journal, 1993, 405: 538-553.

```
5    ; x: 要进行展宽的信息
6    ; sigma: 要进行展宽的宽度
7
8      IF (sigma EQ 0) THEN return, x
9
10     IF sigma ne 0 THEN BEGIN
11        sigma = abs(sigma) ; 防止输入负的 sigma
12        khalfsz = round(4*sigma+1)
13        xx = FINDGEN(khalfsz*2+1) − khalfsz
14
15        kernel = exp(−xx^2 / (2*sigma^2))
16        kernel = kernel / total(kernel)
17
18        Return, convol(x, kernel, /center, /edge_truncate)
19     ENDIF
20   END
21
22   FUNCTION star_AGN, x, p
23   ; 模型函数 star_AGN 的主体, 其中 x 在对数空间中, p 为参数
24
25     Common template, twave, tflux
26        ; 将恒星模板谱的波长信息放在 twave 中, 流量信息放在 tflux 中
27        ; 使用 Common template 模块进行恒星模板谱信息的传递,
28        ; 避免模板谱信息的重复读取或存储, 将模板谱的信息作为全局变量.
29        ; twave 为一个 npixel 的数组, 包含对数空间的波长信息
30        ; tflux 为一个 npixel×39 的矩阵
31        ; plot, twave, tflux[*,1] 展示模板谱中的第一条光谱
32
33     edloglam = twave[1] − twave[0]
34     cspeed = 3d5 ; 光速
35     pixsz = (10.^(edloglam)−1) * cspeed ; 每个 pixel 代表的速度
36
37     ; 将展宽后的模板谱进行组合, 展宽速度 p[0], 组合参数 p[1:39]
38        ; 此处使用了 execute 函数进行了语言描写的简化
39        ; 同时注意, 模板谱的展宽是在波长等对数间隔的空间内进行的,
40        ; 因为在对数空间内, 相同的波长间隔代表相同的速度 pixsz
41     res0 = 0
42     FOR i =0,38 DO BEGIN
43        res = execute('result = res0+'+'p[' + strcompress(string(i), $
44             /remove_all) + '+1]*vdisp_gconv(tflux[*,' + $
```

```
45              strcompress(string(i), /remove_all) + '],p[0]/pixsz)')
46         res0 = result
47      ENDFOR
48
49      ; 可能存在的速度偏移 p[40]
50      result  = interpol(result,twave+alog10(1. + p[40]/3d5), x)
51
52      ; 活动星系核的连续谱成分
53      pow = p[41] ∗ (10.d^x/4500.)^p[42]
54
55      All = result + pow
56
57      Return, All
58   End
```

为了程序简洁, 在模型函数 star_AGN.pro 中使用 IDL 的内置函数 execute 进行模板谱的展宽和组合 (star_AGN.pro 中的第 42~48 行), 如果不使用 execute 函数, 那么完整的写法如下:

繁复的模板谱的展宽组合写法

```
1   ······
2   result  = p[1] ∗ vdisp_gconv(tflux[∗,0],p[0]/pixsz) + $
3              p[2] ∗ vdisp_gconv(tflux[∗,1],p[0]/pixsz) + $
4              p[3] ∗ vdisp_gconv(tflux[∗,2],p[0]/pixsz) + $
5                      ······                              + $
6              p[37] ∗ vdisp_gconv(tflux[∗,36],p[0]/pixsz) + $
7              p[38] ∗ vdisp_gconv(tflux[∗,37],p[0]/pixsz) + $
8              p[39] ∗ vdisp_gconv(tflux[∗,38],p[0]/pixsz)
9   ······
```

可以看出非常繁复, 而我们只使用了 39 条模板谱. 然而实际上在很多情况下, 有的文章会使用超过 200 条模板谱, 如果还是使用如上的写法, 那么非常没有必要, 因此可以使用 IDL 内置的 execute 函数进行简化, execute 函数的具体用法如下:

函数: execute

```
1   函数形式:
2   res = execute(string)
3
4   目的: 将字符串转变为 IDL 可执行语言
5
```

```
6   参数解释:
7      res: string 字符串变成 IDL 可执行语言, 如果 string 非空且为有效的命令语句, 则
8             res 返回结果为 1, 否则 res 返回结果为 0
9      string: 输入的字符串
10
11  函数举例:
12  IDL> string1 ='2+3'
13  IDL> string2 = 'ss = 2+3'
14  IDL> res1 = execute(string1)
15  IDL> res2 = execute(string2)
16  IDL> print, string1, res1
17  2+3       0
18  IDL> print, string2, res2
19  ss = 2+3       1
20  IDL> print, ss
21         5
```

故繁复的含有较多重复成分的 IDL 可以使用 execute 函数和 for 循环进行大量简化. 同样地, 模型函数 star_AGN.pro 的物理意义极为明确, 给定合理的 x (观测波长信息) 和 p 值 (p 中包含 43 个参数), 将生成一个星系的成分. 例如, 给定如下的自变量 x 和 p.

测试模型函数 star_AGN

```
1   IDL> wave = 3900 + DINDGEN(5100) ;3900Å 到 9000Å 的波长信息
2   IDL> logwave = alog10(wave) ; star_AGN 使用对数波长信息
3   IDL> p = DINDGEN(43) * 0
4   IDL> p[0] = 400 ; 模板谱展宽速度 400km/s
5   IDL> p[1:39] = [5, 20, 10, DINDGEN(36)*0]
6   IDL> p[40] = 0 ; 偏移速度为 0
7   IDL> p[41:42] = [1,−1] ;f_λ ∝ λ^{−1}
8   IDL> Common template, twave, tflux ; 设置模板谱信息为全局变量
9   IDL> tm_wave = mrdfits('star_twave.fit',0)
10      ; 读取模板谱的波长信息, 波长已经在等对数间隔空间, 长度为 6801 的数组
11  IDL> tm_flux = mrdfits('star_tflux.fit',0)
12      ; 读取模板谱的流量信息, 长度为 6801×39 的数组
13  IDL> twave = tm_wave & tflux = tm_flux ; 确定全局变量
14  IDL> .compile star_AGN
15  IDL> res = star_AGN(logwave, p)
16  IDL> plot, wave, res, xtit = 'wave', ytit = textoidl('f_\lambda')
```

显示的结果如图 4.4 所示.

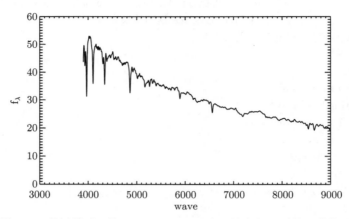

图 4.4　使用模型函数 star_AGN.pro 生成的寄主星系的光谱特征

4.2.2　模型参数的初始化

　　在成功地构建了模型函数后, 我们需要对模型函数的参数进行初始化以及参数限定, 以便于进行数据的非线性拟合. 模型参数的初始化带有很强的目的性, 如果初始化的参数选择比较符合实际情况, 那么非线性拟合的速度将大大加快; 如果给定的初始参数远离实际情况, 那么有可能难以得到准确的拟合结果. 因此, 参数的初始化依赖对要拟合的天文数据的物理理解, 而且在进行参数初始化的同时, 还应该根据实际的物理要求, 对模型参数进行一定的限定. 在 MPFIT 软件包中, 参数的初始化和参数的限定都是通过 replicate 结构函数来进行的. 此处应注意, 因为模型参数的初始化比较重要, 我们把参数的初始化作为单独的一节进行介绍, 但是参数初始化并不是一个 IDL 独立的函数或程序, 而是包含在主程序或者主函数中.

　　基于模型参数的结构函数的创建如下:

模型参数的结构函数创建

```
1   结构函数的创建:
2   par = replicate({value:0., limited :[0,0], limits :[0.,0.], tied:'', $
3                    fixed:0}, n_par)
4
5   参数解释:
6      value:   初始化的数值
7      limited: 是否要对该参数进行下限和上限的设定, 0 为不需要, 1 为需要
8      limits: 设定的下限和上限的数值, 拟合时参数的变动只在下限和上限之间
9              ; 初始化数值必须在设定的下限和上限之间
```

10	tied: 是否要进行参数的绑定, 将不同的参数联系在一起
11	fixed: 是否固定参数的数值, 0 为不需要, 1 表示该参数为初始化数值, 拟合时不发
12	生变化
13	n_par: 参数的个数

我们以 4.2.1 节中所构建的三个模型函数为例, 对其中的模型参数进行初始化和参数限定.

模型函数 AGN_fe.pro 是对活动星系核光学波段铁发射线以及其他发射线的拟合. 因此, 在基本的物理图像下, 我们有如下结果: 铁线的展宽速度大于 0, 四组铁线的强度大于 0, 偏移速度可以为负数但不应该太大, [O III] 双线的中心波长应该在 4959Å 和 5007Å 附近, 窄发射线的宽度 (谱线二阶矩) 应该小于 600km/s, 宽/窄 Hβ 线的中心波长应该在 4861Å 附近, 且窄 Hβ 线的宽度 (谱线二阶矩) 应该小于 600km/s, 宽 Hβ 线的宽度 (谱线二阶矩) 应该大于 600km/s, He II 线的中心波长应在 4687Å 附近, 且所有发射线的强度应该大于 0. 此外, 我们应该有 [O III] 双线在速度空间具有相同的宽度, 且 [O III] 双线的强度比设定为 3. 由此, 模型参数的初始化以及参数的限定如下:

模型函数 AGN_fe 模型参数的初始化及限定

```
1
2    par = replicate({value:0., limited :[0,0], limits :[0.,0.], tied:'', $
3              fixed:0}, 23)  ; 模型函数 AGN_fe 含有 23 个参数
4
5    ; 有关铁线宽度的参数
6    par [0]. value = 800 ; 初始宽度 800km/s
7    par [0]. limited = [1,1] & par[0].limits = [0.d, 1d4]
8         ; 设定铁线宽度的下限和上限, 下限为 0, 上限为 10000km/s
9
10   ; 有关铁线的偏移速度
11   par [1]. value = 800.  ; 初始偏移速度 800km/s
12   par [1]. limited = [1,1] & par[1].limits = [−1d4, 1d4]
13        ; 设定铁线偏移速度的下限和上限, 下限为 −10000km/s,
14        ; 上限为 10000km/s
15
16   ; 有关铁线的强度
17   par [2:5]. value =  [1.,1.,1.,1.]   ; 初始强度为 [1.,1.,1.,1.]
18   par [2:5]. limited [0]  = 1 & par[2:5].limits [0] = 0.d
19        ; 设定铁线强度的下限, 下限为 0
20
21   ; 有关宽 Hβ
```

```
22  par [6:8]. value = [4861., 20., 0.]
23      ; 初始值中心波长 4861Å，宽度 second moment 为 20Å，强度 0
24  par [6]. limited = [1,1] & par[6]. limits = [4800, 4900]
25      ; 设定中心波长的下限和上限，下限为 4800Å，上限为 4900Å
26  par [7]. limited = [1,1] & par[7]. limits = [600., 2d4] / 3d5 * 4861.
27      ; 设定高斯宽度的下限和上限，下限为 600km/s，上限为 20000km/s
28  par [8]. limited [0] = 1 & par[8].limits [0] = 0.d
29      ; 设定宽 Hβ 强度的下限，下限为 0
30
31  ; 有关窄 Hβ
32  par [9:11]. value = [4861., 4., 0.]
33      ; 初始值中心波长 4861Å，宽度 second moment 为 4Å，强度 0
34  par [9]. limited = [1,1] & par[9]. limits = [4850, 4880]
35      ; 设定中心波长的下限和上限，下限为 4850Å，上限为 4880Å
36  par [10].limited = [1,1] & par[10].limits = [0., 600] / 3d5 * 4861.
37      ; 设定高斯宽度的下限和上限，下限为 0，上限为 600km/s
38  par [11].limited [0] = 1 & par[11].limits [0] = 0.d
39      ; 设定宽 Hβ 强度的下限，下限为 0
40
41  ; 有关 [O III] 双线
42  par [12:17]. value = [5007., 4., 0., 4959., 4.,0.]
43      ;[O III]λ5007Å 中心波长 5007Å，高斯宽度 4Å，强度 0
44      ;[O III]λ4959Å 中心波长 4959Å，高斯宽度 4Å，强度 0
45  par [12].limited = [1,1] & par[12].limits = [5000, 5015]
46      ;[O III]λ5007Å，中心波长的变动范围 5000Å 到 5015Å
47  par [13].limited = [1,1] & par[13].limits = [0., 600] / 3d5 * 5008.24
48      ;[O III]λ5007Å，高斯宽度的变动范围 0 到 600km/s
49  par [14].limited [0] = 1 & par[14].limits [0] = 0.d
50      ; 设定 [O III]λ5007Å，强度的下限为 0
51      ; 由于 [O III]λ4959Å 和 [O III]λ5007Å 有紧密的物理联系
52      ;[O III]λ4959Å 的参数可以和 [O III]λ5007Å 的参数进行绑定
53  par [15]. tied = 'p[12]*4960.295/5008.24'
54  par [16]. tied = 'p[13]*4960.295/5008.24'
55  par [17]. tied = 'p[14]/3.d'
56      ; 进行绑定的参数 par[15:17] 的限定范围由 par[12:14] 来确定
57
58  ; 有关活动星系核连续谱
59  par [18:19]. value = [0.,0.]
60      ; 难以进行限定
61
```

```
62    ; 有关 He II
63    par [20:22]. value = [4687., 20., 0.]
64       ; 初始值中心波长 4687Å , 宽度 second moment 为 20Å , 强度 0
65    par [20]. limited = [1,1] & par [20]. limits = [4600,4750]
66       ; 中心波长变动范围 4600Å 到 4750Å
67    par [21]. limited [0] = 1 & par [21]. limits [0] = 0.d
68       ; 高斯宽度必须大于 0
69    par [22]. limited [0] = 1 & par [22]. limits [0] = 0.d
70       ; 强度必须大于 0
```

模型函数 disk_model.pro 含有 8 个参数, 根据其物理意义, 可以得到如下参数的初始值及其相应的参数限定. 第一个参数为中心波长, 一般情况下, 如果已经知晓要拟合的双峰宽发射线, 那么波长一般定位其理论的观测中心波长, 且拟合过程中不再发生变化, 比如, 要拟合双峰的 Hα, 那么中心波长为 6564.61Å, 要拟合双峰的 Hβ, 其中心波长为 4862.6Å. 第二个和第三个参数为吸积盘发射线区域的内半径 Rmin 和外半径 Rmax, 通常意义上, 其数值大约在几百到几千个施瓦氏半径, 且很明显地, Rmax > Rmin. 第四个参数为倾角的正弦值, 一般情况下可取 0.5, 且其范围应大于 0 小于 1. 第五个参数为线辐射对半径的依赖, 按照经验, 一般取 2, 即 $f_\lambda \propto \lambda^{-2}$. 第六个参数为本地展宽速度, 一般为几百千米每秒, 但是注意输入时单位为光速, 如本地展宽速度为 600km/s, 那么第五个参数的初始值为 $600/(3 \times 10^5)$. 第七个参数为吸积盘辐射发射线区域的椭率, 一般取 0.1, 当然应该大于 0 且小于 1. 第八个参数为椭圆盘的夹角, 以弧度为单位, 可以在 0 到 2π 间取值. 因此, 模型函数 disk_model 的参数的初始值和参数的限定可如下定义:

模型函数 disk_model 参数的初始化及限定

```
1
2     par = replicate({value :0., limited :[0,0], limits :[0.,0.], tied:'', $
3                   fixed :0}, 23)  ; 模型函数 disk_model 含有 8 个参数
4
5     ; 中心波长, 假定拟合双峰 Hα 线
6     par [0]. value = 6564.61 & par [0].fixed = 1
7
8     ; 发射区域的内外半径, 半径不能过小
9     par [1:2] = [600, 2000]
10    par [1:2]. limited [0] = 1 & par [1:2].limits [0] = 70.
11
12    ; 倾角
13    par [3]. value = 0.5
14    par [3]. limited = [1,1] & par [3].limits = [0., 1.]
```

```
15
16   ; 线辐射强度对半径的依赖 f_λ ∝ λ^{-q}, 变化范围为 -6 到 6
17   par[4].value = 2
18   par[4].limited = [1,1]  & par[4].limits = [-6, 6]
19
20   ; 本地展宽速度, 变化范围从 100km/s 到 20000km/s
21   par[5].value = 600./3d5
22   par[5].limited = [1,1]  & par[5].limits = [100., 2d4]/3d5
23
24   ; 椭率
25   par[6].value = 0.1
26   par[6].limited = [1,1]  & par[6].limits = [0., 1.]
27
28   ; 夹角
29   par[7].value = 0.
```

模型函数 star__AGN.pro 含有 43 个参数, 其具体的物理意义明确, 因此可以为参数的初始值提供借鉴. 第一个参数为模板谱的展宽速度, 也即活动星系核的核球区的恒星的速度弥散, 一般情况下为几十千米每秒到几百千米每秒, 不会超过 800km/s. 第 2∼40 个参数为 39 条模板谱的强度, 因此一定不会小于 0. 第 41 个参数为模板谱的偏移速度, 一般情况下为几百千米每秒, 可为负值. 第 42 和第 43 个参数为活动星系核连续谱的描述参量, 没有任何限制. 因此模型函数 star__AGN 的参数的初始值和模型参数的限定如下:

模型函数 star__AGN 模型参数的初始化及限定

```
1
2    par = replicate({value:0., limited :[0,0],  limits :[0.,0.],  tied:'', $
3                   fixed:0}, 43)  ; 模型函数 star_AGN 含有 43 个参数
4
5    ; 恒星速度弥散, 变化范围 10km/s 到 800km/s
6    par[0].value = 200
7    par[0].limited = [1,1]  & par[0].limits = [10., 800.]
8
9    ; 模板谱强度, 大于 0
10   par[1:39].value = DINDGEN(39) * 0. + 1
11   par[1:39].limited [0]  = 1 & par[1:39].limits [0]  = 0.d
12
13   ; 模板谱偏移速度, 变化范围 -5000km/s 到 5000km/s
14   par[40].value = 0.
```

```
15    par[40].limited = [1,1] & par[40].limits = [−5000, 5000]
16
17    ; 连续谱
18    par[41:42].value = [0., 0.]
```

4.2.3 参数的传递

在完成了参数的初始化和参数的限定以后, 可以方便地利用数学方法, 例如常用的 LM 最小二乘 (Levenberg-Marquardt least-squares minimization) 法进行非线性拟合. 但是在正式使用 MPFIT 调用模型函数进行非线性拟合之前, 还有很重要的一点要进行说明, 那就是非线性拟合过程 (也包括其他的数学函数的应用、调用等过程) 的参数传递, 也即 IDL 中的 Common 模块. 这是一个很重要的问题: 相当于其他数据语言的全局变量. 可以方便地将一些公用的参数或者数据存放在 Common 模块中, 其具体用法如下:

IDL 中的 Common 模块: 全局变量

```
1    形式:
2    Common com_name, pars
3
4    参数解释:
5       Common: Common 模块以 Common 开头
6       com_name: 指定 Common 模块的名字
7       pars: 该模块中包含的参数名
8
9    使用说明: 在主程序和相应的调用函数中都写入相同名字的 Common 模块, 并在主程
10            序中对其中包含的参数进行赋值. 请注意, 不要在程序或者函数中出现和
11            Common 模块中参数同名的参数
```

实际上, 全局变量 Common 模块的存在大大提高了 IDL 的灵活性. 而且 Common 模块在模型函数 disk_model.pro 和模型函数 star_AGN.pro 中都使用过, 为方便地书写模型函数做出了贡献, 特别是在模型函数 disk_model.pro 中, 如果不使用 Common 模块, 模型函数将使用极其复杂的方式建立, 因为在二元函数的二重积分中, 积分函数 ring_elliptical 只允许使用两个自变量 r 和 ϕ, 于是, 其余的几个模型参数只能放入 Common 模块中当作全局变量进行调用.

4.2.4 模型函数的调用

在完成了模型函数的构建、模型参数的初始化及相关限定后, 可以方便地使用 MPFIT 进行非线性拟合. MPFIT 进行非线性拟合主要有两个函数: MPFI-

TEXPR 和 MPFITFUN. 其中 MPFITEXPR 是调用简单的模型函数时使用的,
MPFITFUN 是调用复杂的模型函数时使用的, 具体用法如下:

函数 MPFITEXPR 和 MPFITFUN

1	函数形式:
2	parms = MPFITEXPR(MYFUNCT, x, y, yerr,start_parms,MAXITER=maxiter, \$
3	/QUIET, /weight, FTOL=ftol, NITER=niter, STATUS=sta, \$
4	COVAR=covar, PERROR=perror, BESTNORM=bestnorm, DOF=DOF, \$
5	PARINFO=parinfo)
6	parms = MPFITFUN(MYFUNCT, x, y, yerr,start_parms, MAXITER=maxiter, \$
7	/QUIET, /Weight, FTOL=ftol, NITER=niter, STATUS=sta, \$
8	COVAR=covar, PERROR=perror, BESTNORM=bestnorm, DOF=DOF, \$
9	PARINFO=parinfo)
10	
11	目的: 进行数据的非线性拟合
12	
13	参数解释:
14	parms: 输出的模型参数的最终结果
15	MYFUNCT: 指定的模型函数
16	x,y,yerr: 要拟合的自变量数据、变量数据及其误差
17	如果没有可信的, yerr请使用关键词/weight, 但是x,y,yerr必须出现
18	在MPFITEXPR和MPFITFUN的函数调用中
19	start_parms: 模型函数中的模型参数的初始值, 如果已经包含在 parinfo 中的话,
20	不需要再次指定 start_parms
21	MAXITER: 指定拟合过程的循环次数, 缺省次数为 200, 如果循环次数大于
22	MAXITER 指定的次数, 则拟合结束
23	/QUIET: 关键词, 不输出屏幕显示信息
24	/Weight: 关键词, 说明不使用变量的误差
25	FTOL: 两次拟合之间的 χ^2 的差值, 用以限定拟合是否完成, 缺省为 1d-10,
26	当前后两次拟合的 χ^2 的差值小于给定的 FTOL, 或者循环次数
27	达到了 MAXITER 指定的次数, 则拟合结束
28	NITER: 指定执行拟合的循环次数
29	STATUS: 表明拟合结果的判断信息
30	STATUS 小于等于 0 表明拟合结果不可信
31	STATUS 大于 0 表明拟合结果可信
32	COVAR: 拟合结果给定的协方差矩阵, 包含了模型参数的误差信息
33	PERROR: 给出的模型参数的误差
34	BESTNORM: 拟合结果的 χ^2
35	DOF: 自由度
36	PARINFO: 由模型参数初始化时的结构化参数给定的信息, 可替代 start_parms

实际上 MPFITEXPR 和 MPFITFUN 的用法和 MPFIT 是一样的, 我们不再赘述. 下面进行比较详细的应用举例.

我们先给出一个简单使用 MPFITEXPR 进行线性拟合的例子, 以活动星系核的 R-L 关系的拟合为例, 具体的程序 mfit_rl.pro 如下:

程序: mfit_rl

```
1
2    Pro mfit_rl, data_file = data_file
3    ; 使用 MPFIT 对活动星系核的 R-L 关系进行拟合
4
5    ; 参数解释:
6     ; data_file: 指定包含 R-L 信息的数据文件
7
8     IF N_elements(data_file) EQ 0 THEN $
9          data_file = 'RBLR_L.dat'
10
11    djs_readcol, data_file, R_blr, R_blr_err, L_con, L_con_err, $
12         format = 'D,D,D,D', skip = 4
13
14    expr = 'p[0] + p[1]*x' ; 构建模型函数 y=a+bx
15
16    ; 对模型参数进行初始化及相应的限定
17    par_expr = replicate({value:0., limited :[0,0],  limits :[0.,0.]},2)
18    par_expr.value = [0., 0.5]
19    par_expr[1].limited = [1,1] & par_expr[1].limits = [0., 1.]
20
21    ; 使用 MPFITEXPR 进行非线性拟合, 只能考虑变量的误差影响
22    xx = L_con & yy = alog10(R_blr) & yyerr = R_blr_err/R_blr/alog(10)
23    res = MPFITEXPR(expr, xx, yy, yyerr, parinfo = par_expr, $
24         /quiet, perror=per, yfit = yfit, bestnorm = best, dof = dof)
25
26    ; 显示输出结果, 其结果和使用 LINFIT 函数进行拟合的结果一致
27    print,res,  per,  best,  dof
28    END
```

编译并调用 mpfit_rl.pro 后, 得到如下结果:

编译并调用程序 mfit_rl

```
1   IDL> .compile mpfit_rl
2   IDL> mpfit_rl
```

3	−19.956242	0.48811646	; 模型参数的最终结果
4	0.531266	0.0121888	; 模型参数的误差
5	593.18964	69	; χ^2 和自由度

　　类似地, 以上面所列举的三个复杂的模型函数为例, 说明 MPFITFUN 的使用. 将下面的程序语句存储在 txt 文件 mpfitfun_AGN_fe.pro 中, 将提供一个完整的程序用来对活动星系核光学波段的铁线及其他的发射线成分进行很好的拟合和显示.

程序 mpfitfun_AGN_fe

```
1   Pro mpfitfun_AGN_fe, data_file = data_file, ps=ps, outps=outps, $
2       _extra = forplot, par_save=par_save, $
3       fit_data_save = fit_data_save
4
5   ; 使用 MPFITFUN 进行活动星系核光学波段铁发射线的拟合
6
7   ; 参数解释:
8    ; data_file: 包含铁发射线的活动星系核的光谱信息数据
9    ; ps: 关键词, 是否将结果输出到图像文件中
10   ; outps: 生成的图像文件的名字
11   ; _extra=forplot: PLOT 接受的关键词和关键参数, 都可以在此程序中使用
12   ; par_save: 存放模型参数的文件名称
13   ; fit_data_save: 存放最终拟合数据的文件名称
14
15   ; 将铁模板信息在主程序中设置为全局变量, 并将函数 AGN_fe 重新进行修正为函数
16     ; AGN_fe2, 删除原函数 AGN_fe 中的 tw, tf 等信息
17     ; 并添加 Common 模块, 其他信息不变
18
19   Common tem_fe, tw1, tf1, tw2, tf2, tw3, tf3, tw4, tf4
20
21   tw1 = [4472.929, 4489.183, 4491.405, 4508.288, 4515.339,4520.224, $
22       4522.634, 4534.168, 4541.524, 4549.474, 4555.893,4576.340, $
23       4582.835, 4583.837, 4620.521, 4629.339, 4666.758,4993.358, $
24       5146.127]
25    tf1 = [0.036, 0.110, 0.243, 0.367, 0.348, 0.233, 0.859, 0.029, $
26       0.078, 1.000, 0.474, 0.136, 0.070, 1.353, 0.076, 0.459, $
27       0.055, 0.030,0.011]
28
29    tw2 = [4731.453, 4923.927, 5018.440, 5169.033, 5284.109]
30    tf2 = [0.030, 0.693, 1.000, 0.854, 0.019]
```

```
31
32    tw3 = [5197.577, 5234.625, 5264.812, 5276.002, 5316.615, 5316.784, $
33          5325.553, 5337.732, 5362.869, 5414.073, 5425.257]
34    tf3 = [0.620, 0.695, 0.084, 0.928, 1.000, 0.097, 0.047, 0.010, $
35          0.146, 0.012, 0.035]
36    tw4 = [4418.957, 4449.616, 4471.273, 4493.529, 4614.551, 4625.481, $
37          4628.786, 4631.873, 4660.593, 4668.923, 4740.828, 5131.210, $
38          5369.190, 5396.232, 5427.826]
39    tf4 = [3.00, 1.50, 1.20, 1.60, 0.70, 0.70, 1.20, 0.60, 1.00, 0.90, $
40          0.50, 1.1, 1.45, 0.4, 1.4]
41
42
43    ; 对数据文件和输出图像文件名的设定
44    IF n_elements(data_file) EQ 0 THEN $
45        data_file = 'AGN_fe.dat'
46    IF n_elements(outps) EQ 0 THEN outps = 'AGN_fe_fit.ps'
47
48    ; 对 EPS 图像或者屏幕输出的设定
49    IF keyword_set(ps) THEN BEGIN
50        set_plot,'ps'
51        device, file = outfile, /encapsulate,/color, bits= 24, $
52                        xsize=36, ysize=24
53    ENDIF ELSE BEGIN
54        window, xsize = 1000, ysize = 800
55    ENDELSE
56
57    ; 模型参数和拟合数据存储文件的设定
58    IF n_elements(par_save) EQ 0 THEN par_save = 'AGN_fe.par'
59    IF n_elements(fit_date_save) EQ 0 THEN $
60            fit_data_save = 'AGN_fe_fit.dat'
61
62
63    ; 读取数据文件, 包含波长 wave, 流量 flux 及流量误差 ferr
64    djs_readcol, data_file, wave, flux, ferr, format ='D,D,D'
65
66    ; 只选择 4400Å 到 5600Å 范围内的光谱, 其含有明显光学铁发射线
67    Pos = where(wave ge 4400 and wave le 5600)
68    wave = wave[pos] & flux = flux[pos] & ferr = ferr[pos]
69
70    ; 添加对复杂模型函数 AGN_fe 中模型参数的初始化及其设定
```

```
71    ; 具体的参数初始化的解释和意义见 4.2.2 节
72
73    par = replicate({value :0.,  limited :[0,0],   limits  :[0.,0.],   $
74                      tied :'',  fixed :0}, 23)
75
76    par [0]. value = 800
77    par [0]. limited = [1,1]  & par[0]. limits = [0.d, 1d4]
78    par [1]. value = 0.
79    par [1]. limited = [1,1]  & par[1]. limits = [−1d4, 1d4]
80    par [2:5]. value =  [1.,1.,1.,1.]
81    par [2:5]. limited [0] = 1 & par[2:5]. limits [0] = 0.d
82    par [6:8]. value = [4861., 20., 0.]
83    par [6]. limited = [1,1]  & par[6]. limits = [4800, 4900]
84    par [7]. limited = [1,1]  & par[7]. limits = [600., 2d4] / 3d5 * 4861.
85    par [8]. limited [0] = 1 & par[8].limits [0] = 0.d
86    par [9:11]. value = [4861., 4., 0.]
87    par [9]. limited = [1,1]  & par[9]. limits = [4850, 4880]
88    par [10]. limited = [1,1]  & par[7]. limits = [0., 600] / 3d5 * 4861.
89    par [11]. limited [0] = 1 & par[11].limits [0] = 0.d
90    par [12:17]. value = [5007., 4., 0., 4959., 4.,0.]
91    par [12]. limited = [1,1]  & par[12]. limits = [5000, 5015]
92    par [13]. limited = [1,1]  & par[13]. limits = [0., 600]/3d5 * 5008.24
93    par [14]. limited [0] = 1 & par[14].limits [0] = 0.d
94    par [15]. tied = 'p[12]*4960.295/5008.24'
95    par [16]. tied = 'p[13]*4960.295/5008.24'
96    par [17]. tied = 'p[14]/3.d'
97    par [18:19]. value = [0.,0.]
98    par [20:22]. value = [4687., 20., 0.]
99    par [20]. limited = [1,1]  & par[20]. limits = [4600,4750]
100   par [21]. limited [0] = 1 & par[21].limits [0] = 0.d
101   par [22]. limited [0] = 1 & par[22].limits [0] = 0.d
102
103
104   ; 调用模型函数 AGN_fe2, 使用 MPFIT 进行光学波段发射线的拟合
105    ; 注意, 模型函数 AGN_fe 已经在 4.2.1 节中生成
106    ; 并存储为 txt 文件 AGN_fe.pro
107    ; 注意, 调用函数 AGN_fe 得到同样的结果, 只是拟合过程中
108    ; 每调用一次 AGN_fe, 则读取一次铁的模板信息.
109
110   RES = MPFITFUN('AGN_fe2', wave, flux, ferr, parinfo = par, $
```

```
111          yfit = yfit, perror = per, /quiet, bestnorm = best, $
112          dof = dof)
113      ; 最佳的拟合结果存放在 yfit 中, 模型参数存放在 RES 中
114      ; 参数误差存放在 perror 中, χ² 信息由 best 和 dof 确定
115      ;/quiet 关键词用来关闭拟合过程信息在屏幕的输出
116
117  ; 将拟合得到的参数、参数误差等显示在屏幕上
118  print, 'parameters and uncertainties:'
119  print, res, per
120  print, 'Best and Dof:'
121  print, best, dof
122
123
124  ; 将最佳的拟合结果和观测光谱显示在一起
125  Plot, wave, flux, psym =10, xs = 1, ys = 1, charsize=1.5, $
126          xtitle = textoidl('wavelength (\AA)'), $
127          ytitle = textoidl('f_{\lambda} (10^{-17}erg/s/cm^2/\AA)'), $
128          yrange = [0., max(flux)]
129  Oplot, wave, yfit, psym=10, color=djs_icolor('red'), thick = 4
130
131  ; 将确定的不同发射线的成分显示在图形中
132  broad_hb = gauss1(wave, res[6:8]) ; 宽 Hβ 成分
133  narrow_hb = gauss1(wave, res[9:11]) ; 窄 Hβ 成分
134  narrow_o3 = gauss1(wave, res[12:14]) + gauss1(wave, res[15:17])
135          ;[O III] 双线成分
136  Heii = gauss1(wave, res[20:22])  ; He II 成分
137  pow = res[18]*(wave/5100.d)^res[19]
138
139  ; 铁线成分同样由拟合参数 RES 确定如下
140  flux1 = wave * 0.d & p = RES
141  FOR k=0,n_elements(tw1)−1L DO BEGIN
142     flux1 = flux1 + gauss1(wave,[tw1[k] * (1. + p[1]/3d5), $
143             p[0]*tw1[k]/3d5,tf1[k]]) * p[2]
144  ENDFOR
145
146  flux2 = wave * 0.
147  FOR k=0,n_elements(tw2)−1L DO BEGIN
148     flux2 = flux2 + gauss1(wave,[tw2[k] * (1. + p[1]/3d5), $
149             p[0]*tw2[k]/3d5,tf2[k]]) * p[3]
150  ENDFOR
```

```
151
152   flux3 = wave * 0.
153   FOR k=0,n_elements(tw3)−1L DO BEGIN
154       flux3 = flux3 + gauss1(wave,[tw3[k] * (1. + p[1]/3d5), $
155               p[0]*tw3[k]/3d5,tf3[k]]) * p[4]
156   ENDFOR
157
158   flux4 = wave * 0.
159   FOR k=0,n_elements(tw4)−1L DO BEGIN
160       flux4 = flux4 + gauss1(wave,[tw4[k] * (1. + p[1]/3d5), $
161               p[0]*tw4[k]/3d5,tf4[k]]) * p[5]
162   ENDFOR
163   FeII = flux1 + flux2 + flux3 + flux4
164
165   ; 将独立的成分分别显示在图像上
166   Oplot, wave, broad_hb + HeII, color=djs_icolor('green'), $
167               thick = 1.5
168   Oplot, wave, narrow_hb + narrow_O3, color=djs_icolor('green'), $
169               line=1
170   OPlot, wave, pow, color =djs_icolor('yellow'), line=2
171   OPlot, wave, FeII, color = djs_icolor('blue'), thick = 1.5
172
173   ; 为便于后期的数据查询, 将参数保存
174       ; 此处存为 txt 文件, 当然也可以存为 FIT 文件
175       ; 存储格式为 (D10.4,4X): 每个数据 10 个字节, 小数点后 4 位
176           ; 两个数据之间有 4 个空格的间距
177   openw, lun, par_save, /get_lun
178   FOR i =0L, N_elements(RES) − 1L DO $
179       PRINTF, lun, RES[i], per[i], best, dof, format='(4(D10.4,4X))'
180   Free_lun, lun
181
182   ; 将拟合数据保存, 此处存为 txt 文件, 当然也可以存为 FIT 文件
183   openw, lun, fit_data_save, /get_lun
184   FOR i = 0L, N_elements(wave) −1L DO BEGIN
185       PRINTF,lun, wave[i], flux[i], ferr[i], yfit[i], broad_hb[i], $
186               narrow_hb[i], narrow_o3[i], HeII[i],pow[i],FeII[i], $
187               format= '(10(D10.4,4X))'
188   ENDFOR
189   Free_lun, lun
190
```

```
191    IF keyword_set(ps) THEN BEGIN
192        Device,/close
193        set_plot,'x'
194    ENDIF
195  END
```

编译并执行 mpfitfun_AGN_fe.pro 后, 将对活动星系核的光学波段的发射线特征进行很好的拟合, 并将拟合结果存储在 EPS 图像文件 AGN_fe_fit.ps 中, 模型参数和最佳的模型拟合数据也存储在相应的数据文件 AGN_fe.par 和 AGN_fe_fit.dat 中,

编译并执行程序 mpfitfun_AGN_fe

```
1   IDL> .compile AGN_fe2
2     ; 函数 AGN_fe2.pro 不包含在主程序 mpfitfun_AGN_fe 中, 所以应先单独编译
3   IDL> .compile mpfitfun_AGN_fe
4   IDL> mpfitfun_AGN_fe, /ps
5     ; 屏幕输出信息如下
6   parameters and uncertainties:
7     814.54647    90.473946   9.2285358   11.171859   9.6222542
8     1.2539272    4860.4414   28.879723   47.338896   4862.4437
9     9.5090587    49.624229   5006.2140   4.8562218   17.042837
10    4958.2881    4.8097318   5.6809456   2.0041989   −1.3606327
11    4656.8892    32.730319   31.263733
12    17.9969      24.0961     0.221113    0.395515    0.264149
13    0.129254     0.674701    1.13222     1.88843     0.168032
14    0.238045     1.96374     0.120695    0.116633    0.404588
15    0.00000      0.00000     0.00000     0.00395490  0.0200909
16    1.28054      1.19665     1.09737
17  Best and Dof:
18    517.66599           555
```

其中应注意, [O III]λ4959Å 线的参数在模型参数的初始化时, 已经和 [O III]λ5007Å 线的参数绑定在一起, 因此输出的参数误差信息为 0, 实际误差信息由 [O III]λ5007Å 线参数的误差决定. 此外, 生成的图像显示结果, 如图 4.5 所示.

从拟合结果来看, 最佳结果的 $\chi^2 = \mathrm{best/dof} = 0.933$, 说明拟合的结果是很好的. 模型参数存放在 AGN_fe.par 中, 有四列数据, 第一列数据为模型参数的数值, 第二列数据为相应的误差, 第三列和第四列为 best 和 dof 的数值. 最佳的拟合结果存放在 AGN_fe_fit.dat 中, 有 10 列数据, 第一列为光谱的波长信息, 第二列为流量信息, 第三列为流量误差信息, 第四列为最佳的拟合结果 (yfit), 第五列

为确定宽的 Hβ 成分, 第六列为窄的 Hβ 成分, 第七列为窄的 [O III] 双线成分, 第八列为 He II 成分, 第九列为连续谱成分, 第十列为铁发射线成分.

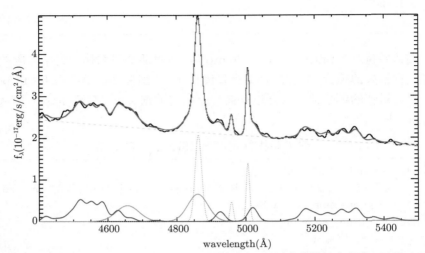

图 4.5　使用模型函数 AGN_fe.pro 或者 AGN_fe2.pro 通过非线性拟合程序 MPFITFUN 对活动星系核光学波段发射线特征的拟合

黑色的线为观测光谱, 红色的线代表使用模型函数 AGN_fe2 对观测光谱的最佳拟合结果, 蓝色的线代表其中的铁发射线成分, 绿色的实线代表宽的 Hβ 和 He II 线, 绿色的点线代表窄线 Hβ 和 [O III] 双线, 黄色的点划线为确定的幂律连续谱成分

　　类似于活动星系核光学波段发射线特征的拟合, 对于吸积盘起源的双峰宽发射线的基于 MPFITFUN 和 disk_model.pro 的拟合程序 mpfitfun_disk.pro 可如下完成. 但是应该注意的是, 往往在双峰结构宽发射线的基础上, 同时还存在窄的发射线, 以及活动星系核的幂律的连续谱成分, 因此, 应该在模型函数 disk_model 的基础上添加窄发射线成分和连续谱成分, 或者屏蔽窄发射线成分, 添加连续谱成分, 重新构建一个模型函数 disk_model2.pro (其中调用了模型函数 disk_model.pro), 当然模型函数 disk_model2 可以和主程序写入同一个 txt 文件 mpfitfun_disk.pro 中, 总的拟合程序 mpfitfun_disk.pro 如下:

程序 mpfitfun_disk

```
1    FUNCTION disk_model2, x, p
2
3       ; 来自吸积盘的双峰宽发射线成分
4          ; p[0:7] 为模型函数 disk_model 需要的输入参数
5          ; p[8] 用作来自吸积盘成分的 scale factor
6       broad = p[8] * disk_model(x, p[0:7])
```

```
7
8      ; 连续谱成分
9      pow = p[9] * (x/6564.)^p[10]
10
11     result  = broad + pow
12
13     Return, result
14   END
15
16   Pro mpfitfun_disk, data_file = data_file, ps = ps, outps = outps, $
17       _extra = forplot, par_save = par_save, $
18       fit_data_save = fit_data_save
19
20   ; 使用 MPFITFUN 进行双峰宽发射线吸积盘模型的拟合
21
22   ; 参数解释:
23     ; data_file: 包含铁发射线的活动星系核的光谱信息数据
24     ; ps: 关键词, 是否将结果输出到图像文件中
25     ; outps: 生成的图像文件的名字
26     ; _extra=forplot: PLOT 接受的关键词和关键参数, 都可以在此程序中使用
27     ; par_save: 存放模型参数的文件名称
28     ; fit_dat_save: 存放最终拟合数据的文件名称
29
30     ; 输入和输出文件的设定
31   IF N_elements(data_file) EQ 0 THEN $
32       data_file = 'dbp_line.dat'
33   IF n_elements(outps) EQ 0 THEN outps = 'dbp_line_fit.ps'
34
35   IF keyword_set(ps) THEN BEGIN
36       set_plot,' ps'
37       device, file  = outfile, /encapsulate,/color, bits= 24, $
38                        xsize=36, ysize=24
39   ENDIF ELSE BEGIN
40       window, xsize = 1000, ysize = 800
41   EndElse
42
43   IF n_elements(par_save) EQ 0 THEN par_save = 'dbp_line.par'
44   IF n_elements(fit_date_save) EQ 0 then $
45           fit_data_save = 'dbp_line_fit.dat'
46
```

```
47   ; 读入数据文件, 注意没有变量流量的误差, 因此执行 MPFITFN 时
48      ; 应该使用关键词/weight
49   Djs_readcol, data_file, wave, flux, format='D,D'
50   wave = wave / (1.d + 0.055) ; 0.055 为红移值, 将观测波长变为静止系波长
51
52   ; 只取宽 Hα 附近的波长和流量信息
53   pos = where(wave ge 6200 and wave le 6900)
54   wave = wave[pos] & flux = flux[pos]
55
56   ; 拟合双峰宽发射线 Hα, 拟合过程中屏蔽窄的 Hα, [N II] 双线和 [O I] 双线
57   pos = where((wave ge 6200 and wave lt 6275) or $
58              (wave ge 6340 and wave lt 6355) or $
59              (wave ge 6390 and wave le 6533) or $
60              (wave ge 6630 and wave le 6900))
61
62   ; 先保存原始的波长和流量信息
63   wave_ori = wave & flux_ori = flux
64   ; 确定要拟合的波长和流量信息
65   wave = wave[pos] & flux = flux[pos]
66
67   ; 对模型函数 disk_model2 中的参数进行初始化及参数限定
68   par = replicate({value:0., limited:[0,0], limits:[0.,0.], $
69              tied:'', fixed:0},11)
70      ; 前 8 个参数 p[0:7] 是对吸积盘成分的限定, 具体信息可见前面的小节
71   par [0:7]. value = [6564.61, 400, 3000, 0.5, 2, 1000./3d5, 0.1, 0]
72   par [0]. fixed = 1
73   par [1:2]. limited [0] = 1 & par[1:2].limits [0] = 70.
74   par [3]. limited = [1,1] & par[3].limits = [0., 1.]
75   par [4]. limited = [1,1] & par[4].limits = [−6, 6]
76   par [5]. limited = [1,1] & par[5].limits = [100., 2d4]/3d5
77   par [6]. limited = [1,1] & par[6].limits = [0., 1.]
78
79   ; 第 9 个参数 p[8] 为盘成分的 scale factor, 不能为负数
80   par [8]. value = 0.
81   par [8]. limited [0] = 1 & par[8].limits [0] = 0.d
82
83   ; 最后两个参数为连续谱成分, 不能小于 0, 指数可以小于 0
84   par [9:10]. value = [0., 0.]
85   par [9]. limited [0] = 1 & par[9].limits [0] = 0.d
86
```

```
87    ; 使用 MPFITFUN 调用模型函数 disk_model2 进行拟合
88       ; 由于没有流量误差信息, 变量误差使用 flux*0 代替
89       ; 同时, MPFITFUN 中使用关键词/weight
90       ; 由于没有误差, 参数结果的误差信息并不可信, 且只需要
91       ; 约 10 次迭代就可以得到可接受的结果
92    Res = MPFITFUN('disk_model2', wave, flux, flux*0, parinfo = par, $
93          yfit = yfit, perror = per, /quiet, bestnorm = best, $
94          dof = dof, maxiter = 10)
95
96    ; 将拟合得到的参数、参数误差等显示在屏幕上
97     print, 'parameters and uncertainties:'
98     print, RES, per
99     print, 'Best and Dof:'
100    print, best, dof
101
102   ; 利用确定的拟合参数, 将结果扩展到含有窄发射线的整个波长范围
103    fit_all  = disk_model2(wave_ori, Res)
104    pow_all = res[9] * (wave_ori/6564.)^res[10]
105    broad_all = fit_all − pow_all
106
107    ; 将最佳的拟合结果和观测光谱显示在一起
108   Plot, wave_ori, flux_ori, psym =10, xs = 1,ys = 1,charsize=1.5, $
109          xtitle = textoidl('wavelength (\AA)'), $
110          ytitle = textoidl('f_{\lambda}(10^{−17}erg/s/cm^2/\AA)'), $
111          yrange = [0., max(flux_ori)]
112   Oplot, wave_ori, fit_all, psym=10, color=djs_icolor('red'), thick = 4
113   Oplot, wave_ori, broad_all, color=djs_icolor('blue')
114   Oplot, wave_ori, pow_all, color = djs_icolor('yellow')
115
116    ; 将拟合参数、参数误差、拟合结果存储在文件中
117    openw, lun, par_save, /get_lun
118    FOR i =0L, n_elements(RES) − 1L DO $
119        PRINTF, lun, RES[i], per[i], best, dof, format = '(4(D10.4,4X))'
120    Free_lun, lun
121
122    ; 将拟合数据保存, 此处存为 txt 文件, 当然也可以存为 FIT 文件
123    openw, lun, fit_data_save, /get_lun
124    FOR i = 0L, N_elements(wave) −1L DO BEGIN
125        Printf,lun, wave_ori[i], flux_ori[i],  fit_all [i], $
126             broad_all[i], pow_all[i], format= '(5(D10.4,4X))'
```

```
127   ENDFOR
128   Free_lun, lun
129
130   IF keyword_set(ps) THEN BEGIN
131      Device,/close
132      set_plot,'x'
133   ENDIF
134 END
```

编译并调用 mpfitfun_disk.

编译并调用程序 mpfitfun_disk

```
1  IDL> .compile disk_model
2     ; 主程序中调用了独立的 disk_model 函数, 所以应独立编译 disk_model
3     ; 主程序中包含了 disk_model2 函数, 所以 disk_model2 函数不用单独编译
4  IDL> .compile mpfitfun_disk
5     ; 同时编译了 mpfitfun_disk 和 disk_model2
6  IDL> mpfitfun_disk,/ps
7     ; 屏幕输出信息如下, 误差信息不可信
8  parameters and uncertainties:
9     6564.6099   232.25820   1098.3175  0.45393907   1.5485498
10    0.0038389836  0.061395137  −0.77714455 3.3492846
11    1.6099874    1.1888424
12    0.00000    314.238    1032.63    0.148172    3.19563
13    0.00323738    0.427019    12.6803    0.251696
14    0.102623    1.31492
15 Best and Dof:
16      8.1411969          260
```

从拟合结果来看, 最佳拟合结果的 $\chi^2 = \mathrm{best}/\mathrm{dof} \approx 0.03$, 说明拟合的结果在没有误差信息的条件下是可以接受的. 模型参数存放在 dbp_line.par 中, 有四列数据, 第一列数据为模型参数的数值, 第二列数据为相应的误差, 第三列和第四列为 best 和 dof 的数值. 最佳的拟合结果存放在 dbp_line_fit.dat 中, 有 5 列数据, 第一列为光谱的波长信息, 第二列为流量信息, 第三列为最佳的拟合结果 (yfit), 第四列为确定具有双峰结构的宽 Hα 成分, 第五列为连续谱成分, 拟合的结果显示在图 4.6 中.

进而, 我们稍微简单地将模型函数 star_AGN 对活动星系核寄主星系成分拟合的例子进行说明. 要拟合活动星系核观测光谱中的明显的寄主星系成分, 有一点在拟合前应注意, 寄主星系本身并不能产生明显的发射线, 而活动星系核的光

谱中含有丰富的发射线, 因此, 拟合寄主星系成分时, 应该将发射线成分进行屏蔽. 拟合寄主星系成分的主程序 mpfitfun_star.pro 可如下完成.

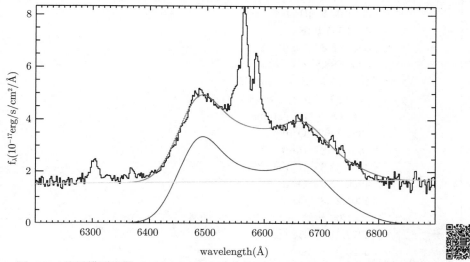

图 4.6 使用模型函数 disk_model.pro 或者 disk_model2.pro 通过非线性拟合程序 MPFITFUN 对活动星系核双峰宽发射线的吸积盘模型的拟合

黑色的线为观测光谱, 红色的线代表对观测光谱的最佳拟合结果, 蓝色的线代表其中来自吸积盘的双峰宽发射线 成分, 黄色的线为确定的幂律连续谱成分

程序 mpfitfun_star

```
1
2   FUNCTION line_rej,x,ferr
3   ; 在对数波长空间中, 屏蔽光谱中的发射线
4
5   ; 参数解释:
6    ; x : 对数波长
7    ; ferr : 流量误差信息
8
9    ; 下面是光学波段发射线的中心波长列表
10    linelist   = alog10([$
11              2800.32,$   ;Mg II
12              3127.70,$   ;O III
13              3345.79,$   ;Ne V
14              3425.85,$   ;Ne V
15              3581.70,$   ;He I
```

```
16       3729.66,$   ;O II
17       3798.76,$   ;H_theta
18       3836.47,$   ;H_eta
19       3869.77,$   ;Ne III
20       3891.03,$   ;He I
21       3934.777,$  ;K
22       3968.43,$   ;Ne III
23       3969.588,$  ;H
24       4070.71,$   ;S II
25       4102.89,$   ;H_delta
26       4341.68,$   ;H_gamma
27       4364.436,$  ;O III
28       4687.02,$   ;He II
29       4862.68,$   ;H_beta
30       4960.36,$   ;O III
31       5008.24,$   ;O III
32       5201.06,$   ;N I
33       5877.41,$   ;He I
34       6303.05,$   ;O I
35       6365.536,$  ;O I
36       6551.06,$   ;N II
37       6564.93,$   ;H_alpha
38       6585.64,$   ;N II
39       6718.85,$   ;S II
40       6733.72,$   ;S II
41       7065.67,$   ;He I
42       7138.73,$   ;Ar III
43       7321.27,$   ;O II
44       7890.49])   ;Ni III
45
46    ; 对数波长空间中, 要屏蔽的每条发射线的宽度
47    width = 3d−4 ; 对数空间中, 对 SDSS 光谱来说 300km/s 到 400km/s 的宽度
48
49    ; 每条发射线以线心为基准, ±300km/s 宽度范围内的部分被屏蔽
50    ; 令该部分的流量误差为 0, 在主程序中, 只有流量误差大于 0 的光谱成分才会被考虑
51    FOR il = 0,n_elements(linelist)−1L DO BEGIN
52        pos = where(x ge linelist[il] − width and x le linelist[il] + width)
53        IF pos[0] ge 0 THEN ferr[pos] = 0
54    ENDFOR
55
```

```
56      Return,ferr
57   END
58
59   Pro mpfitfun_star, data_file = data_file, ps = ps, outps = outps, $
60       _extra = forplot, par_save = par_save, $
61       fit_data_save = fit_data_save
62
63   ; 使用 MPFITFUN 对活动星系核光谱中寄主星系成分的拟合
64
65   ; 参数解释:
66    ; data_file: 包含铁发射线的活动星系核的光谱信息数据
67    ; ps: 关键词, 是否将结果输出到图像文件中
68    ; outps: 生成的图像文件的名字
69    ; _extra=forplot: PLOT 接受的关键词和关键参数, 都可以在此程序中使用
70    ; par_save: 存放模型参数的文件名称
71    ; fit_dat_save: 存放最终拟合数据的文件名称
72
73    ; 添加模板谱的 Common 模块
74       ; star_twave.fit 和 star_tflux.fit 是已经准备好的模板谱信息
75    Common template, twave, tflux
76    twave = mrdfits('star_twave.fit',0)
77    tflux = mrdfits('star_tflux.fit ',0)
78
79    ; 输入和输出文件的设定
80    IF n_elements(data_file) EQ 0 THEN $
81        data_file = 'agn_star.fit'
82    IF n_elements(outps) EQ 0 THEN outps = 'agn_host_fit.ps'
83
84    IF keyword_set(ps) THEN BEGIN
85        set_plot,'ps'
86        device, file  = outps, /encapsulate,/color, bits= 24, $
87                          xsize=36, ysize=24
88    ENDIF ELSE BEGIN
89        window, xsize = 1000, ysize = 800
90    ENDELSE
91
92    IF n_elements(par_save) EQ 0 THEN par_save = 'agn_host.par'
93    IF n_elements(fit_date_save) EQ 0 THEN $
94            fit_data_save = 'agn_host_fit.dat'
95
```

```
 96      ; 读入数据文件, 此处为来自红移 0.07687 的活动星系核光谱的 FIT 数据文件
 97          ; 使用 mrdfits 或者 hogg_mrdfits 读取
 98          ; 然后从 FIT 数据文件中获取波长、流量及误差信息
 99      d = mrdfits(data_file, 1, head) ; 可检查 head 中的信息
100      wave = d.loglam − alog10(1. + 0.07687) ; 对数空间
101      flux = d.flux
102      ferr = 1./sqrt(d.ivar)

104      ; 限定拟合范围, 不能超出模板谱的波长范围
105      pos = where(wave gt alog10(3600) and wave lt alog10(9000))
106      wave = wave[pos] & flux = flux[pos] & ferr = ferr[pos]

108      ; 屏蔽发射线
109      ferr_ori = ferr ; 保存原始的误差信息
110      wave_ori = wave & flux_ori = flux ; 保存原始的波长和流量信息
111      ferr = line_rej(wave, ferr) ; 生成新的误差信息

113      ; 只选择误差大于 0 的部分
114      pos = where(ferr gt 0)
115      wave = wave[pos] & flux = flux[pos] & ferr = ferr[pos]

117      ; 模型参数的初始化及限定
118      par = replicate({value :0., limited :[0,0], limits :[0.,0.],  tied:'', $
119                      fixed :0}, 43)  ; 模型函数 star_AGN 含有 43 个参数
120      par [0]. value = 200
121      par [0]. limited = [1,1] & par[0]. limits = [10., 800.]
122      par [1:39]. value = DINDGEN(39) ∗ 0. + 1
123      par [1:39]. limited [0] = 1 & par[1:39].limits [0] = 0.d
124      par [40]. value = 0.
125      par [40]. limited = [1,1] & par[40]. limits = [−5000, 5000]
126      ; 连续谱的初始化, 并保证连续谱不小于 0
127      par [41:42]. value = [0., 0.]
128      par [41]. limited [0] = 1 & par[41]. limits [0] = 0.d

130      ; 使用 MPFITFUN 调用模型函数 star_AGN 进行拟合
131      res = MPFITFUN('star_AGN', wave, flux, ferr, parinfo = par, $
132          yfit = yfit, perror = per, /quiet, bestnorm = best, dof = dof)
133          ; 由于参数较多, 运行较慢
134      print, 'Best and Dof:'
135      print, best, dof
```

```
136
137    ; 将观测结果和拟合结果显示在一起
138        ; 注意, 拟合的时候, 发射线部分已经被屏蔽, 因此应该使用模型参数 res
139        ; 将整个波长范围的寄主星系成分进行确定
140    fit_all  = star_AGN(wave_ori, res) ; 最佳拟合结果扩展到整个波长范围
141    pow_all = res[41] * (10.d^wave_ori/4500.)^res[42]
142    star_all = fit_all − pow_all ; 得到整个波长范围的寄主星系成分
143
144    Plot, 10.d^wave_ori, flux_ori, xs=1, ys=1, psym=10,nsum=4, $
145            xtitle  = textoidl('wavelength (\AA)'), yrange=[−5,25], $
146            ytitle  = textoidl('f_\lambda (10^{−17}erg/s/cm^2/\AA)')
147    OPlot, 10.d^wave_ori, fit_All, color = djs_icolor('red')
148    OPlot, 10.d^wave_ori, pow_all, color=djs_icolor('yellow')
149    Oplot, 10.d^wave_ori, star_all, color = djs_icolor('blue'), $
150            psym=10
151    Oplot, 10.d^wave_ori, flux_ori − fit_all, $
152            color = djs_icolor('pink'), nsum=4, psym=10
153
154    ; 将拟合参数、参数误差, 拟合结果存储在文件中
155    openw, lun, par_save, /get_lun
156    FOR i =0L, N_elements(RES) − 1L DO $
157        PRINTF, lun, res[i],per[i], best, dof, format='(4(D10.4,4X))'
158    Free_lun, lun
159
160    ; 将拟合数据保存, 此处存为 txt 文件, 当然也可以存为 FIT 文件
161    openw, lun, fit_data_save, /get_lun
162    FOR i = 0L, N_elements(wave) −1L DO BEGIN
163        Printf,lun, 10.d^wave_ori[i], flux_ori[i], ferr_ori[i], $
164                yfit_all[i], star_all[i], pow_all[i], $
165                format= '(6(D10.4,4X))'
166    ENDFOR
167    Free_lun, lun
168
169    IF keyword_set(ps) THEN BEGIN
170        Device,/close
171        set_plot,'x'
172    ENDIF
173 END
```

编译并调用 mpfitfun_star.

编译并调用程序 mpfitfun_star

```
1   IDL> .compile mpfitfun_star
2   % Compiled module: LINE_REJ.
3   % Compiled module: MPFITFUN_STAR.
4     ; 由于中间调用独立的函数 star_AGN.pro, 编译 star_AGN
5   IDL .compile star_AGN
6   % Compiled module: star_AGN.
7   IDL> mpfitfun_star,/ps
8     ; 主要的屏幕输出信息如下,
9   Best and Dof:
10        4495.2028      3535
```

从拟合结果来看, 最佳拟合结果的 $\chi^2 = \text{best/dof} = 4495/3535 \approx 1.27$, 说明拟合的结果是很好的. 模型参数存放在 agn_host.par 中, 有 4 列数据, 第一列数据为模型参数的数值, 第二列数据为相应的误差, 第三列和第四列为 best 和 dof 的数值. 最佳的拟合结果存放在 agn_host_fit.dat 中, 有 6 列数据, 第一列为光谱的波长信息, 第二列为流量信息, 第三列为流量误差信息, 第四列为最佳的拟合结果, 第五列为确定的来自寄主星系的成分, 第六列为连续谱成分, 拟合的结果显示在图 4.7 中.

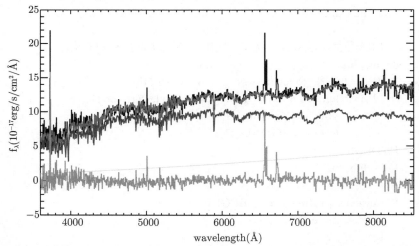

图 4.7　使用模型函数 AGN_star.pro 通过非线性拟合程序 MPFITFUN 对活动星系核光谱中寄主星系成分的拟合和确定

黑色的线为观测光谱, 红色的线代表对观测光谱中除发射线外的最佳拟合结果, 蓝色的线代表其中来自寄主星系的成分, 黄色的线为确定的幂律连续谱成分, 粉色的线为扣除寄主星系成分和连续谱后的线谱成分

4.2.5 复杂的多元函数的非线性拟合

由上可见, 使用 MPFIT 可以方便地进行数据的非线性拟合, 一般需要三个步骤: ① 根据数据的物理模型, 构建可行、可信的数学模型, 输入参数为自变量和参数, 自变量和参数的名称可以自由选取, 参数可以由一个参数名代替, 其中包含多个参数 p[0:N]; ② 根据物理模型, 对构建的数学模型中的参数进行初始化及取值范围的限定; ③ 使用 MPFIT 的相关函数 (MPFITEXPR、MPFITFUN 等) 对数据使用数学模型进行数据的拟合和参数的确定.

在 4.1 节以及 4.2.1 节至 4.2.4 节中, 我们只介绍简单的一个变量、一个自变量的数据的非线性拟合, 实际上, 对于多元函数的非线性拟合 (如对天文数据的图像的曲面拟合) 是同样的道理. 比如简单含有两个自变量和一个变量的数据拟合, 可以构建含有两个自变量的数学模型函数, 输入参数为两个自变量和参数, 然后对参数进行初始化及限定, 最后可使用 mpfit2dfun 进行基于两个自变量函数的数据拟合. 而更加复杂的基于多元函数的数据拟合, 可以使用 Common 模块, 将其中的几个自变量移入全局变量, 将模型函数简化为简单的基于一个自变量的数学模型函数, 而后使用 MPFITFUN 进行数据的拟合, 下面举一个简单的含有四个自变量的数据拟合过程. 假定观测结果变量 y 由四个自变量数据 x_0, x_1, x_2, x_3 确定, 且满足函数关系

$$y = \frac{a(x_0 + x_2/x_3)^b}{(\sin(x_1) + \cos(x_2))^c} \tag{4.8}$$

并由物理模型得悉: $-1 \leqslant a \leqslant 1$, $-5 \leqslant b \leqslant 0$; $0 < c < 1$. 那么模型函数 $y = f(x_0, x_1, x_2, x_3)$ 可以如下构建, 并由程序 mpfitfun_mul.pro 进行最终的数据拟合. 请注意, 我们假定数据 x_0, x_1, x_2, x_3, y, yerr 存放在指定的 ASCII 文件中, 由函数 create_mul.pro 生成.

程序 mpfitfun_mul

```
1  FUNCTION create_mul, pars = pars, data_save = data_save
2  ; 基于多元函数 y = a(x0 + x2/x3)^b/(sin(x1)^4 + cos(x2)^2)^c 生成数据文件
3
4  ; 参数解释:
5    ; pars: 输入参数 a, b 和 c
6    ; data_save: 数据存储的文件名
7
8    IF n_elements(pars) EQ 0 THEN pars = [0.5, -2, 0.5]
9
10   ; x0, x1, x2, x3 的输入数列
11   x0 = DINDGEN(100)/99.d & x1 = x0 + 3.d & x2 = x0 + 1.d
```

```
12      x3 = x0 + 2.d
13
14      ; 函数 y 的数列
15      y = pars[0]*(x0+x2/x3)^pars[1]/(sin(x1)^4.d + cos(x2)^2.d)^pars[2]
16      y0 = y
17
18      ; 添加数列 y 的 z 起伏, 对应测量的不准确度
19      ss = (randomu(seed,100)*4. +8.)/10.d & y = y * ss
20
21      ; 假定测量的误差为 10%
22      yerr = abs(y * 0.1)
23
24      ; 数据存储
25      openw,lun, data_save, /get_lun
26      FOR i =0, 99 DO $
27          printf,lun, x0[i], x1[i], x2[i], x3[i], y[i], yerr[i], y0[i], $
28                        format = '(7(D0,2X))'
29      free_lun,lun
30      RETURN, data_save
31  END
32
33  FUNCTION multix, x, p
34  ; 构建模型函数 y=f(x0,x1,x2,x3), 并选取其中的一个自变量为输入自变量 x
35      ; 其余的三个自变量移入全局变量中
36      ; 可自己确定使用哪个自变量为输入自变量, 这里使用 x0
37
38      Common ind_var, var_x1, var_x2, var_x3
39
40      result = p[0] * (x + var_x2/var_x3)^p[1] / $
41              (sin(var_x1)^4. + cos(var_x2)^2.)^p[2]
42      RETURN, result
43  END
44
45  Pro mpfitfun_mul, data_file=data_file, par_save = par_save, $
46      fit_data_save = fit_data_save, ps = ps, file=file
47  ; 使用 MPFITFUN 对基于多元函数模型的数据的非线性拟合
48
49  ; 参数解释:
50    ; data_file: 数据文件
51    ; par_save: 存放模型参数的文件名称
```

```
52    ; fit_data_save: 存放最终拟合数据的文件名称
53    ; ps: 是否将结果存储在图像文件中
54    ; file: 图像存储的文件名
55
56    ; 添加 Common 模块, 将其中的几个自变量当作全局变量
57    Common ind_var, var_x1, var_x2, var_x3
58
59    ; 输入和输出文件的设定
60    IF n_elements(data_file) EQ 0 THEN data_file = 'data_mul.dat'
61    IF n_elements(outps) EQ 0 THEN outps = 'mul_var_fit.ps'
62
63    IF n_elements(par_save) EQ 0 THEN par_save = 'mul_var.par'
64    IF n_elements(fit_data_save) EQ 0 THEN $
65         fit_Data_save = 'mul_var_fit.dat'
66
67     ; 读入数据文件 data_file, yerr 为变量 y 的误差
68     Djs_readcol, data_file, x, x1, x2, x3, y, yerr, y0, $
69                  format='D,D,D,D,D,D,D'
70
71     ; 全局变量的设定
72     var_x1 = x1 & var_x2 = x2 & var_x3 = x3
73
74     ; 模型参数的初始化及限定
75     par = replicate({value:0., limited :[0,0], limits :[0.,0.],   tied:'', $
76                  fixed:0},3)
77     par.value = [0.2, −0.5, 0.1]
78     par [0]. limited = [1,1]  & par[0]. limits = [−1, 1]
79     par [1]. limited = [1,1]  & par[1]. limits = [−5, 0]
80     par [2]. limited = [1,1]  & par[2]. limits = [0, 1]
81
82     ; 使用 MPFITFUN 调用模型函数 multix 进行数据拟合
83     res = MPFITFUN('multix', x, y, yerr,parinfo = par,yfit = yfit, $
84         perror = per, /quiet, bestnorm = best, dof = dof)
85
86     ; 显示拟合的 Bestnorm 和 Dof
87     print, 'Bestnorm and Dof:' & print, best, dof
88     print, 'Determined Parameters:'
89     FOR i=0, 2 DO print, res[i], per[i]
90
91     ; 数据拟合结果的数据存储, 由于多维数据的图形化显示并不直观
```

```
92         ; 我们不对多元数据进行图像化存储
93      ; 将拟合参数、参数误差, 拟合结果存储在文件中
94      openw, lun, par_save, /get_lun
95      FOR i =0L, n_elements(RES) − 1L DO $
96       Printf, lun, res[i], per[i], best, dof, format = '(4(D10.4,4X))'
97      Free_lun, lun
98
99      ; 将拟合数据保存, 此处存为 txt 文件, 当然也可以存为 FIT 文件
100     openw, lun, fit_data_save, /get_lun
101     FOR i = 0L, n_elements(wave) −1L DO $
102         Printf,lun, x[i], x1[i], x2[i], x3[i], y[i], yerr[i], $
103                 yfit [i], y0[i], format= '(8(D10.4,4X))'
104     Free_lun, lun
105
106     IF keyword_set(ps) THEN BEGIN
107        IF N_elements(file) EQ 0 THEN file = 'mul_fit.ps'
108        set_plot,'ps'
109        Device, file = file , /encapsulate,/color, bits = 24, $
110             xsize=36, ysize= 20
111     ENDIF ELSE window, xsize=1000, ysize = 600
112
113     !p.multi = [0,2,2]  ; 由 2×2 四幅子图组成
114
115     plotsym,0,/ fill ,0.5, color=DJS_ICOLOR('purple')
116     Plot, x, y, psym=8, xs=1, ys=1, xrange=[min(x)∗0.98,max(x)∗1.02], $
117             yrange = [min(y−yerr)∗0.95, max(y+yerr)∗1.05], $
118             xtitle = 'x0 (arbitrary unit)', charsize=2, $
119             ytitle = 'y (arbitrary unit)'
120     DJS_OPLOTERR, x, y, yerr = yerr, color=djs_icolor('purple')
121     oplot, x, yfit, color=djs_icolor('red'), thick = 2
122     oplot, x, y0,  color=djs_icolor('blue'), thick = 2
123
124    Plot, x1, y, psym=8, xs=1, ys=1, xrange=[min(x1)∗0.98,max(x1)∗1.02], $
125             yrange = [min(y−yerr)∗0.95, max(y+yerr)∗1.05], $
126             xtitle = 'x1 (arbitrary unit)', charsize=2, $
127             ytitle = 'y (arbitrary unit)'
128     djs_oploterr, x1, y, yerr = yerr, color=djs_icolor('purple')
129     oplot, x1, yfit, color=djs_icolor('red'), thick = 2
130     oplot, x1, y0,  color=djs_icolor('blue'), thick = 2
131
```

```
132   Plot, x2, y, psym=8, xs=1, ys=1, xrange=[min(x2)*0.98,max(x2)*1.02], $
133        yrange = [min(y−yerr)*0.95, max(y+yerr)*1.05], $
134        xtitle  = 'x2 (arbitrary unit)', charsize=2, $
135        ytitle  = 'y (arbitrary unit)'
136   DJS_OPLOTERR, x2, y, yerr = yerr, color=djs_icolor('purple')
137   oplot, x2, yfit , color=djs_icolor('red'), thick = 2
138   oplot, x2, y0,   color=djs_icolor('blue'), thick = 2
139
140   Plot, x3, y, psym=8, xs=1, ys=1, xrange=[min(x3)*0.98,max(x3)*1.02], $
141        yrange = [min(y−yerr)*0.95, max(y+yerr)*1.05], $
142        xtitle  = 'x3 (arbitrary unit)', charsize=2, $
143        ytitle  = 'y (arbitrary unit)'
144   DJS_OPLOTERR, x3, y, yerr = yerr, color=djs_icolor('purple')
145   oplot, x3, yfit , color=djs_icolor('red'), thick = 2
146   oplot, x3, y0,   color=djs_icolor('blue'), thick = 2
147
148   IF keyword_set(ps) THEN BEGIN
149      Device, /close
150      set_plot,'x'
151   ENDIF
152
153   END
```

编译并执行 mpfitfun_mul 后, 可以得到基于多元函数模型的数据的非线性拟合
结果.

编译并调用程序 mpfitfun_mul

```
1    IDL> .compile mpfitfun_mul.pro
2    IDL> ss = create_mul() ; 生成备用的数据文件
3    IDL> mpfitfun_mul, /ps
4       ; 主要的屏幕输出信息如下
5    Bestnorm and Dof:
6         137.34787          97
7    Determined Parameters
8         0.49058636     0.0128799
9        −1.9712372      0.0299453
10        0.49430794     0.0106221
```

从拟合结果来看, 最佳拟合结果 $\chi^2 = \text{best/dof} = 137/97 \approx 1.41$ 说明拟合
的结果是很好的. 而且得到的模型参数为 $a = 0.49 \pm 0.01$, $b = -1.97 \pm 0.03$ 以

及 $c = 0.49 \pm 0.01$, 与内禀函数 create_mul.pro 中使用的 $a = 0.5$, $b = -2$ 以及 $c = 0.5$ 是一致的. 拟合的结果显示在图 4.8 中.

尽管没有给出具体的多元函数的模型拟合, 但是上面的例子可以作为对基于多元函数模型通过 MPFIT 进行数据非线性拟合的一个很好的例子. 因此, 数据的非线性拟合在 MPFIT 软件包中可以非常方便地实施, 只依赖于对数据的物理模型的理解和精准的数学模型的构建, 以及对模型参数的初始化及其范围限定. 当然模型参数的初始化是进行非线性拟合的非常重要的一步, 如果初始化的取值距离真实值过于遥远, 那么将花费大量的计算时间才能获得最终的正确的模型参数, 有时候甚至可能得到不正确的物理模型解.

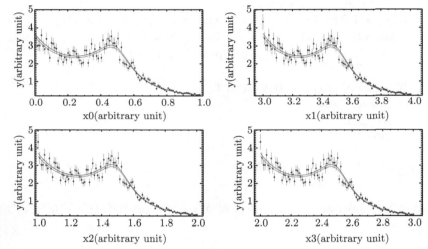

图 4.8　使用 MPFIT 对多元函数拟合
紫色的点和误差棒代表函数的数据和相应的误差, 红色的实线代表模型拟合的最佳结果,
蓝色的实线为产生该数据的内禀函数

4.2.6　基于其他统计特性进行的天文数据的拟合

以上的线性或者非线性的数据拟合, 都是基于大家最熟悉的最小二乘方法而进行的模型拟合. 因为以上的程序语言在 IDL 中基本上都较为成熟, 可以让大家直接进行模型拟合, 而不需要重新编写最小二乘法的中间计算过程. 但是在基于模型函数的数据拟合中, 比较常用的还有最大似然估计 (maximum likelihood estimate, MLE), 但是比较遗憾的是, 在现有的 IDL 中, 要想使用 MLE 方法进行天文数据的模型拟合, 需要自己编写大段的中间计算过程, 较为烦琐. 因此, 在本节中, 不对 MLE 的方法进行详细的讨论, 只是对 MLE 方法的基本思路进行简单的阐述. 详细的求解过程和实例将在第 5 章中展现.

最大似然估计方法用于模型拟合的基本思路如下, 对于给定的包含有 N_{obs} 个观测数据 Y_{obs} 及其观测误差 σ_{obs}, 对于给定的模型函数 $Y_{model}(pars)$, 每个数据点处的高斯似然函数可以简单地写作

$$P(Y_{obs_i}|Y_{model}(pars)) = \frac{1}{\sqrt{2\pi\sigma_i^2}} \times \exp\left(-\frac{(Y_{obs} - Y_{model})^2}{2\sigma_i^2}\right) \tag{4.9}$$

从而构建对应于模型函数的似然函数如下:

$$\mathcal{L} = \prod_{i=1}^{N_{obs}} P(Y_{obs_i}|Y_{model}(pars)) \tag{4.10}$$

模型拟合对应的最佳模型参数 pars 将使 $\mathcal{L}$ 得到最大值. 为了便于计算, 取对数后的形式如下:

$$\ln(\mathcal{L}) = -\frac{1}{2} \times \sum_{i=1}^{N_{obs}} \left(\ln(2\pi\sigma_i^2) + \frac{(Y_{obs_i} - Y_{model})^2}{\sigma_i^2}\right) \tag{4.11}$$

为了得到最佳的拟合结果, 对两边求导, 得到如下等式:

$$\frac{\partial \ln(\mathcal{L})}{\partial pars_1} = 0$$

$$\frac{\partial \ln(\mathcal{L})}{\partial pars_2} = 0$$

$$\cdots \tag{4.12}$$

$$\frac{\partial \ln(\mathcal{L})}{\partial pars_N} = 0$$

其中, pars 为模型函数中使用的 N 个参数, 例如: $pars_1$ 代表了第一个参数, $pars_N$ 代表了第 N 个参数. 求解的结果即得到最终的模型参数.

如果 Y_{model} 是线性函数, 例如 $Y_{model} = a + bx$, 那么上面基于 $\ln(\mathcal{L})$ 的偏微分方程组, 可以有比较直接的解析解. 然而, 如果 Y_{model} 并不是线性函数, 而是比较复杂的函数形式, 那么上面基于 $\ln(\mathcal{L})$ 的偏微分方程组难以得到解析解. 而且由于 IDL 并不擅长进行矩阵的操作和运算, 对于基于 MLE 的复杂模型函数的模型拟合, 求解的过程并不轻松, 除非熟练地掌握了矩阵的运算或者是偏微分方程的求解. 但是, 值得注意的是, 在 R 语言或者 Python 语言中有完整的软件包, 可以通过优化的手段得到模型参数的结果, 使得 $\mathcal{L}$ 得到最大值. 因此, 有关基于 MLE

方法的求解讨论, 将出现在第 5 章 IDL 对 Python 语言的调用中, 并有直接的应用举例.

实际上, 对于给定的模型函数, 对观测数据进行拟合, IDL 中基于最小二乘方法的 MPFIT 软件包已经足够适用. 因为在拟合之前, 使用的模型函数多是有物理意义的, 而模型函数的参数的求解范围也是基本确定的, 所以对于模型参数的初始值的设定有一个确定的范围, 而不需要在无限大的范围中求取. 之所以在本书中, 还介绍 MLE 方法, 更多的是为了展示 IDL 与其他程序语言的互动.

4.3　模型拟合度的检验

在完成数据的线性或者非线性拟合后, 最需要解决的问题是数据拟合的置信度. 本节主要介绍如下三种情况的模型拟合度检验: ① 数学模型对数据拟合的检验; ② 基于数学模型的数据拟合的置信度; ③ 不同模型对同一数据的模型拟合度检验. 第一种情况用来检验数学模型是否合适可信, 第二种情况用来标定数据拟合的置信度范围 (confidence level 或者 confidence bands), 第三种情况用来检验哪种数学模型更加合适.

4.3.1　数学模型对数据拟合的检验

在给定的天文测量数据和数学模型的前提下, χ^2 统计检验是最常用的检验方法, 用来确定使用的数学模型是否可信、有多大的置信度. χ^2 检验是基于 χ^2 分布的统计检验方法. 而 χ^2 分布的数学形式如下:

$$f(\chi^2, \mathrm{dof}) = \frac{1}{2^{(\mathrm{dof}/2)} \times \Gamma(\mathrm{dof}/2)} \times \exp(-\chi^2)(\chi^2)^{\mathrm{dof}/2-1} \tag{4.13}$$

其中 x 为 χ^2 分布的自变量, Γ 为伽马函数, dof 为模型的自由度 (一般为数据点的总数目减 1 再减去模型参数的个数. 如果使用 mpfit 进行非线性拟合, 可以由关键参数 dof 得到模型自由度). 来自模型拟合的 χ^2 一般如下计算:

$$\chi^2_{\mathrm{model}} = \sum_i \frac{(Y_{\mathrm{obs},i} - Y_{\mathrm{model},i,\mathrm{pars}})^2}{\sigma_i^2} \tag{4.14}$$

其中, $Y_{\mathrm{obs},i}$ 和 $Y_{\mathrm{model},i,\mathrm{pars}}$ 分别是第 i 个观测的数据和对应的模型拟合数据, σ_i 为第 i 个观测数据的相应误差. 为了得到对应给出模型的最佳拟合结果, 要求给定的模型参数 pars 会给出最小的 χ^2_{model}, 由此, 基本的公式如下:

$$\frac{\partial \chi^2_{\mathrm{model}}}{\partial \mathrm{pars}_1} = 0$$

$$\frac{\partial \chi^2_{\mathrm{model}}}{\partial \mathrm{pars}_2} = 0$$

$$\cdots \qquad\qquad (4.15)$$

$$\frac{\partial \chi^2_{\mathrm{model}}}{\partial \mathrm{pars}_N} = 0$$

其中, pars 为模型函数中使用的 N 个参数, 例如: pars_1 代表了第一个参数, pars_N 代表了第 N 个参数. 由此, 可以通过比较 χ^2_{model} 和给定非真概率 α 下的 $f(\alpha, \chi^2, \mathrm{dof})$, 判断模型拟合结果是否可以接受. 如果 $\chi^2_{\mathrm{model}} \ll f(\alpha = 0.01, \chi^2, \mathrm{dof})$, 则说明在 99% 的置信概率下, 所使用的模型函数是较为恰当的模型, 拟合结果是可信的. 实际上, 如果 dof 足够大 (一般来说超过 50), 那么我们可以预期 $\chi^2_{\mathrm{model}}/\mathrm{dof} \sim 1$, 因此, 只要检查最终的拟合结果导致的 $\chi^2_{\mathrm{model}}/\mathrm{dof}$ 是否接近 1, 就可以判定拟合结果的好坏. 如果远大于 1, 说明模型函数不合适, 或者确定的模型参数有误. 如果在 1 附近, 则说明拟合的结果是好的.

不考虑算法的问题, 所有基于最小二乘法对观测数据进行的模型拟合, 如果模型的选择是正确的, 那么最终的拟合结果都应该会得到 $\chi^2_{\mathrm{model}}/\mathrm{dof} \sim 1$. 但实际上, 相对于线性的拟合, 非线性的拟合对模型的选择和模型参数的初始值的选择都有较大的依赖性, 选择不同的模型参数的初始值, 会导致不同的结果. 因此如果没有较为恰当的模型及模型参数 z 初始值的设定, 最终的拟合结果会导致 $\chi^2_{\mathrm{model}}/\mathrm{dof} \gg 1$, 所以对最终的拟合结果进行 χ^2 检验是有必要的.

实际上, 对于拟合结果的检验, 还可以通过拟合的残差来进行直观的检验, 残差的定义如下:

$$\mathrm{residual} = \frac{Y_{\mathrm{obs},i} - Y_{\mathrm{model},i,\mathrm{pars}}}{\sigma_i} \qquad\qquad (4.16)$$

其中, $Y_{\mathrm{obs},i}$ 和 $Y_{\mathrm{model},i,\mathrm{pars}}$ 分别是第 i 个观测的数据和对应的模型拟合数据, σ_i 为第 i 个观测数据的相应误差. 如果拟合的结果是最佳的, 那么 residual 的范围应该落在 1 和 -1 的区间内. 这里以图 4.5 的结果为例, 展示一个完整的结果, 包括计算的 $\chi^2_{\mathrm{model}}/\mathrm{dof}$ 以及对应的残差展示. 结果展示在图 4.9 中, 该结果由程序 mpfitfun__AGN__fe__res.pro 完成.

程序 mpfitfun_AGN_fe_res.pro

```
1   Pro mpfitfun_AGN_fe_res, data_file = data_file, ps = ps, outps = outps, $
2   _extra = forplot
3   ; 使用 mpfitfun_AGN_fe_res 对 AGN 光学铁线非线性拟合后的结果展示
4
5   ; 参数解释:
6     ; data_file: 由程序 mpfitfun_AGN_fe 生成的包含拟合结果的数据文件
7     ; par_file: 由程序 mpfitfun_AGN_fe 生成的包含模型参数的数据文件
8     ; ps: keyword for the results saved in a figure file
9     ; outps: 制定图像存储的文件名
10    ; _extra = forplot: PLOT 程序接受的一些关键词和关键参数
11
12    IF N_elements(data_file) EQ 0 THEN data_file='AGN_fe_fit.dat'
13    IF N_elements(par_file) EQ 0 THEN par_file = 'AGN_fe.par'
14    IF N_elements(outps) EQ 0 THEN outps = 'res_AGN_fe.ps'
15
16    ; 结果显示在屏幕上, 还是存储到 EPS 文件中
17    IF keyword_set(ps) THEN BEGIN
18       set_plot,'ps'
19       device,  file  = outps, /encapsulate, /color, bits= 24, xsize = 32, $
20              ysize = 20
21    ENDIF ELSE window, xsize = 1000, ysize = 700
22
23    ; 读取由 mpfitfun_AGN_fe 生成的包含拟合结果的数据文件
24    djs_readcol, data_file, wave, flux, ferr, yfit, broad_hb, $
25              narrow_hb, narrow_o3, heii, pow, FeII, $
26              format = 'D,D,D,D,D,D,D,D,D,D,D'
27
28    ; 读取由 mpfitfun_AGN_fe 生成的包含模型参数的数据文件
29    djs_readcol, par_file, par, par_err, chi2, dof, format = 'D,D,D,D'
30
31    ; χ²/dof 的计算
32       ; 实际上, 通过 flux, yfit 和 ferre 的计算结果是一样的
33    best = chi2[0]/dof[0]
34
35    ; 开始画图, 由两部分组成, 拟合结果以及残差
36    !p.multi = [0,1,2]
37
38       ; 拟合结果的展示, 与图 4.5 基本一致, 使用 title 添加了 χ²/dof
39    Plot, wave, flux, psym = 10, xs = 1, ys = 1, charsize = 1.5, $
```

```
40       ytitle = textoidl('f_{\lambda} (10^{-17}erg/s/cm^2/\AA)'), $
41       yrange = [0., max(flux)], xtickformat = '(A1)', $
42       position = [0.075,0.275,0.975,0.925], $
43       xtickformat = '(A1)', title = textoidl('\chi^2/dof=') + $
44       strmid(strcompress(string(best),/remove_all),0,4), $
45       _extra = forplot
46
47       ; 添加观测数据的误差, 显示为紫色的 errorbar
48   DJS_OPLOTERR, wave, flux, yerr = ferr, color = djs_icolor('purple')
49
50   ; 添加最佳拟合结果以及其余的拟合成分
51   Oplot, wave, yfit, psym = 10, color = djs_icolor('red'), thick = 4
52   Oplot, wave, broad_hb + Heii, color = djs_icolor('green'), $
53               thick = 1.5
54   Oplot, wave, narrow_hb + narrow_O3, color = djs_icolor('green'), $
55               line = 1
56   Oplot, wave, pow, color = djs_icolor('yellow'), line = 2
57   Oplot, wave, FeII, color = djs_icolor('blue'), thick = 1.5
58
59       ; 残差的展示
60   Plot, wave, (flux − yfit) / ferr, psym = 10, charsize = 1.5,$
61          xtitle = textoidl('wavelength (\AA)'), $
62          ytitle = textoidl('residual'), xs = 1, ys = 1, $
63          position = [0.075,0.085,0.975,0.245]
64
65       ; 残差图中添加 −1 和 +1 的区间范围
66   Oplot, wave, wave*0 + 1, color = djs_icolor('red'), thick = 3
67   Oplot, wave, wave*0 − 1, color = djs_icolor('red'), thick = 3
68
69   IF keyword_set(ps) THEN BEGIN
70       device,/close
71       set_plot,'x'
72   ENDIF
73
74   END
```

编译并执行 mpfitfun_AGN_fe_res 后, 结果显示在图 4.9 中.

编译并调用程序 mpfitfun_AGN_fe_res

```
1   IDL> .compile mpfitfun_AGN_fe_res
2   % Compiled module: mpfitfun_AGN_fe_res.
```

```
3   IDL> mpfitfun_AGN_fe_res, /ps
```

由图 4.9 中结果可见, 不仅 χ^2/dof 在 1 附近, 而且残差也多数在 ±1 的区间内. 因此, 拟合的结果是可信的.

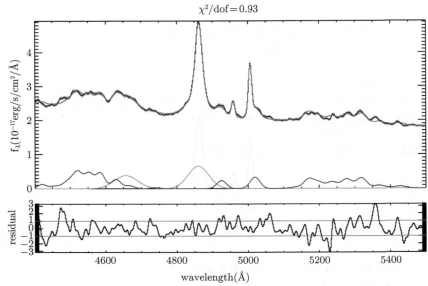

图 4.9　对 AGN 中光学铁线的拟合结果的 χ^2/dof 以及残差的展示
χ^2/dof 展示在上图的 title 中, 残差展示在下图中

4.3.2　数据拟合的置信度标定

在得到最佳的拟合结果后, 通常还需要对拟合结果的置信度进行检验 (或者标定). 请注意, 是对拟合结果的置信度的标定, 不是对模型参数的置信度的标定. 置信区间的标定对线性的拟合结果来说, 可以非常简单地通过 RMS 来完成, 如图 4.1 中绿色的线所展示的结果. 而对于非线性的模型拟合结果, 计算过程基本一致.

实际上, 对于拟合结果的置信度的标定, 可以基于 t 分布或者 F 分布, 通过一个比较统一的计算方式来获得

$$Y_{\mathrm{CI}} = Y_{\mathrm{model}} \pm \mathrm{f\_cvf}(1-\mathrm{CI}, N_{\mathrm{par}}, \mathrm{dof}) \times S_{Y_{\mathrm{model}}}$$

$$S_{Y_{\mathrm{model}}}^2 = \frac{\sum(Y_{\mathrm{obs}} - Y_{\mathrm{model}})^2}{\mathrm{dof}} \times \left(\frac{1}{N_{\mathrm{obs}}} + \frac{(x-\bar{x})^2}{\sum(x-\bar{x})^2} \right) \tag{4.17}$$

其中, CI 代表了要使用的置信区间 (CI = confidence interval, CI = 0.95 表示要计算对应 95% 的置信区间), f_cvf 为 IDL 自带的函数, 用来计算给定参数 $(1-\mathrm{CI},$ $N_{\mathrm{par}},$ dof, 其中 N_{par} 为模型参数的个数, dof 为自由度) 的 F 分布对应的数值 (具体信息见 f_cvf.pro 的说明), $S_{Y_{\mathrm{model}}}$ 代表模型函数的标准误差 (standard error), Y_{obs} 和 Y_{model} 分别代表观测的变量 Y 和模型拟合的 Y, N_{obs} 指观测数据点的数目, x 和 $\bar{x}$ 分别代表观测的自变量及其平均值. 基于以上函数, 我们可以编写自己的函数 confidence_band.pro 用来为模型拟合的结果进行置信区间的标定.

程序 confidence_band.pro

```
1   FUNCTION confidence_band, CI = CI, dof = dof, Xobs = Xobs, $
2       Yobs = Yobs, Ymodel = Ymodel, Npar = Npar
3
4   ; 模型函数的拟合结果进行置信区间的标定
5
6   ; 输入参数解释:
7    ; CI: 指定的置信区间, default CI=0.95
8    ; Xobs, Yobs, Ymodel: 包含观测数据及模型拟合结果的数据
9    ; dof: 模型拟合对应的自由度
10   ; Npar: 模型中包含的参数的个数
11
12  ; 输出参数解释:
13   ; 对应置信区间边界的数据结构体
14
15   IF N_elements(CI) EQ 0 THEN CI = 0.95
16
17   ; 确认观测数据和模型拟合的数据都已经准备妥当
18   IF N_elements(Xobs) Eq 0 OR N_elements(Yobs) EQ 0 OR $
19     N_elements(Ymodel) EQ 0 THEN BEGIN
20     print, 'PLEASE INPUT THE CORRECT DATAs ON OBS and MODEL'
21     STOP
22   ENDIF
23
24   Nobs = N_elements(Xobs) ; 观测数据点的数目
25
26   fdis = f_cvf(1 - CI, Npar, dof) ; 计算 F 分布对应的数值
27
28   Smodel2 = total((Yobs - Ymodel)^2.d)/dof * (1.d/Nobs + $
29       (Xobs - mean(Xobs))^2.d/total((Xobs - mean(Xobs))^2.d))
30   Smodel = sqrt(Smodel2)
```

```
31
32    high_CI = Ymodel + fdis * Smodel & low_CI = Ymodel − fdis * Smodel
33
34    YCI = [[Xobs],[high_CI], [LOW_CI]] ; 包含置信区间上下边界的数据
35
36    RETURN, YCI
37  END
```

IDL 自带函数 f_cvf.pro 的说明

```
1   函数形式:
2   res = f_cvf(Pci, Dfn, Dfd)
3
4   目的: 对于给定的两个自由度以及非真概率计算 F 分布的数值
5
6   参数解释:
7       Pci: 给定的 F 分布的非真概率
8       Dfn: F 分布中对应的位于分子上的自由度
9       Dfd: F 分布中对应的位于分母上的自由度
10
11  函数应用举例:
12  IDL> print,f_cvf(0.001, 12, 24)
13  % Compiled module: f_cvf.
14  % Compiled module: F_PDF.
15  % Compiled module: IBETA.
16  % Compiled module: BISECT_PDF.
17      4.39295
```

以图 4.8 的结果为例, 看一下函数 confidence_band.pro 的实际效果. 对于图 4.8 中的多元函数模型的拟合, 模型中包含有 3 个参数, 所以 $N_{par} = 3$, 模型拟合中的自由度 dof = 97, 观测数据和模型拟合的数据可以从拟合结果的文件中读取, 默认的数据文件名为 mul_var_fit.dat, 因此可以通过简单的程序 confidence_band_mul.pro 获得模型拟合结果的对应置信区间的展示结果.

程序 confidence_band_mul.pro

```
1   Pro confidence_band_mul, data = data, ps = ps, file = file
2   ; 展示图 4.8 中多元函数的模型拟合结果的置信区间
3
4   ; 参数解释:
5     ; data: 包含观测数据和拟合结果的数据文件
```

```
6    ; ps: 是否要将结果输出到图形中
7    ; file: 图形存储文件名
8
9    ; 读取观测数据和模型拟合数据
10   IF n_elements(data) EQ 0 THEN data = 'mul_var_fit.dat'
11   djs_readcol, data, Xobs, x1, x2, x3, Yobs, yerr, Ymodel, Y0, $
12              format = 'D,D,D,D,D,D,D,D'
13
14   ; 99.95%的置信区间的计算
15   Yci99 = confidence_band(CI=0.9995, Xobs = Xobs, Yobs = Yobs, $
16              Ymodel = Ymodel, Npar = 3, Dof = 97)
17
18   ; 只展示对应图 4.8 左上角的置信区间的结果
19   IF keyword_set(ps) THEN BEGIN
20     IF N_elements(file) EQ 0 THEN file = 'mul_ci.ps'
21     set_plot,'ps'
22     device,  file  = file , /encapsulate,/color, bits =24, $
23              xsize=24, ysize=15
24   ENDIF ELSE window, xsize=1000, ysize = 600
25
26   plotsym,0,/ fill ,  0.5,  color=djs_icolor('purple')
27   plot, Xobs, Yobs, psym=8, xs = 1, ys = 1, xrange = [0, 1], $
28        yrange = [0,5], xtitle  = 'X0 (arbritrary unit)', $
29        ytitle = 'Y (arbritrary unit)', charsize = 2
30   DJS_OPLOTERR, Xobs, Yobs, yerr = yerr, color=djs_icolor('purple')
31
32   oplot, Xobs, Ymodel, color=djs_icolor('red'), thick = 2
33   oplot, Xobs, Y0, color=djs_icolor('blue'), thick = 2
34
35   ; 添加 99.95%置信区间的上下边界
36   oplot, Yci99 [*,0], Yci99 [*,1], line = 2,color=djs_icolor('red'), $
37        thick = 3
38   oplot, Yci99 [*,0], Yci99 [*,2], line = 2,color=djs_icolor('red'), $
39        thick = 3
40   IF keyword_set(ps) THEN BEGIN
41     device,/close
42     set_plot,'x'
43   ENDIF
44   END
```

编译运行后的结果展示在图 4.10 中.

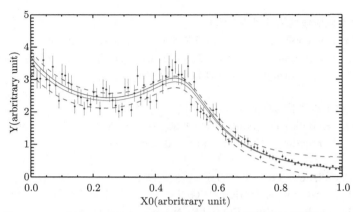

图 4.10　对图 4.8 中多元函数的拟合结果的置信区间的展示

红色的虚线代表 99.95% 的置信区间, 红色的实线为模型的最佳拟合结果, 蓝色的线为生成数据点的内禀函数, 紫色的点和误差棒代表观测的数据点及其误差

编译并调用程序 confidence_band_mul.pro

1	IDL> .compile confidence_band_mul
2	IDL> .compile confidence_band
3	IDL> confidence_band_mul, /ps

4.3.3　不同数学模型间的置信度检验

在很多情况下, 对同一组观测数据, 往往使用不同的模型都可以得到不错的拟合结果, 且 χ^2/dof 的数值都在 1 附近, 利用 χ^2 检验已经不能确定哪一个数学模型更加合适可信, 这种情况下, 可以使用 F 检验进行更加细致的分析. 当然, 在使用 F 检验的前提下, 不同的模型中必须要包含不同数目的模型参数, 否则 F 检验无法执行. 不同模型拟合结果的 F 检验的基本数学描述如下.

对于给定的观测数据 (x, Y_{obs}), 存在两个可用的模型函数: $Y_S = f(x, S_{\mathrm{par}})$ 以及 $Y_C = f(x, C_{\mathrm{par}})$, 其中模型函数 Y_S 中的参数个数 $N_{S_{\mathrm{par}}}$ 少于模型函数 Y_C 中的参数个数 $N_{C_{\mathrm{par}}}$: $N_{S_{\mathrm{par}}} < N_{C_{\mathrm{par}}}$, 而且模型函数 Y_S 的函数形式嵌套在模型函数 Y_C 中 (two models are nested if both contain the same terms and one has at least one additional term), 那么可以方便地使用 F 检验来判定. 举例来说, $Y_C = a \cdot x + b \cdot \exp(x) + c \cdot x^2$, $Y_S = a \cdot x + b \cdot \exp(x)$, 则可以认为 Y_S 的函数形式是嵌套在 Y_C 中的. 那么对于函数 Y_S 以及函数 Y_C 对应的模型拟合结果, 可以方便地得到对应的 χ_S^2 和 χ_C^2 以及对应的自由度 dof_S 和 dof_C, 由此得到一个 F 因

子

$$F_{SC} = \frac{\dfrac{\chi_S^2 - \chi_C^2}{\mathrm{dof}_S - \mathrm{dof}_C}}{\dfrac{\chi_C^2}{\mathrm{dof}_C}} \tag{4.18}$$

给定检验的标准 CI (如 CI $= 0.995$, 给定 99.5% 的置信概率) 以及 F 分布 f_cvf (CI, dfn, dfd) 中的两个自由度 dfn $= \mathrm{dof}_S - \mathrm{dof}_C$ 和 dfd $= \mathrm{dof}_C$, 可计算 F 分布对应的数值 F_{dis}. 如果 $F_{SC} > F_{\mathrm{dis}}$, 可以以 $1 - \mathrm{CI}$ 的置信概率接受: 模型函数 Y_C 比模型函数 Y_S 要更合适.

以图 4.8 中左上角的结果为例, 从图中的结果看到, 中间有一个类似的高斯成分, 所以在原来的模型函数的基础上, 再添加一个高斯成分, 然后检验一下, 添加的高斯成分是否有必要. 那么

$$Y_S = p_0(x + \mathrm{var\_x2}/\mathrm{var\_x3})^{p_1}/(\sin(\mathrm{var\_x1})^4 + \cos(\mathrm{var\_x2})^2)^{p_2}$$

$$Y_C = p_0(x + \mathrm{var\_x2}/\mathrm{var\_x3})^{p_1}/(\sin(\mathrm{var\_x1})^4 + \cos(\mathrm{var\_x2})^2)^{p_2} \tag{4.19}$$

$$\quad + \mathrm{gauss1}(x, [p_3, p_4, p_5])$$

对于模型函数 Y_S, 结果已经展示在图 4.8 左上角中, 并且对应的 $\chi_S^2 = 137.3479$ 以及 $\mathrm{dof}_S = 97$. 再次通过 MPFIT 程序, 使用模型函数 Y_C 对数据进行拟合, 拟合的程序 mpfitfun_mul_com.pro 如下:

程序 mpfitfun_mul_com.pro

```
1   FUNCTION multix_com, x, p
2   ; 类似于函数 multix, 构建模型函数 y = f(x, x1, x2, x3) + gauss1(x, p)
3
4       Common ind_var, var_x1, var_x2, var_x3
5
6       result = p[0] * (x + var_x2/var_x3)^p[1] / $
7           (sin(var_x1)^4. + cos(var_x2)^2.)^p[2] + gauss1(x, p[3:5])
8       Return, result
9   END
10
11  Pro mpfitfun_mul_com, data = data, par_save = par_save
12  ; 使用添加高斯成分的复杂函数再次拟合图 4.8 中的数据
13
14  ; 参数解释:
15   ; data: 包含观测数据的数据文件
```

```
16    ; par_save: 拟合结果的存储文件

17

18    ; 添加 Common 模块, 将其中的几个自变量当作全局变量
19    Common ind_var, var_x1, var_x2, var_x3

20

21    ; 读取观测数据
22    IF N_elements(data) EQ 0 THEN data = 'data_mul.dat'
23    djs_readcol, data_file, x, x1, x2, x3, y, yerr, y0, $
24                    format = 'D,D,D,D,D,D,D'
25    ; 全局变量的设定
26    var_x1 = x1 & var_x2 = x2 & var_x3 = x3

27

28    ; 模型参数的初始化及限定
29    par = replicate({value :0., limited :[0,0], limits :[0.,0.], tied:'', $
30                    fixed :0},6)
31    par [0:2]. value = [0.2, -0.5, 0.1]
32    par [0]. limited = [1,1] & par[0].limits = [-1, 1]
33    par [1]. limited = [1,1] & par[1].limits = [-5, 0.]
34    par [2]. limited = [1,1] & par[2].limits = [0, 1]

35

36    ; 高斯成分中模型参数的初始化
37    par [3:5]. value = [0.3, 0.3, 0.]
38    par [3]. limited = [1,1] & par[3].limits = [0, 1]
39    par [4]. limited = [1,1] & par[4].limits = [0., 1.]
40    par [5]. limited [0] = 1 & par[5].limits [0] = 0.d

41

42    ; 使用 MPFITFUN 调用模型函数 multix_com 进行数据拟合
43    res = MPFITFUN('multix_com', x, y, yerr, parinfo = par, yfit = yfit, $
44            perror = per, bestnorm = best, dof = dof, /quiet)

45

46    print, 'Bestnorm and Dof:'
47    print, best, dof
48    print, 'Determined Parameters'
49    FOR i = 0, 5 DO print, res[i], per[i]

50

51    ; 存储拟合结果
52    openw, lun, par_save, /get_lun
53    FOR i = 0L, N_elements(res) - 1L DO $
54        PRINTF, lun, res[i], Per[i], best, dof, format='(4(D10.4,4X))'
55    Free_lun, lun
```

```
56
57   END
```

编译并执行后, 可以得到使用模型函数 Y_C 的拟合结果, 这里不再在图形中展示拟合结果, 因为与图 4.8 左上角中的结果基本上没有差别, 简单函数 Y_S 可以很好地拟合数据, 那么添加高斯成分后的复杂函数 Y_C 也不可置疑地可以得到很好的拟合结果, 除非简单函数 Y_S 的选择出现错误, 导致基于 Y_S 的拟合结果不可信.

编译并调用 mpfitfun_mul_com.pro

```
1    IDL> .compile mpfitfun_mul_com
2    IDL> mpfitfun_mul_com
3       ; 主要的屏幕输出信息如下
4    Bestnorm and Dof:
5           135.40670              94
6    Determined Parameters
7        0.35201719      0.142339
8       −2.3476886       0.392673
9        0.56755641      0.0865212
10       0.54121718      0.204184
11       0.31360820      0.0987429
12       0.18908480      0.275478
```

可以看到, 使用复杂函数 Y_C 后, 仍然可以得到很好的拟合结果, 因为 $\chi_C^2/\mathrm{dof}_C \sim 135/94 \approx 1.44$ 接近于 1. 那么我们来检查一下, 添加的高斯成分是否有必要. 基于 $\chi_C^2 = 135.40670$, $\mathrm{dof}_C = 94$, $\chi_S^2 = 137.3479$, $\mathrm{dof}_S = 97$, 有

$$F_{SC} = \frac{\dfrac{\chi_S^2 - \chi_C^2}{\mathrm{dof}_S - \mathrm{dof}_C}}{\dfrac{\chi_C^2}{\mathrm{dof}_C}} = 0.4492 \tag{4.20}$$

而给定非真概率 CI $= 0.01$ 以及 dfn $= \mathrm{dof}_S - \mathrm{dof}_C = 3$, dfd $= \mathrm{dof}_C = 94$, F 分布对应的数值为

$$F_{\mathrm{dis}} = \mathrm{f\_cvf}(0.01, 3, 94) = 3.99 \tag{4.21}$$

从而 F_{dis} 远大于 F_{SC}, 说明高斯成分的添加是没有必要的, 模型函数 Y_S 用来描述观测数据是足够恰当的.

4.4　本章函数及程序小结

最终, 我们对本章用到的 IDL 及相关天文软件包提供的函数和程序总结如下, 见表 4.1.

表 4.1　本章所使用的函数和程序总结

函数/程序	目的	示例
R_CORRELATE	计算相关系数	res = R_CORRELATE(x,y)
djs_readcol	数据读取	djs_readcol, file, x1, x2, ⋯
LINFIT	线性拟合函数	res = LINFIT(x,y)
STDDEV	计算标准偏差	res = STDDEV(x)
FITEXY	考虑 X 轴和 Y 轴误差的线性拟合	FITEXY, x, y, a, b, x_sig = xe, y_sig = ye
LTS_LINEFIT	考虑 X 轴和 Y 轴误差及异常数据影响的线性拟合	LTS_LINEFIT, x, y, sigx, sigy, par
plot_rl	展示 R-L 关系	图 4.1
gauss1	生成高斯成分	res = gauss1(x, [w0, σ, flux])
AGN_fe	生成光学铁线的模型函数	图 4.2
INT_2D	二重积分函数	res = INT_2D(fxy, xlimis, ylimis)
INT2D_ex	二重积分函数举例	
disk_model	吸积盘发射线的模型函数	图 4.3
star_AGN	星系成分的模型函数	图 4.4
vdisp_gconv	高斯展宽函数	new = vdisp_gconv(old, sigma)
execute	将字符串转化为 IDL 可执行语言	com = execute(string)
replicate	创建结构函数	res = replicate(Ds, N)
Common	定义 IDL 中的全局变量	Common name, pars
mpfit	调用 MPFIT 相关函数进行数据拟合	MPFITEXPR, MPFITFUN, 等
mfit_rl	调用 MPFIT 相关函数对 R-L 数据进行拟合	121 页
mpfitfun_AGN_fe	调用 MPFIT 相关函数对光学铁线进行拟合	图 4.5
mpfitfun_disk	调用 MPFIT 相关函数对盘起源发射线数的拟合	图 4.6
mpfitfun_star	调用 MPFIT 相关函数对寄主星系数据的拟合	图 4.7
mpfitfun_mul	调用 MPFIT 相关函数对多元函数的数据的拟合	图 4.8
mpfitfun_AGN_fe_res	展示对光学铁线拟合结果的残差	图 4.9

续表

函数/程序	目的	示例
confidence_band	计算给定置信区间的上下边界	res = confidence_band(ci=ci, xo=xo, yo=yo, mo = mo)
f_cvf	计算 F 分布中的数值	res = f_cvf(ci, dfn, dfd)
confidence_band_mul	展示置信区间的实例	图 4.10
mpfitfun_mul_com	基于 F 检验, 判断不同模型是否合适的实例	155 页

第 5 章　IDL 与 Python 语言的互动

IDL 最初的设计初衷是为了更纯粹、更好地进行数据的可视化以及二次开发, 因此, 数据的统计分析以及某些重要、流行的数据分析模式在 IDL 中是欠缺的. 同时, 我们也应该注意到, R 语言以及 Python 语言中包含了各种丰富的软件包 (或者称之为模块), 几乎涵盖了所有的数据分析以及模型统计所需要的各种模式, 因此, 通过 IDL 直接调用外部的函数语言, 将极大地完善 IDL 在数据处理方面的能力.

在本章中, 主要基于 Python 语言[①], 讨论如下几个方面的问题:

• 基于 SPAWN 命令的外部函数的调用: 简单说明 IDL 中 SPAWN 程序的用法, 并以此为基础实现 IDL 对外部 Python 语言的调用.

• 调用外部 Python 语言中的 MLE 的模型分析程序: 由于 IDL 中基于 MLE 进行模型拟合的完备程序是欠缺的, 需要自己编写计算代码, 因此, 以 MLE 为最简单的例子介绍 IDL 对 Python 语言中的函数的调用.

• 调用外部 Python 语言中的 MCMC 分析程序: 由于 IDL 中马尔可夫链蒙特卡罗 (Markov chain Monte Carlo, MCMC) 方法的欠缺, 本章将详细地介绍如何使用 IDL 调用 Python 语言中 emcee 模块执行 MCM 方法.

• 调用外部 Python 语言中的时间序列分析程序: 由于 IDL 中时间序列算法的欠缺, 本章将详细地介绍如何使用 IDL 调用 Python 语言中的时序分析模块.

本章重点关注在 IDL 中使用一种更加简洁高效的方式来完成对 Python 的调用. 尽管最新版本的 IDL (Version > 8.4) 提供了基于 Python bridge 对 Python 的调用, 但其方式依然繁杂. 因此, 本章基于 SPAWN 函数展现了一种更加直接的方式, 在 Linux 环境下完成 IDL 对 Python 的调用, 并提供了具体的实例.

5.1　Python 在 Linux 环境中的安装

在讲解 IDL 通过 SPAWN 调用外部 R 语言或者 Python 语言中的程序包之前, 先简单说明一下 Python 在 Linux 环境中的安装和使用[②], 以 Ubuntu Linux

---

① R 语言的程序包和 Python 的程序包有很大的重合性, 因此, 本章中只讨论 Python 语言的调用, R 语言的调用是类似的.

② R 在 Linux 环境的安装也是非常简单的, 基本上和 Python 的安装类似, 都存在已经编译好的软件包, 只需要通过 apt-get install 命令进行安装即可.

操作系统为例. Python 在 Ubuntu 中可以简单通过如下几个命令完成安装, 由于本书使用的是 Version 2.7 的 Python 语言, 因此本章中以 Python 2.7 为例.

Ubuntu 中 Python 的安装

```
1   ; 在 root 下, 或者在普通用户名下使用 sudo apt-get install
2   Root:$ apt−get update
3   Root:$ apt−get install python2.7
```

如果安装过程中缺少某些依赖, 请使用命令 'apt-get install' 进行安装 (Ubuntu). 安装成功后, 在 bash 环境下, 输入 python 命令并回车, 即可进入 Python 的环境界面, 如下:

Ubuntu 中 Python 的开始使用

```
1   ; 在某一目录下, 输入 python 命令, 并回车, 屏幕信息如下
2   username@hostname$ python
3   Python 2.7.12 (default, Nov 19 2016, 06:48:10)
4   [GCC 5.4.0 20160609] on linux2
5   Type "help", "copyright", "credits" or "license" for more information.
6   >>>
```

安装 Python 后, 一些软件包 (或者模块) 还需要自己安装, 经常使用的方法是通过 pip install 的方式进行安装, 比如 Python 中常用的如下几个模块: numpy、matplotlib、scipy、pandas、pymc、emcee、statsmodels、pyfits 等. 使用 pip install 如下安装:

Python 中模块的安装

```
1   ; 在 root 下, 或者在普通用户名下使用 pip install
2   username@hostname$ pip install numpy matplotlib scipy emcee
3   username@hostname$ pip install pandas pymc statsmodels pyfits
```

其中, 关于 numpy, matplotlib, scipy 的内容介绍及使用说明可以从如下网址获得 http://cs231n.github.io/python-numpy-tutorial/, 它提供了 Python 中的最基本的数学函数库及画图使用的函数库. Pandas 软件包提供了 Python 中最便捷的数据操作工具, 具体的内容介绍和使用说明可以从如下网址获得 http://pda. readthedocs.io/en/latest/chp5.html. pymc 和 emcee 软件包则提供了一个基于贝叶斯统计模型和 MCMC 采样工具进行数据拟合的函数库, 具体的内容介绍和使用说明可以从如下网址获得 https://pymc-devs.github.io/pymc 以及 https:// emcee.readthedocs.io/en/v2.2.1. Statsmodels 软件包则提供了更多、更细致的数

据统计模型, 例如对于时间序列的自回归移动平均模型 (auto-regressive and moving average model, ARMA 模型) 分析, 具体的内容介绍和使用说明可以从如下网址获得 http://www.statsmodels.org/stable/index.html. pyfits 软件包则提供了对 fits 数据的读写操作函数, 具体的内容介绍和使用说明可以从如下网址获得 https://pyfits.readthedocs.io/en/latest. 以上模块在使用 pip 命令安装时, 缺省的依赖模块会自动安装.

关于 Python 语言的基本使用说明, 可以参见安装 Python 后自带的帮助文件. 由于每一个 Python 的软件包都带有各自包含模块或者函数的详细使用说明, 因此在对 Python 语言比较陌生的情况下, 也可以通过 IDL 的程序 SPAWN 对 Python 中的程序包进行方便的调用. 这里不再对 Python 语言的使用进行过多的讨论. 关于 Python 语言的基本教程可以参见如下网址 http://www.runoob.com/python/python-tutorial.html, 关于 Python 语言语法的简单实例可参见如下网址 http://www.runoob.com/python/python-100-examples.html.

5.2　IDL 中 SPAWN 函数的应用

IDL 本身自带了对外部函数 (如 Fortran 语言、C 语言、MATLAB 语言等) 的调用接口: call_external. 但是要使用 IDL 的函数接口 (或者函数 call_external) 进行外部函数的调用, 需要对程序进行较为细致的编写, 而且容易出现纰漏, 并且需要极度地熟悉外部程序的基本构架, 但这并不容易. 与其通过函数接口编写复杂的外部调用程序, 不如通过 SPAWN 程序, 直接调用完备的外部函数, 调用的外部函数不依赖于 IDL 的运行环境, 直接在后台运行. SPAWN 的使用说明如下:

程序 SPAWN 说明

```
1  ; 程序形式:
2  SPAWN [, Command [, Result] [, ErrResult] ]
3
4  ; 参数说明:
5    Command: Linux 环境下接受的任何命令组成的字符串
6    Result: 如果指定 Result, 则输出的结果存入 Result
7    ErrResult: 如果指定 ErrResult, 则错误信息存入 ErrResult
8
9  ; 程序举例:
10     ; 在屏幕上列出当前目录下的文件信息
11  IDL> spawn, 'ls'
12     ; 将当前目录下的文件信息存入参数 Info 中
13  IDL> spawn,'ls', Info
```

```
14   IDL> print, Info
15     ; 创建目录 dirname
16   IDL> spawn, 'mkdir ' + dirname
```

由此可见, SPAWN 程序提供了一个极其简洁的调用外部函数/命令的手段, 因为 Python 程序的后台运行可以通过如下命令实现: python file.py, 其中 file.py 为要执行的包含 python 命令的文件. 因此对于一个已经存在的可执行的 python 脚本文件 file.py, 在 IDL 中可如下调用:

程序 SPAWN 举例

```
1   IDL> spawn, 'python file.py'
```

在下面的章节中, 将会出现更加具体的实例.

5.3 调用外部 Python 语言中的 MLE 的模型分析程序

在第 4 章中, 我们详细描述了基于最小 χ^2 而进行的模型拟合, 特别是通过 MPFIT 的相关函数进行的非线性拟合. 而在最小 χ^2 拟合方法外, 最大似然估计 (maximum likelihood estimation, MLE) 也是一种常用的模型拟合方法. 但比较遗憾的是, IDL 中并没有能够直接调用的基于 MLE 的程序或者函数. 而 Python 语言中包含有丰富的、成熟的软件包来进行基于 MLE 方法的模型参数的求解. 因此在本节中, 我们简要地讲解 IDL 是如何通过 SPAWN 程序外部调用 Python 语言 scipy 模块中的最优化工具箱 optimize 对 MLE 求解的过程. 以图 4.8 中的结果为例, 简单编写一个基于 MLE 的程序, 进行模型拟合及其模型参数的估计. 这里只将图 4.8 左上角的结果予以展示, 不再考虑其为多元函数, 而将其看作以 x_0 为自变量, y 为变量的函数. 通过工具箱 optimize 找到合适的模型参数解使得似然函数 $\mathcal{L}$ 得到最大值 (或者 $\ln(\mathcal{L}) \times (-1)$ 取得最小值).

这里, 通过编写的 IDL 程序 mle_python.pro 用来完成 MLE 方法对图 4.8 结果的模型拟合, 主要包含两部分, 使用 IDL 程序 printf 将必要的 Python 语句写入 Python 的脚本文件中, 然后使用 SPAWN 执行该脚本文件以实现对 Python 语言的调用, 程序 mle_python.pro 的主要内容如下:

IDL 程序 mle_python.pro

```
1   Pro mle_python, py_file = py_file, data_file = data_file
2   ; SPAWN 调用 Python 函数的举例, 基于图 4.8 中的结果为例
3
4   ; 参数解释:
5     ; py_file: 准备 Python 运行的脚本文件
```

```
6    ; data_file: 数据文件
7
8    IF n_elements(py_file) EQ 0 THEN py_file = 'mle.py'
9    IF n_elements(data_file) EQ 0 THEN $
10        data_file = '../Chap_4/data_nul.dat'
11
12   ; 开始 Python 脚本文件的书写
13   ; 将必需的 Python 信息写入 Python 的脚本文件中
14   openw, Lun, py_file, /get_Lun
15
16   ; 下面两行写入脚本文件的头
17     ; /usr/bin/python 为进入 Python 环境的命令
18     ; mle.py 为脚本文件名
19     ; 该两行信息尽量不要省略
20     ; 如果省略, 则只能使用 python py_file 的形式调用
21   printf, Lun, '#!/usr/bin/python'
22   printf, Lun, '#mle.py'
23   printf, Lun, '        '    ; 为了美观, 添加一空行
24
25   ; 下面两行载入准备使用的 Python 模块 numpy 以及 optimize
26   printf, Lun, 'import numpy as np'
27   printf, Lun, 'from scipy import optimize'
28   printf, Lun, '        '
29
30   ; 下面三行读入数据文件, 并设定全局变量
31   printf, Lun, 'data = np.loadtxt('+'"' +data_file + '"' +')'
32   printf, Lun, 'Xobs = data.T[0]'
33   printf, Lun, 'Yobs = data.T[4]'
34   Printf, Lun, 'Yerr = data.T[5]'
35   printf, Lun, 'VX1 = data.T[1]'
36   printf, Lun, 'VX2 = data.T[2]'
37   printf, Lun, 'VX3 = data.T[3]'
38   printf, Lun, '        '
39
40   ; 下面五行设定似然函数 ln(L), 其中 \ 为 Python 中的续行符
41     ; 注意 def 段落中的空格
42   printf, Lun, 'def lnlikelihood(par):'
43   printf, Lun, '    ymodel = par[0] * (Xobs + VX2/VX3)**par[1]/ \'
44   printf, Lun, '            (np.sin(VX1)**4 + np.cos(VX2)**2)**par[2]'
45   printf, Lun, '    lnlike = np.log(2*np.pi*Yerr**2) + \'
```

```
46   printf, Lun, '                   (Yobs − ymodel)**2/(2*Yerr**2)'
47   printf, Lun, '     return np.sum(lnlike)'
48   printf, Lun, '          '
49
50   ; 下面一行用来计算模型参数的解
51      ; 其中 [0.12, −0.15, 0.01] 为 model_par 的初始值,
52      ; disp = False 表明不需要屏幕信息的输出
53   printf, Lun, 'res = optimize.fmin(lnlikelihood, [0.12,−0.15,0.01],\ '
54   printf, Lun, '                        disp = False)'
55   printf, Lun, '          '
56
57   ; 下面一行, 在屏幕上显示模型参数的数值解
58   printf, Lun, 'print(res)'
59
60   Free_lun, Lun
61
62   ;SPAWN 调用
63   SPAWN, 'python ' + py_file
64
65   ; 如果 mle.py 中的第一行包含了/usr/bin/python 信息, 也可以如下调用
66   SPAWN, 'chmod +x ' + py_file
67   SPAWN, './' + py_file
68 END
```

IDL 程序 mle_python.pro 编译并执行后, 生成 Python 的可执行脚本文件 mle.py, 并在屏幕上输出模型参数结果.

编译并执行程序 mle_python.pro

```
1 IDL> .compile mle_python
2 IDL> mle_python
3   ; 屏幕输出信息如下
4 [ 0.49410571 −2.00172579 0.48338313]
5 [ 0.49410571 −2.00172579 0.48338313]
```

由此可见, 得到的模型参数为 $a = 0.494$, $b = −2.001$ 以及 $c = 0.483$, 与第 4 章中的内禀函数 create_mul.pro 中使用的参数 $a = 0.5$, $b = −2$ 以及 $c = 0.5$ 是近似一致的, 也与第 4 章中通过 MPFIT 软件包得到的参数 $a = 0.49 \pm 0.01$, $b = −1.97 \pm 0.03$ 以及 $c = 0.49 \pm 0.01$ 是近似一致的.

同时, 我们简单地看一下生成的 Python 的脚本文件 mle.py 的内容.

Python 脚本文件 mle.py

```
1  # !/usr/bin/python
2  # mle.py
3
4  import numpy as np
5  from scipy import optimize
6
7  data = np.loadtxt('../Chap_4/data_nul.dat')
8  Xobs = data.T[0]
9  Yobs = data.T[4]
10 Yerr = data.T[5]
11 VX1 = data.T[1]
12 VX2 = data.T[2]
13 VX3 = data.T[3]
14
15 def lnlikelihood(par):
16     ymodel = par[0] * (Xobs + VX2/VX3)**par[1]/ \
17             (np.sin(VX1)**4 + np.cos(VX2)**2)**par[2]
18     lnlike = np.log(2*np.pi*Yerr**2) + \
19             (Yobs − ymodel)**2/(2*Yerr**2)
20     return np.sum(lnlike)
21
22 res = optimize.fmin(lnlikelihood, [0.12,−0.15,0.01],\
23                 disp=False)
24
25 print(res)
```

第 1 行和第 2 行为 Python 脚本文件固定的前两行: 进入 Python 环境的命令以及脚本文件的名字. 第 4 行和第 5 行载入了进行 MLE 优化求解的模块: numpy 以及 scipy 中的 optimize. 第 7 行到第 13 行读入数据文件, 并设定好全局变量 VX1、VX2、VX3, 自变量 Xobs 和变量 Yobs 及误差 Yerr. 第 15 行到第 20 行定义了基于模型函数的似然函数 lnlikelihood. 注意 Python 语言的格式, def 段落中的空格必须存在, 并且注意到使用的正余弦函数都是从 numpy 模块中调用的, 所以使用 np.cos 和 np.sin. 同时应该注意到 Python 语言与 IDL 中的幂次方的不同表达形式, 在 IDL 中 a 的 b 次方为 a^b, 但是在 Python 语言中则是 a**b, 同时也应该注意, 在 IDL 中的续行符为 $, 而在 Python 语言中的续行符号为\. 第 22 行、23 行调用 optimize.fmin 函数寻找参数解 model_par 使得对数形式的似然函数 $\ln(\mathcal{L}) \times (-1)$ 取得最小值. 第 25 行设定在屏幕上显示参数解.

由此可见, 只需要懂得简单的 Python 语言书写, 将数据文件读入, 并将似然函数 lnlikelihood(par) 定义明确, 那么 optimize.fmin 将非常快捷地得到模型参数的最优解. optimize.fmin 的调用在 Python 中是简单明确的.

Python 函数 optimize.fmin 的简单说明

```
1  Res = scipy.optimize.minimize(fun, par0)
2
3  ; 参数解释:
4    fun: 由 def 定义的似然函数
5    par0: 模型参数的初始值
6    Res: 返回模型参数的最优解
```

当然, 还应该注意的是, 以上的计算都是基于数组运算进行的, 而 Python 语言提供了丰富的矩阵运算, 基于 MLE 方法的求解, 还可以通过矩阵运算来完成, 会应用到函数 np.vstack、np.diag、np.linalg.inv 以及 np.dot 等, 详细的内容可参见 Hogg, Bovy 和 Lang 等在 2010 年发表的文章 *Data Analysis Recipes: Fitting A Model to Data*, 可以获得更多翔实的关于 MLE 方法的内容.

5.4 调用外部 Python 语言中的 MCMC 分析程序

在本节中, 马尔可夫链蒙特卡罗方法被重点介绍, 因为相较于最小 χ^2 方法 (lest-squares minimization technique) 和最大似然方法 (maximum likelihood method), MCMC 方法在基于函数模型的拟合方面具有不可比拟的优越性, 因为在 MCMC 方法中, 对模型参数的初始值的设定基本上没有太大的要求, 而且模型参数的取值范围可以非常大. 更值得推荐的是, 即使模型函数中存在某些比较特殊的函数, Python 完备的函数库以及 MCMC 方法仍然是迅捷合用的, 比如下面将要用到的交叉在一起的多个微分方程, 因为微分方程组的求解在 IDL 中本身就是弱项, 即使自带了求解微分方程组的函数 LSODE.pro (基于低阶的 Runge-Kutta 方法) 以及 RK4.pro(基于四阶的 Runge-Kutta 方法). 庆幸的是, 尽管 MCMC 方法在 IDL 中比较匮乏, 但是仍然可以找到 Hogg 提供的 IDL 编写的 MCMC 程序: hogg_mcmc(包含在 IDLUTILS 中). 因此在本节中, 我们详细叙述如何通过 IDL 的 SPAWN 程序调用 Python 语言中成熟优秀的 MCMC 函数: emcee, 同时与 IDL 中的 Hogg_mcmc 进行简单的比较.

基于 MCMC 方法的数据拟合的基本思路如下所述, 对于观测的数据 $Y_{\mathrm{obs}} \pm Y_{\mathrm{err}}$ 以及给定的模型函数 $Y_{\mathrm{model}}(\mathrm{pars})$ (pars 中含有 N_{par} 个参数), 有

$$Y_{\text{obs}} = Y_{\text{model}}(\text{pars}) + \epsilon \tag{5.1}$$

其中, ϵ 代表观测数据的可能的真实模型和给定的模型函数之间的误差 (不是 Y_{err}), 且 ϵ 满足正态分布 $\epsilon \sim N(0, \sigma^2)$. 那么基于最基本的贝叶斯统计特性

$$P(\text{pars}|Y_{\text{obs}}) \propto P(Y_{\text{obs}}|\text{pars}) \times P(\text{pars})$$

$$\propto \text{Likelihood} \times \text{Prior} =\propto \text{Posterior} \tag{5.2}$$

其中, $P(\text{pars}|Y_{\text{obs}})$ 代表基于模型参数 pars 的后验分布 (posterior distribution), $P(Y_{\text{obs}}|\text{pars})$ 则是模型拟合中的似然函数 (likelihood function), $P(\text{pars})$ 代表初始给定的模型参数的先验分布 (prior distribution) (比如 normal distribution 或者称之为高斯分布或正态分布). 从而, 模型参数的求解问题转化为求解模型参数的后验分布 $P(\text{pars}|Y_{\text{obs}})$, 而对应后验分布峰值的模型参数即是最佳的模型参数结果.

计算后验分布的最直接、最粗鲁的方法, 就是在可能的参数空间内 (N_{par} 个参数空间) 随机地取数目足够多的数值, 通过似然函数得到每个参数对应的数值. 只要数目足够大, 最终总能通过后验分布得到模型参数的最优解. 但是这种方法的效率极其低下, 此时, MCMC 方法开始发挥其优越的计算效能. MCMC 方法主要有如下三步:

(1) 在给定分布 $P(\text{pars})$ 的 N_{par} 个参数空间内, 随意取参数的初始起点 pars_0, 计算对应的 $P(\text{pars}_0|Y_{\text{obs}})$.

(2) 从初始参数值 pars_0 随机跳跃到下一组参数值 pars_1, 并得到相应的 $P(\text{pars}_1|Y_{\text{obs}})$. 此时出现两种情况.

(i) 如果 $P(\text{pars}_1|Y_{\text{obs}}) > P(\text{pars}_0|Y_{\text{obs}})$, 则由 pars_1 随机跳跃到下一组参数值 pars_2 并计算 $P(\text{pars}_2|Y_{\text{obs}})$. 如果 $P(\text{pars}_2|Y_{\text{obs}}) > P(\text{pars}_1|Y_{\text{obs}})$, 则由 pars_2 随机跳跃到下一组参数值 pars_3 并计算 $P(\text{pars}_3|Y_{\text{obs}})$.

(ii) 如果 $P(\text{pars}_1|Y_{\text{obs}}) < P(\text{pars}_0|Y_{\text{obs}})$, 则拒绝该次跳跃, 返回到 pars_0, 由 pars_0 再次随机跳跃到下一组新的参数值 pars_1, 再次比较 $P(\text{pars}_1|Y_{\text{obs}})$ 和 $P(\text{pars}_0|Y_{\text{obs}})$, 直到 $P(\text{pars}_1|Y_{\text{obs}}) > P(\text{pars}_0|Y_{\text{obs}})$, 再进行下一次的参数跳跃.

换句话说, 要每次可接受的跳跃都要满足 $P(\text{pars}_i|Y_{\text{obs}}) < P(\text{pars}_{i-1}|Y_{\text{obs}})$, 即第 i 次跳跃后的参数值对应的 $P(\text{pars}_i|Y_{\text{obs}})$ 要大于前一次跳跃的参数值对应的 $P(\text{pars}_{i-1}|Y_{\text{obs}})$.

(3) 重复迭代第二步, 直至得到一个合用的模型参数的后验分布.

以上三步即是 MCMC 方法的基本思路. 其中随机的跳跃过程也被称为随机游走过程 (random walk process). 为了更好、更有效地实现以上三步, MCMC 方

法中提供了各种算法, 比如最常见的 Metropolis 算法. 因此, 基于 MCMC 方法的模型拟合, 主要包含如下三个步骤:

(1) 对于给定的模型函数和观测数据, 计算其似然函数.

(2) 给定模型参数的先验分布 (通常情况下将模型参数在参数空间内均匀分布).

(3) 基于模型参数的先验分布以及给定的参数空间, 使用 MCMC 方法给出后验分布, 后验分布的峰值对应的模型参数即是最优解.

使用 MCMA 方法进行模型拟合的思路明确, 并且看起来也非常简洁, 只需要编写一个高效的 MCMC 算法即可. 下面以两个模型函数为例: 一个简单的函数以及一个复杂的函数, 看一下基于贝叶斯统计特性如何使用 MCMC 方法进行模型拟合.

简单的模型以图 4.1 中展示的 AGN 中的宽发射线区尺度与连续谱光度的 R-L 关系为例, 因为这是一个简单的线性模型

$$Y_s = a + b \times x \tag{5.3}$$

其中 Y_s 和 x 分别为变量和自变量, a 和 b 为模型参数, Y_{err} 为观测数据点的误差. 而对于复杂的模型函数 Y_c, 这里借用一个由微分方程组成的反应方程式

$$\begin{cases} \dfrac{dY_c}{dx} = -p_0 \times Y_c \times X_b - p_1 \times Y_c \times X_c - p_2 \times Y_c \times X_d \\[2mm] \dfrac{dX_b}{dx} = -p_0 \times Y_c \times X_b \\[2mm] \dfrac{dX_c}{dx} = p_0 \times Y_c \times X_b - p_1 \times Y_c \times X_c \\[2mm] \dfrac{dX_d}{dx} = p_1 \times Y_c \times X_c - p_2 \times Y_c \times X_d \\[2mm] \dfrac{dX_e}{dx} = p_2 \times Y_c \times X_d \end{cases} \tag{5.4}$$

其中 Y_c 和 x 分别为变量和自变量, p_0, p_1 和 p_2 为模型参数, X_b, X_c, X_d 以及 X_e 为中间变量, Y_{err} 为观测数据点的误差.

在给定模型函数后, 我们需要计算其似然函数. 但是应该注意的是, 此处计算的似然函数, 与 4.2.6 节中讨论的纯粹的最大似然方法中的似然函数 (4.11) 不同. 在最大似然方法中, 模型函数认定是最真实的, 因此除去观测数据点的误差 Y_{err} 外, 并不需要其他的误差项. 但是在贝叶斯理论中, 纯粹正确的模型函数是不可能

存在的, 因此, 在给定模型函数 Y_{model} 后, 除去观测数据的误差 Y_{err}, 还存在一个满足类高斯分布的误差项 $\epsilon \sim \text{N}(0, \sigma^2)$ (代表模型函数与真实模型之间的可能的误差). 因此, 此处的似然函数与 (4.11) 中表达的形式有稍微的修正

$$\ln(\mathcal{L}) = -\frac{1}{2} \sum_{i=1}^{N_{\text{obs}}} \left(\ln(2\pi\Omega_i^2) + \frac{(Y_{\text{obs}_i} - Y_{\text{model}_i})^2}{\Omega_i^2} \right) \tag{5.5}$$
$$\Omega_i^2 = Y_{\text{err}_i}^2 + (f \times Y_{\text{model}_i})^2$$

其中, N_{obs} 代表观测数据的数目, $f \times Y_{\text{model}_i}$ 指代额外的误差项. 实际上, 略微修正后的似然函数仍然可以应用于最大似然方法, 使用 Python 语言中的 scipy.optimize 优化包, 也可以获得模型参数的最优解, 只是多了额外的一项误差, 但是对模型主要参数的结果的影响不大.

对于简单的模型函数 Y_s, 基于上面的似然函数的通用公式, 其对数后的似然函数 $\ln(\mathcal{L}(Y_s))$ 是简洁明确的

$$\ln(\mathcal{L}(Y_s)) = -\frac{1}{2} \sum_{i=1}^{N_{\text{obs}}} \left(\ln(2\pi\Omega_i^2) + \frac{(Y_{\text{obs}_i} - a - b \times x_i)^2}{\Omega_i^2} \right) \tag{5.6}$$
$$\Omega_i^2 = Y_{\text{err}_i}^2 + (f \times (a + b \times x_i))^2$$

然而对于复杂函数 Y_c 来说, 由于积分方程的存在, 直接写出简洁明确的似然函数是不可能的. 在给出似然函数之前, 需要先将复杂函数的微分方程组进行求解. 这里以 Python 中 scipy.integrate 模块中的 odeint 函数来求解微分方程组, 求解后可得到 Y_c 的数值解 (通常情况下, 都不是解析解) 指代 Y_c, 因此, 对于本节中给出的复杂模型函数 Y_c, 难以写出一个明确的函数形式对应其似然函数 $\ln(\mathcal{L}(Yc))$. 基于 Runge-Kutta 方法的 odeint 函数的应用是简单的[①], 简述如下:

Python 函数 scipy.integrate.odeint 的简单说明

```
1  y = odeint(model, y0, x, args = args)
2
3  ; 参数解释:
4    model: 微分方程或者方程组
5    y0: y 的起始数值
6    x: 自变量的数值
7    args: 其他参数的传递
```

① 详细的使用说明可参见 https://docs.scipy.org/doc/scipy/reference/generated/scipy.integrate.odeint.html.

```
8
9    ; 应用举例:
10      ; 求解微分方程 dy/dx = -0.3y
11
12   ; 以下语句在 Python 环境中执行
13   # 加载 numpy, odeint 以及 matplotlib 模块
14   import numpy as np
15   from scipy.integrate import odeint
16   import matplotlib.pyplot as plt
17
18   # 定义微分方程
19   def model(y,t, k):
20       dydt = -k * y
21       return dydt
22
23   # initial condition
24   y0 = 5
25
26   # 自变量的取值
27   x = np.linspace(0,20)
28
29   # 求解
30   y = odeint(model,y0,x,args=(0.3,))
31
32   # 结果显示
33   plt.plot(t,y)
```

现在可以对 Y_s 和 Y_c 对应的对数形式似然函数 lnlike_ys 和 lnlike_yc 进行构建如下. 因为只是似然函数的构建, 可以直接写入 Python 的脚本中, 每个似然函数以 def 开始, 以对应的 return 结束. 这里命名该脚本为 mcmc_test.py, 在此, 主要包含三部分的内容: ① 具有明确函数表达形式的 lnlike_yc 的 Python 语言的描述; ② 模型函数 Y_c 中的微分方程组的 Python 语言的描述, 便于 odeint 的求解; ③ 基于 Y_c 中的似然函数的构建. 主要内容显示如下:

脚本文件 mcmc_test.py 中关于似然函数的构建

```
1
2    # !/usr/bin/python
3    # mcmc_test.py
4
5    # 加载必要的 Python 模块
```

```
6   import sys
7   import numpy as np
8   from scipy.integrate import odeint
9   import emcee
10  import pyfits
11
12  # 对于给定的模型函数 Ys, 给出似然函数 lnlike_ys
13  def lnlike_ys(par):
14      a, b, lnf = par
15      ys = a * Xobs + b
16      inv_sigma2 = 1.0/(Yerr**2 + ys**2*np.exp(2*lnf))
17      return −0.5*(np.sum((Yobs−ys)**2*inv_sigma2−np.log(inv_sigma2)))
18
19  # 将复杂的模型函数 Yc 中的微分方程组用 Python 语言描述出来
20   # 其中, z 中第一列数据为变量 Yc, 第二列到第四列分别为 Xb, Xc 和 Xd
21  def model_ode(z, x, k):
22      A=z[0]; B=z[1]; C=z[2]; D=z[3]
23      dydx = −k[0]*A*B − k[1]*A*C − k[2]*A*D;
24      dbdx = −k[0]*A*B;
25      dcdx = +k[0]*A*B − k[1]*A*C;
26      dddx = +k[1]*A*C − k[2]*A*D;
27      dedx = +k[2]*A*D;
28      ydot = [dydx, dbdx, dcdx, dddx, dedx];
29      return  ydot
30
31  # 调用 odeint 函数对 model_ode 描述的微分方程组求解,
32   # 进而, 描述对应于 Yc 的似然函数 lnlike_yc
33  #A0, B0, C0, D0, E0 为给定的关于 Yc, Xb, Xc 和 Xd 的初始值
34  def lnlike_yc(par):
35      A0 = 0.02090; B0 = A0/3; C0 = 0; D0 = 0; E0 = 0;
36      y0 = [A0, B0, C0, D0, E0];
37      yc = odeint(model_ode,Xobs,y0,args = (par));
38      inv_sigma2 = 1.0/(Yerr**2 + yc[:,0]**2*np.exp(2*lnf))
39      return −0.5*(np.sum((Yobs−yc[:,0])**2*inv_sigma2 \
40              − np.log(inv_sigma2)))
```

注意, 该脚本文件 mcmc_test.py 中除去前两行, # 代表本行为 Python 语言中的注释语句.

在构建了似然函数后, 接下来需要对模型参数的先验分布进行设定. 通常情况下, 如果没有更多的关于模型参数的先验分布信息, 取均匀分布当作模型参数

的先验分布是一个极佳的选择. 如此, 对于简单的模型函数 Y_s 来说, 包含三个参数: 两个模型参数 a 和 b 以及额外的误差项参数 f. 对于复杂的模型函数 Y_c 来说, 包含四个参数: 三个模型参数 $k[0]$, $k[1]$, $k[2]$ 以及额外的误差项参数 f. 因此模型参数的先验分布在 Python 语言中描述如下, 由于语句简单, 可直接写入 Python 的脚本文件 mcmc_test.py 中.

脚本文件 mcmc_test.py 中关于先验分布函数的构建

```
1   # 对应于简单函数 Ys 的模型参数的先验分布, 参数空间可取得足够大
2   # 取均匀分布, 在参数空间内, 概率一样都为 1, 因此取对数后为 0
3   # 在参数空间外, 概率都为 0, 因此取对数后为无穷−np.inf
4   def lnprior_ys(par):
5       a, b, lnf = par
6       if −500 < m < 500 and −10 < b < 10 and −10.0 < lnf < 1.0:
7           return 0.0
8       return −np.inf
9
10  # 对应于复杂函数 Yc 的模型参数的先验分布, 参数空间可取得足够大
11  # 取均匀分布, 在参数空间内, 概率一样都为 1, 因此取对数后为 0
12  # 在参数空间外, 概率都为 0, 因此取对数后为无穷−np.inf
13  def lnprior_yc(par):
14      if −1e3 < par[0] < 1e3 and −1e3 < par[1] < 1e3 and \
15          −1e3 < par[2] < 1e3 and −10.0 < par[3] < 1.0:
16          return 0.0
17      return −np.inf
```

在构建好对应于模型函数的似然函数及其对应的模型参数的先验分布后, 将后验分布的形式用 Python 语言描述出来, 以便使用 MCMC 方法进行求解, 后验分布的数学表达式 (5.2) 是简洁的, 为了计算方便, 对公式两边取对数, 于是对于简单模型函数 Y_s 和复杂模型函数 Y_c 的后验分布的数学表达如下:

$$\text{lnpos\_ys} = \text{lnprior\_ys} + \text{lnlike\_ys}$$
$$\text{lnpos\_yc} = \text{lnprior\_yc} + \text{lnlike\_yc}$$

(5.7)

因为先验分布和似然函数已经在定义上明确, 所以后验分布的 Python 的语言描述是极其简单的, 加入脚本文件 mcmc_test.py 中, 添加的后验分布的描述如下所示:

脚本文件 mcmc_test.py 中关于后验分布函数的构建

```
1   # 对于简单函数 Ys 的后验分布的描述
```

```
2    # 参数空间内, 则满足本节中的公式
3    # 非参数空间内, 则不用考虑
4    def lnpos_ys(theta, x, y, yerr):
5        lp = lnprior_ys(theta)
6        if not np. isfinite (lp):
7            return −np.inf
8        return lp + lnlike_ys(theta, x, y, yerr)
9
10   # 对于复杂函数 Yc 的后验分布的描述
11   # 参数空间内, 则满足本节中的公式
12   # 非参数空间内, 则不用考虑
13   def lnpos_yc(theta, x, y, yerr):
14       lp = lnprior_yc(theta)
15       if not np. isfinite (lp):
16           return −np.inf
17       return lp + lnlike_yc(theta, x, y, yerr)
```

在以上的步骤中, 似然函数、先验分布函数以及后验分布函数的 Python 的描述都已经完备清楚, 那么可以使用 MCMC 方法来获得我们需要的后验分布的明确形式. 基于 Python 语言中的 emcee 模块的算法, 主要包括如下三个步骤.

(1) 基于模型函数的参数个数 Npar: ndim = Npar, 以及指定 emcee 模块运算需要的 nwalkers (也即 samples 的个数), 那么 MCMC 方法运行前需要提供的初始数值为 nwalkers×ndim. 正常情况下, 很难预知多大的 nwalkers 才合适, 但一般情况下, nwalkers 在 100 到 300 间取值, 就比较合适. 如果对最终的结果并不是很满意, 可增大 nwalkers 的数值. 由于 MCMC 方法的最终结果并不依赖模型参数的初始值, 但是合适的初始值会使算法更加高效. 因此, 参数的初始值的取法有两种选择.

(i) 在先验分布定义的参数的合适范围内, 随机地选取参数的初始值, 比如将 ndim×nwalkers 二维数组的初始值在 0 到 1 之间随意地选取, Python 语言描述为

取值 0 到 1 之间的 nwalkers×ndim 二维数组的构建

```
1    p0 = np.random.rand(ndim * nwalkers).reshape((nwalkers, ndim))
```

在此语句中, np.random.rand(ndim * nwalkers) 生成一个一维的数组, 包含 ndim×nwalkers 个数据, 而函数 reshape((nwalkers, ndim)) 将此一维数组改编为一个 nwalkers×ndim 的二维的数组. 但应该注意的是, 如果初始的数组是随机选取的, 那么相应需要的 nwalkers 要足够大.

(ii) 多数情况下在已知似然函数的前提下, 都可以用 5.3 节中的 optimize 优

化包先行取得优化解 pars_hood, 并选取此优化解附近的数值作为初始值,

利用最大似然函数得到优化解, 进而构建 nwalkers×ndim 二维数组

```
1  p0 = [pars_hood + 1e−4*np.random.randn(ndim) \
2         for i in range(nwalkers)]
```

其中的比例参数 $1e-4$ 可随意变换, 但不要取得太大.

(2) 基于设定好的初始参数的数组 p0 和给定的后验分布的函数, 利用 emcee 模块快捷地运行 MCMC 方法, 主要包含如下语句:

emcee 的运行

```
1   # 抽取样本
2   sampler = emcee.EnsembleSampler(nwalkers, ndim, lnpos, \
3                                   args=[Xobs,Yobs, Yerr])
4
5   # 将每次 nwalkers 的参数值和对应的 posterior probability 存储在 pos 和 prob 中
6   # pos 为 nwalkers×ndim 的二维数组
7   # prob 为 nwalkers 的一维数组
8   pos, prob, state = sampler.run_mcmc(p0, 100)
9
10  # 将参数明确读取
11  # 由于随机游走的前几步可能远离真实的数据参数
12  # 所以, 将前面的 50 次计算扣除
13  samples = sampler.chain[:, 50:, :]. reshape((−1, ndim))
```

其中, lnpos 为确定的后验分布的函数名, 本节中的简单模型函数: lnpos = lnpos_ys; 复杂函数: lnpos = lnpos_yc. 此外, 数值 100 为执行跳跃的次数 (steps 或者 burn-in), 可以酌情增加. 关于 emcee 模块的详细使用说明可以参见网址 https://media.readthedocs.org/pdf/emcee/latest/emcee.pdf.

(3) 基于 emcee 模块 MCMC 分析结果, 将最终的结果进行量化展示, 包括每个模型参数后验分布的形式、模型参数的最终解及其相应的误差等. 最简单的做法, 则是分析模型参数的后验分布的统计特性, 取峰值对应的数值为最优解, 取峰值两侧偏离一定程度对应的数值为其边界 (也即最优解的误差). 比较详细的结果将在下面展示. 当然, 使用 Python 语句也可以给出简洁明确的模型参数的最优解和误差, 比如使用如下语句:

emcee 运行结果的处理

```
1   # 因为在计算中一直使用 ln(f), 所以先转换为正常值
2   samples[:, 2] = np.exp(samples[:, 2])
```

```
3
4   # 使用 map 函数计算
5   # a, b 和 f 中包含了最优解及其对应的上下误差
6   a, b, f = map(lambda v: (v[1], v[2]−v[1], v[1]−v[0]),\
7            zip(*np.percentile(samples, [16, 50, 84], axis=0)))
```

语句中的 np.percentile 函数计算包含 16%, 50% 以及 84% 对应的参数值. 因此, 50% 对应的数值为最优解 (v[1]), 16% 和 84% 对应的数值给定界限 (v[0] 和 v[2]), 误差为 v[2]−v[1] 和 v[1]−v[0].map 函数对给定的函数进行计算, 这里使用 lambda 便捷地定义函数, f(v) = [v[1], v[2]−v[1], v[1]−v[0]].

以上是贝叶斯框架下使用 MCMC 方法对模型拟合的基本过程, 基于给定的模型函数和观测数据, 将似然函数、先验分布函数和后验分布函数描写明确, 然后调用 MCMC 算法进行抽样计算, 从而得到最终的后验分布的明确形式, 进而得到模型参数的最优解. 可以看到对于给定的模型函数和观测数据, 似然函数的描述、先验分布的描述及后验分布的描述有一定的规律, 所以在显示最终的拟合结果之前, 我们用 IDL 的语句写一个完整的程序, 完成对 MCMC 算法的调用. 基本的思想如下:

(1) 相同格式的先验分布描述和相同格式的后验分布的描述, 可以用 IDL 的语句产生先验分布和后验分布的 Python 语句的描述;

(2) 相同格式的 MCMC 主体的调用描述, 可以用 IDL 语句进行 Python 语句描述的编写;

(3) 最终的结果分析和展示, 可以使用熟悉的 IDL 语句进行;

(4) 唯一需要注意的是, 基于不同的模型函数构建似然函数时, 需要额外的 IDL 描述.

对应的 IDL 主程序编写如下, 主要包含如下几个部分: 函数 create_head 生成脚本文件中通用的前几行信息, 函数 create_lnprior 生成 Python 语句中对应的先验分布函数的描述, 函数 create_post 生成 Python 语句中对应的后验分布函数的描述, 程序 mcmc_idl 包含最终结果的分析和展示为程序的主体.

程序 mcmc_idl.pro

```
1   FUNCTION create_head, file_name
2   ; 将必要的信息写入 Python 的脚本文件中
3
4   ; 参数介绍:
5    ; file_name: Python 脚本文件的名称
6
7      ; /append 关键词允许随时打开该脚本文件向其中添加内容
```

```
8     openw, Lun, file_name, /get_lun, /append
9
10    ;Python 脚本文件通用的前两行信息
11    printf, Lun, '#!/usr/bin/python'
12    printf, Lun, '#' + file_name
13    printf, Lun, '        '
14
15    ; 加载需要的模块
16    printf, Lun, 'import sys, os'
17    printf, Lun, 'import numpy as np'
18    printf, Lun, 'from scipy.integrate import odeint'
19    printf, Lun, 'import scipy.optimize as op'
20    printf, Lun, 'import emcee, pyfits'
21    printf, Lun, '    '
22    Free_lun, Lun
23  END
24
25  FUNCTION create_lnprior, file_name, lim0 = lim0, lim1 = lim1
26  ; 生成先验分布函数的描述
27
28  ; 参数介绍:
29  ; file_name: Python 脚本文件的名称
30  ; lim0: 指定参数的下限
31  ; lim1: 指定参数的上限
32
33    openw, Lun, file_name, /get_lun,/append
34
35    printf, Lun, '# function of ln(prior distribution)'
36
37    ; 检查数组 lim0 和 lim1 中是否含有相同数目的数值
38    NL = N_elements(lim0) & NU = N_elements(lim1)
39    IF NL NE NU THEN BEGIN
40      print, 'PLEASE INPUT THE CORRECT LIMITS FOR MODEL
              PARAMETERS'
41      STOP
42    ENDIF
43
44    ; 写入先验分布函数的 Python 描述, 注意 def 段落的格式
45      ; 且使用 theta 作为参数的代称
46    printf, Lun, 'def lnprior(theta):'
```

```
47
48      str = '     if '
49      FOR i=0, NL−1L DO BEGIN
50         IF i ne NL −1L THEN BEGIN
51         str = str + strcompress(string(lim0[i]),/remove_all) + ' < ' + $
52               'theta[' + strcompress(string(i),/remove_all) + ']' + $
53               ' < ' + strcompress(string(lim1[i]),/remove_all) +' and '
54         ENDIF ELSE $
55         str = str + strcompress(string(lim0[i]),/remove_all) + ' < ' + $
56               'theta[' + strcompress(string(i),/remove_all) + ']' + $
57               ' < ' + strcompress(string(lim1[i]),/remove_all)
58      ENDFOR
59      printf, Lun, str +':'
60      printf, Lun, '          return 0.0 '
61      printf, Lun, '     return −np.inf'
62      printf, Lun, '                         '
63      Free_lun, Lun
64   END
65
66   FUNCTION create_post, file_name
67   ; 后验分布函数的 Python 的描述
68
69   ; 参数介绍:
70    ; file_name: Python 脚本文件的名称
71
72     openw, Lun, file_name, /get_lun,/append
73     printf, Lun, '# function of \ln(posterior  distribution)'
74
75      ; 注意 def 的书写格式, 且使用 theta 作为参数的代称
76     printf, Lun, 'def lnprob(theta, x, y, yerr):'
77     printf, Lun, '     lp = lnprior(theta)'
78     printf, Lun, '     if not np. isfinite (lp):'
79     printf, Lun, '          return −np.inf'
80     printf, Lun, '     return lp + lnlike(theta, x, y, yerr)'
81     printf, Lun, '                    '
82     Free_lun, Lun
83   END
84
85   FUNCTION create_lnlike, file_name, part = part
86   ; 似然函数的 Python 描写
```

```
87
88   ; 参数介绍:
89   ; file_name: Python 脚本文件的名称
90   ; part: 包含 Python 语句的似然函数的主体
91
92     openw, Lun, file_name, /get_lun,/append
93     printf, Lun, '#function of \ln(likelihood function)'
94
95     ; 注意 def 的书写格式, 使用 theta 作为参数的代称
96      ; 且应当注意, 使用 ym 代称函数的返回值
97
98     printf, Lun, 'def lnlike(theta, x, y, yerr):'
99
100  IF N_elements(part) Gt 0 THEN BEGIN
101  FOR i =0, N_elements(part) −1L DO BEGIN
102      printf, Lun, '     ' + part[i]
103  ENDFOR
104  ENDIF ELSE BEGIN
105      print, 'PLEASE INPUT THE DESCRIPTION OF THE MODEL
                FUNCTION'
106      STOP
107  ENDELSE
108
109    printf, Lun, '    inv_sigma2 = 1.0/(yerr**2 + ' + $
110    printf, Lun,              'ym**2*np.exp(2.0*theta[len(theta)−1]))'
111    printf, Lun, '    return −0.5*(np.sum((y−ym)*(y−ym)*inv_sigma2'+ $
112                                 ' − np.log(inv_sigma2)))'
113    printf, Lun, '                      '
114    Free_lun, Lun
115  END
116
117  FUNCTION create_model, file_name, part = part
118  ; 模型参数的 Python 描述
119
120  ; 参数介绍:
121  ; file_name: Python 脚本文件的名称
122  ; part: 包含 Python 语句的模型函数的主体
123
124    openw, Lun, file_name, /get_lun,/append
125    printf, Lun, '#the model function'
```

```
126
127    FOR i=0, N_elements(part) −1L DO BEGIN
128        printf, Lun, part[i]
129    ENDFOR
130     printf, Lun, '                        '
131    Free_lun, Lun
132  END
133
134  Pro mcmc_idl, data_file = data_file, pyfile = pyfile, $
135      par_low = par_low, par_up = par_up, model_part = model_part, $
136      like_part = like_part, par_start = par_start, $
137      nwalkers = nwalkers, nburn = nburn, show = show, $
138      skip_nburn = skip_nburn, ps = ps, fig_file = fig_file, $
139      sim_model = sim_model, com_model = com_model, $
140      info_prob = info_prob, par_save = par_save, $
141      par_fit = par_fit
142
143  ; 程序目的:
144  ; 在 IDL 中便捷地调用 Python 中的完备高效的 MCMC 算法
145
146  ; 参数解释:
147  ; pyfile: Python 可执行脚本文件的名称
148  ; data_file: 包含观测数据的文件名, 前三列数据分别为 x, y 以及 yerr
149  ; par_low: 给定的参数的下限
150  ; par_up: 给定的参数的上限
151  ; model_part: 给定的模型函数的完整的 Python 描述, 包含 def 行和 return 行
152  ; like_part: 给定的似然函数的 Python 描述的主体, 不包含 def 行和 return 行
153  ; 包含详细的说明, 直到指定 ym 的函数形式
154  ; par_start: 给定参数的初始值
155  ; nwalkers: 指定 nwalkers 的大小
156  ; nburn: 指定 nburn 的大小
157  ; skip_nburn: 存储最终数据时, 指定前面多少个 burn 的数据忽略
158  ; fig_file: 最终生成的 eps 文件的名称
159  ; /ps: 是否将结果 s 存储到 eps 文件中
160  ; /show: 是否在屏幕上显示基本的结果
161  ; /sim_model: 简单模型函数的举例, 基于图 4.1 的数据使用 MCMC 算法再次拟合
162  ; /com_model: 复杂模型函数的举例, 基于式 (5.4), 使用 MCMC 算法拟合
163  ; info_prob: 存储 MCMC 每次运行基本结果的数据文件名
164  ; par_save: 存储最终模型参数结果的数据文件名, 由 Python 中的 map 函数获得
165    ; 但并不一定准确
```

```
166   ; par_fit: 存储最终数据的fits文件, 名包含[Npar, nwalkers×(nburn−skip_nburn)]
167     ; 个数据
168     ; 数据文件的定义, 以简单的模型函数为例, 读取 RBLR_L_py.dat
169     ; 以复杂的模型函数为例, 读取 data_yc.dat
170     IF keyword_set(sim_model) THEN $
171       IF N_elements(data_file) EQ 0 THEN data_file = 'RBLR_L_py.dat'
172     IF keyword_set(com_model) THEN $
173       IF N_elements(data_file) EQ 0 THEN data_file = 'data_yc.dat'
174
175     ; Python 可执行脚本文件的名称
176     IF n_elements(pyfile) EQ 0 THEN pyfile = 'mcmc_idl.py'
177     IF keyword_set(sim_model) THEN pyfile = 'sim_model_' + pyfile
178     IF keyword_set(com_model) THEN pyfile = 'com_model_' + pyfile
179
180     ; 由于写入脚本文件 pyfile 时, 使用了/append 关键词
181     ; 每次运行 mcmc_idl.pro 时, 都将首先清除 pyfile
182     IF file_test(pyfile) THEN spawn, 'rm −rf ' + pyfile
183
184     ; 将通用的信息写入脚本文件 pyfile 中
185     res0 = create_head(pyfile)
186
187     ; 指定参数的上下限, 为创建先验分布函数的 Python 描述做准备
188     IF keyword_set(sim_model) THEN BEGIN
189       par_low = [−5, −50, −2]
190       par_up = [5, 1,   1]
191     ENDIF
192     IF keyword_set(com_model) THEN BEGIN
193       par_low = [0, 1, 0, −10]
194       par_up = [50, 3, 1,   1]
195     ENDIF
196     ; 生成先验分布函数的 Python 描述
197     res1 = create_lnprior(pyfile, lim0 = par_low, lim1 = par_up)
198
199     ; 生成后验分布函数的 Python 描述
200     res2 = create_post(pyfile)
201
202     ; 添加模型函数的 Python 语句的完整描述
203     ; 以 def 开始, 以 return 结束, 且注意格式
204     ; 定义的函数名称, 将在 like_part 中出现
205     ; 下面是简单模型函数 y=a+bx 的 Python 的描述
```

```
206   IF keyword_set(sim_model) THEN BEGIN
207       model_part = ['def model_fun(theta, x, args):' , $
208                   '     ym = theta[0] * x + theta[1]', $
209                   '     return ym']
210   ENDIF
211   ; 下面是复杂模型函数式 (5.4) 的 Python 描述
212   IF keyword_set(com_model) THEN BEGIN
213       model_part = ['def model_ode(z, t, k):', $
214                   '     A=z[0]; B=z[1]; C=z[2]; D=z[3]', $
215                   '     dydx = −k[0]*A*B − k[1]*A*C − k[2]*A*D;', $
216                   '     dbdx = −k[0]*A*B;', $
217                   '     dcdx = +k[0]*A*B − k[1]*A*C;', $
218                   '     dddx = +k[1]*A*C − k[2]*A*D;', $
219                   '     dedx = +k[2]*A*D;', $
220                   '     ydot = [dydx, dbdx, dcdx, dddx, dedx];', $
221                   '     return  ydot']
222   ENDIF
223
224   ; 书写完整的模型函数到脚本文件中
225   res3 = create_model(pyfile, part = model_part)
226
227   ; 似然函数的 Python 语句的主体描述
228   ; 不包括 def 行和 return 行
229   ; 下面是基于简单模型函数的似然函数的主体描述
230   ; 只需要描写出模型函数的变量 ym 的明确形式
231   IF keyword_set(sim_model) THEN BEGIN
232       like_part = ['ym = model_fun(theta, x, y)']
233   ENDIF
234   ; 下面是基于复杂模型函数的似然函数的主体描述
235   ; 只需要描写出模型函数的变量 ym 的明确形式
236   IF keyword_set(com_model) THEN BEGIN
237       like_part = ['A0 = 0.02090; B0 = A0/3; C0 = 0; D0 = 0; E0 = 0;', $
238                   'y0 = [A0, B0, C0, D0, E0];', $
239                   'yc = odeint(model_ode, y0, x, '+ $
240                   'args = ([theta [0], theta [1], theta [2]],) );', $
241                   'ym = yc[:,0]']
242   ENDIF
243
244   ; 生成完整的似然函数
245   res4 = create_lnlike(pyfile, part = like_part)
```

```
246
247   ; 开始在 Python 中读入需要模型拟合的数据
248   ; 数据文件的前三列分别为自变量 x、变量 y 以及 y 的误差
249   openw, Lun, pyfile, /get_lun, /append
250   printf, Lun, '                  '
251   printf, Lun, '#readin the datafiles'
252   printf, Lun, 'data = np.loadtxt(' + '"' + data_file + '"' + ')'
253   printf, Lun, 'x = data.T[0]'
254   printf, Lun, 'y = data.T[1]'
255   printf, Lun, 'yerr = data.T[2]'
256
257   ; 在调用 MCMC 算法之前, 先使用 op.minimize 模块得到一个优化解
258   ; 使用已经定义好的似然函数
259   printf, Lun, '          '
260   printf, Lun, '#runing the op.minimize'
261   printf, Lun, 'nll = lambda *args: −lnlike(*args)'
262   ; 设定初始值
263   ; 由于不确定模型中参数的个数, 所以使用了如下的迭代
264   ; 也就是说, mcmc_idl 程序并不限定模型参数的个数
265
266   ; 对于简单模型函数和复杂模型函数的参数的初始值
267   IF keyword_set(sim_model) THEN par_start = [−2, −5, 1]
268   IF keyword_set(com_model) THEN par_start = [15, 1.5, 0.5, 0.1]
269
270   ; 判断是否输入了参数的初始值, par_start 不能为空
271   IF N_elements(par_start) LE 0 THEN BEGIN
272      print, 'PLEASR INPUT THE CORRECT STARTING VALUES OF THE'
273      +' PARAMETERS'
274      STOP
275   ENDIF
276   STARTING = '['
277   FOR i=0, N_elements(par_start) −1L DO BEGIN
278      IF i ne N_elements(par_start) −1L THEN BEGIN
279         STARTING = STARTING + STRCOMPRESS(string(par_start[i]), $
280                  /remove_all) +', '
281      ENDIF ELSE BEGIN
282         STARTING = STARTING + STRCOMPRESS(string(par_start[i]), $
283                  /remove_all) + ']'
284      ENDELSE
285   ENDFOR
```

```
286
287    ; 运行 op.minimize 得到优化解 par_ini
288    printf, Lun, 'result = op.minimize(nll, ' + STARTING + $
289                           ', args=(x, y, yerr))'
290    printf, Lun, 'par_ini = result['+ '"' +'x'+ '"'+']'
291
292    ; 准备运行 MCMC 算法
293     ; 明确参数的个数
294    ndim = N_elements(par_low)
295
296     ; 明确 nwalkers 的数值
297    IF N_elements(nwalkers) EQ 0 THEN nwalkers = 400
298    printf, Lun, '                 '
299    printf, Lun, '#prepare for the mcmc running'
300    printf, Lun, 'ndim, nwalkers = ' + strcompress(string(ndim), ' +$
301                      '/remove_all) +', ' + $
302                  strcompress(string(nwalkers),/remove_all)
303    printf, Lun, 'pos0 = [result[' +'"'+'x'+'"'+'] + ' + $
304                      '1e-3*np.random.randn(ndim) for '+$
305                      'i in range(nwalkers)]'
306    printf, Lun, '               '
307
308     ; 明确 nburn 的数值
309    IF N_elements(nburn) EQ 0 THEN nburn = 500
310
311     ; 运行 MCMC 算法
312    printf, Lun, '                '
313    printf, Lun, '#mcmc running'
314    printf, Lun, 'sampler = emcee.EnsembleSampler(nwalkers, ndim,' +$
315                           'lnprob, args=(x, y, yerr))'
316    printf, Lun, 'pos, prob, state = sampler.run_mcmc(pos0, ' + $
317                  strcompress(string(nburn),/remove_all) + ')'
318    printf, Lun, '                 '
319
320    ; 将基本的结果 pos, prob 存储到 info_prob 文件中
321     ; 不限定参数的个数
322    IF N_elements(info_prob) Eq 0 THEN info_prob = 'info_prob.dat'
323
324    IF keyword_set(sim_model) THEN info_prob = 'sim_model_' + info_prob
325    IF keyword_set(com_model) THEN info_prob = 'com_model_' + info_prob
```

```
326
327     printf, Lun, '#save the basic information for each nwlaker'
328     printf, Lun, ' file =open(' +'''' + info_prob +''''+',' + '''' + $
329                         'w' +'''' +')'
330     printf, Lun, 'for i in range(len(pos)):'
331
332     save_line = '    file .write('
333     FOR ip =0, ndim−1L DO BEGIN
334        IF ip ne ndim−1L THEN BEGIN
335           save_line = save_line + 'str(pos[i,' + $
336                         strcompress(string(ip),/remove_all) $
337                         + '])' + ' ' + ' ' + '''' + '  ' + ' '' ' + '+'
338        ENDIF ELSE $
339           save_line = save_line + 'str(pos[i,' +
340                         $strcompress(string(ip),/remove_all) $
341                         + '])' + ' ' + ' ' + '''' + ' ' + ' '' ' + '+' + $
342                         'str(prob[i])' + '+' + '''' + '\n' + '''' + ')'
343     ENDFOR
344     printf, Lun, save_line
345     printf, Lun, ' file .close ()'
346
347     ; 扣除 skip_nburn 的数据的影响
348     IF N_elements(skip_nburn) eq 0 THEN skip_nburn = 50
349     IF skip_nburn ge Nburn THEN BEGIN
350        print, 'SKIP_NWALKERS SHOULD BE MORE SMALLER THAN
                NWALKERS'
351        stop
352     ENDIF
353     printf, Lun, '                    '
354     printf, Lun, '# the final  results '
355     printf, Lun, 'samples = sampler.chain[:, ' + $
356                   strcompress(string(skip_nburn),/remove_all) + $
357                   ':,  :]. reshape((−1, ndim))'
358
359     ; 由于最终参数的数据过大, 为二维数据 [ndim, nwalkers×nburn−skip_nburn]
360     ; 所以选择存入 fits 文件 par_fit 中, 读取比较快捷
361     printf, Lun, '             '
362     printf, Lun, '#save the parameters into a fits  file '
363     printf, Lun, 'hdu = pyfits.PrimaryHDU(samples)'
364
```

```
365    IF N_elements(par_fit) EQ 0 THEN par_fit = 'par_mcmc.fits'
366    IF keyword_set(sim_model) THEN par_fit = 'sim_model_' + par_fit
367    IF keyword_set(com_model) THEN par_fit = 'com_model_' + par_fit
368
369    ; 如果 par_fit 文件已经存在, 先清除
370    IF file_test(par_fit) THEN begin
371       spawn, 'rm −rf ' + par_fit
372    ENDIF
373    printf, Lun, 'hdu.writeto(' + '"' + par_fit +'"' + ')'
374
375    ; 使用 Python 中的 map 函数粗浅地检查模型参数结果
376    printf, Lun, '            '
377    printf, Lun, '#basic final results   '
378    printf, Lun, 'par_fin = map(lambda v: ' + $
379            '(v[1], v[2]−v[1], v[1]−v[0]), '+ $
380            'zip(*np.percentile(samples, [16, 50, 84],' + $
381             ' axis=0)))'
382
383    ; 如果使用了关键词 show, 则在屏幕上显示 par_fin
384    IF keyword_set(show) THEN BEGIN
385       printf, Lun, '            '
386       printf, Lun, '# show the basic results in the screen'
387       FOR i =0, ndim−1L DO BEGI
388          printf, Lun,'print par_fin[' + $
389                  strcompress(string(i),/remove_all) + ']'
390       ENDFOR
391    ENDIF
392
393    ; 将 map 函数得到的结果存储在 par_save 文件中
394    IF N_elements(par_save) EQ 0 THEN par_save = 'par_mcmc.dat'
395    IF keyword_set(sim_model) THEN par_save = 'sim_model_' + par_save
396    IF keyword_set(com_model) THEN par_save = 'com_model_' + par_save
397
398    printf, Lun, '             '
399    printf, Lun, '#save the final results   '
400    printf, Lun, 'file =open(' +'"' + par_save +'"'+',' + '"' + $
401                  'w' +'"' +')'
402    printf, Lun, 'for i in range(ndim):'
403    save_par = '    file .write(str(par_fin[i][0]) ' + $
404              '+' + '"' + '  ' + '"' + ' + '+ $
```

```
405        'str(par_fin[i][1]) ' +$
406        '+' + '"' + '  ' + '"' + '+' + '+ $
407        'str(par_fin[i][2]) ' + ' + '+'"' + '\n' +'"' +')'
408    printf, Lun, save_par
409    printf, Lun, 'file.close()'
410
411    ; 完成 Python 可执行脚本 pyfile 的书写
412    Free_lun, Lun
413
414    ;spawn 调用 Python 运行 pyfile
415    SPAWN, 'python ' + pyfile
416
417    ; 所有的信息和结果都存储在 par_save, par_fit, info_prob 的文件中
418    ; 可以在 IDL 的环境下进行检查
419
420    ; 在 IDL 中读取三个文件中的数据
421    str  ='djs_readcol, info_prob, '
422    form = ''
423    FOR i=0, ndim−1L DO BEGIN
424        IF i ne ndim−1L THEN BEGIN
425            str = str + 'par' + strcompress(string(i),/remove_all) + ', '
426            form = form + 'D,'
427        ENDIF else begin
428            str = str + 'par' + strcompress(string(i),/remove_all) + $
429                ', ' + 'prob, '
430            form = form + 'D'
431        ENDELSE
432    ENDFOR
433    str = str +'format = ' +'"' +'(' + form + ')' +'"'
434    res = execute(str)
435
436    dpar = mrdfits(par_fit, 0)
437
438    djs_readcol, par_save, par_fin, par_fin_low, par_fin_up, $
439                format = 'D,D,D'
440
441    ; 将结果展示在图形中
442    ; 只简单地展示前三个模型参数的结果
443    ; 包括参数对 prob 的依赖
444    ; 参数的分布
```

```
445    ; 不同参数之间的相关性
446    IF keyword_set(ps) THEN BEGIN
447       IF N_elements(fig_file) EQ 0 THEN fig_file = 'mcmc_idl.ps'
448       IF keyword_set(sim_model) THEN fig_file = 'sim_model_' + fig_file
449       If keyword_set(com_model) THEN fig_file = 'com_model_' + fig_file
450       set_plot, 'ps'
451       device, file = fig_file, /encapsulate, /color, bits = 24, $
452              xsize= 90, ysize= 60
453    ENDIF
454
455    !p.multi = [0, 3, 3]
456
457    plothist, dpar[0, *], xb, yb, bin = mean(dpar[0, *])/40., $
458           charsize=5.5, xtitle = 'P0', $
459           ytitle = 'Number', charthick=4
460    plothist, dpar[0, *], xb, yb, bin = mean(dpar[0, *])/40., $
461           color=djs_icolor('blue'), /overplot
462    oplot, [par_fin[0], par_fin[0]], [0, max(yb)*2], thick = 4.5, $
463           color=djs_icolor('red'), line=2
464    oplot, [par_fin[0], par_fin[0]]−par_fin_low[0],[0, max(yb)*2], $
465           thick = 4.5, color=djs_icolor('red'), line=2
466    oplot, [par_fin[0], par_fin[0]] + par_fin_up[0],[0, max(yb)*2], $
467           thick = 4.5, color=djs_icolor('red'), line=2
468
469    plothist, dpar[1, *], xb, yb, bin = mean(dpar[1, *])/40., $
470           charsize=5.5, xtitle = 'P1', $
471           ytitle = 'Number', charthick=4
472    plothist, dpar[1, *], xb, yb, bin = mean(dpar[1, *])/40., $
473           color=djs_icolor('blue'), /overplot
474    oplot, [par_fin[1], par_fin[1]], [0, max(yb)*2], thick = 4.5, $
475           color=djs_icolor('red'), line=2
476    oplot, [par_fin[1], par_fin[1]]−par_fin_low[1], [0, max(yb)*2], $
477           thick = 4.5, color=djs_icolor('red'), line=2
478    oplot, [par_fin[1], par_fin[1]]+par_fin_up[1], [0, max(yb)*2], $
479           thick = 4.5, color=djs_icolor('red'), line=2
480
481    plothist, dpar[2, *], xb, yb, bin = mean(dpar[2, *])/40., $
482           charsize=5.5, xtitle = 'P2', $
483           ytitle = 'Number', charthick=4
484    plothist, dpar[2, *], xb, yb, bin = mean(dpar[2, *])/40., $
```

```
485         color=djs_icolor('blue'), /overplot
486    oplot, [par_fin[2], par_fin[2]], [0, max(yb)*2], thick = 4.5, $
487         color=djs_icolor('red'), line=2
488    oplot, [par_fin[2], par_fin[2]]−par_fin_low[2], [0, max(yb)*2], $
489         thick = 4.5, color=djs_icolor('red'), line=2
490    oplot, [par_fin[2], par_fin[2]]+par_fin_up[2], [0, max(yb)*2], $
491         thick = 4.5, color=djs_icolor('red'), line=2
492
493    plot, par0(sort(par0)), prob(sort(par0)), xs=1, ys =1, $
494         yrange = [min(prob),max(prob)+0.1*(max(prob)−min(prob))], $
495         psym=10, xtitle = 'P0', ytitle = 'prob', charsize=5.5, $
496         ytickformat = '(A1)', nsum = 3, charthick=4
497    oplot, par0(sort(par0)), prob(sort(par0)), psym=10, $
498         color=djs_icolor('blue'), nsum=3
499    oplot, [par_fin[0],par_fin[0]], [min(prob)/2, max(prob)*2], $
500         thick = 4, line=2, color=djs_icolor('red')
501
502    plot, par1(sort(par1)), prob(sort(par1)), xs=1, ys =1, $
503         yrange = [min(prob),max(prob)+0.1*(max(prob)−min(prob))], $
504         psym=10, xtitle = 'P1', ytitle = 'prob', charsize=5.5, $
505         ytickformat = '(A1)', nsum=3, charthick=4
506    oplot, par1(sort(par1)), prob(sort(par1)), psym=10, $
507         color=djs_icolor('blue'), nsum=3
508    oplot, [par_fin[1],par_fin[1]], [min(prob)/2, max(prob)*2], $
509         thick = 4, line=2, color=djs_icolor('red')
510
511    plot, par2(sort(par2)), prob(sort(par2)), xs=1, ys =1, $
512         yrange = [min(prob), max(prob)+.1*(max(prob)−min(prob))], $
513         psym=10, xtitle = 'P2', ytitle = 'prob', charsize=5.5, $
514         ytickformat = '(A1)',nsum=3, charthick=4
515    oplot, par2(sort(par2)), prob(sort(par2)), psym=10, $
516         color=djs_icolor('blue'),nsum=3
517    oplot, [par_fin[2],par_fin[2]], [min(prob)/2, max(prob)*2], $
518         thick = 4, line=2, color=djs_icolor('red')
519
520    ; 前三个模型参数的相关性
521    con_fig, dpar[0,*], dpar[1,*], npx = 40, npy = 40, nl = 10, $
522         /follow, xs = 1, ys = 1, xtitle = 'P0', ytitle = 'P1', $
523         charsize=5.5, c_color=djs_icolor('blue'), charthick=4
524    oplot,[par_fin[0], par_fin[0]], [par_fin[1],par_fin[1]],psym=1, $
```

```
525        symsize=5, color=djs_icolor('red'), thick = 3
526
527    con_fig, dpar[1,*], dpar[2,*], npx = 40, npy = 40, nl = 10, $
528        /follow, xs = 1, ys = 1, xtitle = 'P1', ytitle = 'P2', $
529        charsize=5.5, c_color=djs_icolor('blue'), charthick=4
530    oplot,[par_fin[1],par_fin[1]],[par_fin[2], par_fin[2]], psym=1, $
531        symsize=5, color=djs_icolor('red'), thick = 3
532
533    con_fig, dpar[2,*], dpar[0,*], npx = 40, npy = 40, nl = 10, $
534        /follow, xs = 1, ys = 1, xtitle = 'P2', ytitle = 'P0', $
535        charsize=5.5, c_color=djs_icolor('blue'), charthick=4
536    oplot,[par_fin[2], par_fin[2]], [par_fin[0],par_fin[0]],psym=1, $
537        symsize=5, color=djs_icolor('red'), thick = 3
538
539    IF keyword_set(ps) THEN BEGIN
540        device, /close
541        set_plot,'x'
542    ENDIF
543 END
```

在上面的程序中, 我们使用了一个程序 con_fig 用来方便地生成等高线图, 该程序的具体内容类似第 3 章程序 BPT_plot.pro 中的内容, 这里将其写为一个独立的函数, 以方便调用, 来完成对两个一维数组基于空间数密度的等高线图的展示, 具体内容如下:

程序 con_fig.pro

```
1  Pro con_fig,x,y,_EXTRA = KeywordsForContour,npx = npx, npy = npy
2
3  ; 目的: 方便完成两个一维数组的数密度分布的等高线图
4
5  ; 参数解释:
6  ; x,y: 输入的两个一维数组
7  ; npx, npy: 对横轴数据和纵轴数据进行区间的划分
8  ; _EXTRA=KeywordsForContour: contour 函数接受的参数和关键词
9
10   IF n_elements(npx) eq 0 THEN npx = 100
11   IF n_elements(npy) eq 0 THEN npy = 100
12
13   ; 统计每个小区间的数据点的数目
14   arr=DINDGEN(npx,npy)
```

```
15    FOR i=0,npx−1L DO BEGIN
16       FOR j=0,npy−1L DO BEGIN
17          x1=min(x)+DINDGEN(npx+1L)*(max(x)−min(x))/npx
18          y1=min(y)+DINDGEN(npy+1L)*(max(y)−min(y))/npy
19          arr[i,j]=n_elements(where((x ge x1[i] and x lt x1[i+1]) $
20                          and (y ge y1[j] and y lt y1[j+1])))
21       ENDFOR
22    ENDFOR
23
24    ; 进行平滑美化, 不影响真实结果
25    kernel  =[0.001,0.01,0.05,0.5,1.0,0.5,0.05,0.01,0.001]
26    arr=convol(arr,kernel/total(kernel),/center,/edge_wrap, $
27                  /edge_truncate)
28
29    ; 标定横轴和纵轴的刻度
30    dim = size(arr,/dimen)
31    x0 = min(x)+DINDGEN(dim[0])*(max(x)−min(x))/(dim[0]−1)
32    y0 = min(y)+DINDGEN(dim[1])*(max(y)−min(y))/(dim[1]−1)
33
34    ; contour 函数完成等高线图的展示
35    Contour,arr,x0,y0,_EXTRA = KeywordsForContour
36
37    END
```

这里以图 4.1 中的观测数据为例, 对于简单的线性模型的拟合, 可以如下运行 mcmc_idl 程序, 其中读取的观测数据已经存储在数据文件 RBLR_L_py.dat, 共有三列数据, 第一列为观测的自变量 x (即连续谱的光度 $\log(L_{con})$), 第二列为观测的变量 y (即 1 宽发射线区的尺度 $\log(R_{blr})$), 第三列为 y 的误差. 同时在 mcmc_idl 的程序中, 已经将线性函数的函数主体及其在似然函数中的表达描述清楚 (可使用关键词 sim_model), 作为简单的例子, 可以直接运行如下:

以图 4.1 的结果为例运行程序 mcmc_idl.pro

```
1    IDL> .compile mcmc_idl
2    % Compiled module: CREATE_HEAD.
3    % Compiled module: CREATE_LNPRIOR.
4    % Compiled module: CREATE_POST.
5    % Compiled module: CREATE_LNLIKE.
6    % Compiled module: CREATE_MODEL.
7    % Compiled module: MCMC_IDL.
8    IDL> mcmc_idl, /sim_model, /show, /ps
```

```
9   主要的屏幕信息输出
10  (0.475062680707111, 0.029426226272297962, 0.030175026864433241)
11  (−19.397363615949985, 1.3008000346460982, 1.2665050864272018)
12  (−1.8335844819318745, 0.11382730667671859, 0.097783601465405878)
```

屏幕输出的三行数据, 即模型参数的最终结果及其上下误差, 也即简单的线性函数如下:

$$y = -19.397^{+1.267}_{-1.301} + 0.475^{+0.030}_{-0.029} \times x \tag{5.8}$$

与式 (4.4) 的结果基本保持一致. 运行程序 mcmc_idl.pro 后, 生成 Python 的可执行脚本 sim_model_mcmc_idl.py, 所有输出的结果存储在 sim_model_info _prob.dat、sim_model_par_mcmc.dat、sim_model_par_mcmc.fits 文件中. 这里不再给出如图 4.1 的拟合结果, 但是对模型参数的分析结果如图 5.1 所示, 该结果不仅很好地展现了模型参数的后验分布形式, 并且从分布中可以很合理地给定模型参数的误差. 比如从第一行和第二行的图形中, 峰值对应的参数值即是模型参数的最佳数值, 而从第一行图形中的参数分布中, 使用包含比例 16%, 84% 对应的参数为模型参数的上下边界 (即第一行图形中的峰值两侧的两条虚线), 或者直接使用峰值的一半处对应的参数值为参数的上下边界.

  类似于简单模型函数的调用, 基于式 (5.4) 的复杂模型函数的调用是类似的, 在 mcmc_idl 的程序中, 已经将复杂函数的函数主体及其在似然函数中的表达描述清楚 (可使用关键词 com_model), 因此作为另外一个例子, 我们展示复杂模型函数调用 MCMC 算法的实例. 其中读取的观测数据已经存储在数据文件 data_yc.dat 中, 共有三列数据, 第一列为观测的自变量 x, 第二列为观测的变量 y, 第三列为变量 y 的误差.

以复杂函数式 (5.4) 为例运行程序 mcmc_idl.pro

```
1   IDL> .compile mcmc_idl
2   % Compiled module: CREATE_HEAD.
3   % Compiled module: CREATE_LNPRIOR.
4   % Compiled module: CREATE_POST.
5   % Compiled module: CREATE_LNLIKE.
6   % Compiled module: CREATE_MODEL.
7   % Compiled module: MCMC_IDL.
8   IDL> mcmc_idl, /sim_model, /show, /ps
9   主要的屏幕信息输出
10  14.1953482306   13.8221899992   5.02685219741
```

```
11   1.61289365883   0.186066060923   0.15356764276
12   0.281137894606   0.0185810120557   0.0170762828637
13   −7.04947857995   2.48606980136   2.12462709564
```

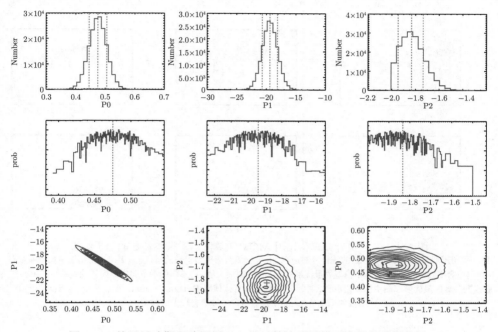

图 5.1 基于贝叶斯理论调用 MCMC 算法后对模型参数的分析结果

第一列图形展示模型参数的统计分布情况, 峰值一般对应模型参数的最优解; 第二列图形展示模型参数对 prob (或者 likelihood) 的依赖, 模型的最优解对应 prob 的最大值; 第三列展示不同参数间依赖关系, 中心位置一般代表参数的最优解. 图中的峰值位置、中心位置等都是直接使用了 Python 中 map 函数得到的结果

　　因此给出的复杂模型函数中需要的三个参数的数值及其误差分别为: $14.195^{+5.027}_{-13.822}$, $1.613^{+0.154}_{-0.186}$ 以及 $0.281^{+0.017}_{-0.019}$, 并且运行程序 mcmc＿idl.pro 后, 生成 Python 的可执行脚本 com＿model＿mcmc＿idl.py, 所有输出的结果存储在 com＿model＿info＿prob.dat、com＿model＿par＿mcmc.dat 以及 com＿model＿par＿mcmc.fits 文件中. 在给出拟合结果之前, 先检验模型参数的分析结果如图 5.2 所示, 可以看出由 map 函数给定的第一个参数的估计值严重偏离了分布的最大值, 因此即使 Python 中的 map 函数给出了参数的结果, 最好也亲自检查一下参数的分布, 看看是否合适. 由 map 函数给定的第一个参数的数值为 14.195, 但是从图 5.2 的结果来看, 该参数的最佳数值应该在 10 附近. 进而基于给定的模型参数, 重新调用 odeint 函数, 图 5.3 展示了最终的拟合结果.

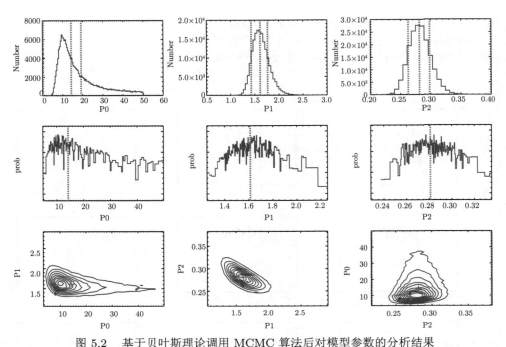

图 5.2　基于贝叶斯理论调用 MCMC 算法后对模型参数的分析结果

第一列图形展示前三个模型参数的统计分布情况, 峰值一般对应模型参数的最优解, 第二列图形展示模型参数对 prob (或者 likelihood) 的依赖, 模型的最优解对应 prob 的最大值, 第三列展示不同参数间依赖关系, 中心位置一般代表参数的最优解. 图中的峰值位置、中心位置等都是直接使用 Python 中 map 函数得到的结果. 第一个参数的最优值与 map 函数给定的数值有较大的偏差

重新调用 Python 中的 odeint 函数

```
1   ; 在 Python 环境中
2   >>>data = np.loadtxt('data_yc.dat')
3   >>>x = data.T[0]
4   >>>y = data.T[1]
5   >>>yerr = data.T[2]
6   >>>A0 = 0.02090; B0 = A0/3; C0 = 0; D0 = 0; E0 = 0;
7   >>>y0 = [A0, B0, C0, D0, E0];
8   >>>yc = odeint(model_ode, y0, x, args = ([10.0, 1.6128, 0.2811],));
9   >>>file=open('yc_fit.dat','w')
10  >>>for i in range(len(yc)):
11  ···     file .write(str(x[i]) +' '+ str(y[i]) +' '+str(yerr[i])+' ' \
12  ···         +str(yc[i,0]) + ' ' + str(yc[i,1]) + ' '+ str(yc[i,2]) \
13  ···             + ' '+str(yc[i,3]) + ' ' + str(yc[i,4]) + '\n')
14  ···
```

```
15 | >>>file.close()
```

其中在 mcmc_idl 程序中定义的 model_ode, 其第一个参数的取值 10 对应分布的峰值, 而不是 map 函数给出的 14, 基于最佳模型参数得到的最终数据存储在数据文件 yc_fit.dat 中, 包含 8 列数据, 分别为 x、y、yerr、yfit 以及中间变量 B、C、D、E 的成分. 拟合结果展示在图 5.3 中. 在 IDL 环境下如下运行:

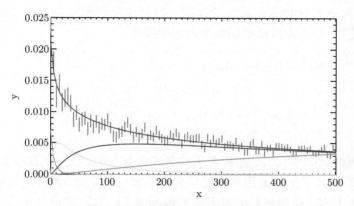

图 5.3 复杂模型函数对观测数据的拟合
红色的点代表观测数据, 蓝色的线代表最佳拟合结果, 绿色的线、黄色的线、
紫色的线以及粉色的线代表中间参量 B、C、D、E 的贡献

显示复杂函数的拟合结果

```
 1 | IDL> djs_readcol,'yc_fit.dat',x,y,yerr,yfit ,b,c,d,e, $
 2 | IDL>                    format = 'D,D,D,D,D,D,D,D'
 3 | IDL>plotsym,0,/fill,0.5,color=djs_icolor(red')
 4 | IDL>plot,x, y, psym=8, charsize=2, xtit = 'x', ytit = 'y'
 5 | IDL>DJS_OPLOTERR,x,y,yerr=yerr,color=djs_icolor(red')
 6 | IDL>oplot,x,yfit,color=djs_icolor('blue'),thick = 2
 7 | IDL>oplot,x,b,color=djs_icolor('green'),thick = 2
 8 | IDL>oplot,x,c,color=djs_icolor('yellow'),thick = 2
 9 | IDL>oplot,x,d,color=djs_icolor('purple'),thick = 2
10 | IDL>oplot,x,e,color=djs_icolor('pink'),thick = 2
```

5.5 调用外部 Python 语言中的时间序列分析程序

在天文学中, 很多前沿的研究热点都和时间序列相关, 比如各种剧烈的光变现象, 这种时间序列数据的分析模型往往基于最基本的 AR 过程 (autoregressive process, 或者随机游走过程) 和 MA 过程 (moving average process). 遗憾的是, AR 模型的构建和后续的模型分析在 IDL 中是几乎不存在的 (只有在较新版本的 IDL 中才出现了几个极其简单的关于 AR 模型的函数 IMSL_ARMA, IMSL_GARCH 等), 需要花费大量的精力进行模型的编写和中后期的编译执行过程. 但是 Python 语言提供了丰富、完备的对时间序列的分析包. 因此, 在本节中, 我们简单介绍使用 IDL 的 SPAWN 程序外部调用 Python 模块对时间序列的分析.

先简单介绍一下时间序列的数学模型. 时间序列的数学描述的基本模型是 ARMA(p, q) 过程, 基于离散模型的数学表达形式为

$$Y_t = \mathrm{AR}(p) + \mathrm{MA}(q)$$

$$= \phi_0 + \sum_{i=1}^{p} \phi_i \times Y_{t-i} + \epsilon_t + \sum_{j=1}^{q} \theta_j \times \epsilon_{t-j} \tag{5.9}$$

其中 Y_t 为观测的时间序列, ϵ_t 则代表了满足正态分布的误差 (高斯误差). 早期的 ARMA 模型是为了更好地预测和处理金融数据而诞生的, 通过对现有经济学数据的 ARMA 模拟, 得到更好的对未来的预测结果. 然而这种 ARMA(p, q) 的离散的数学模型, 对于天文数据的处理并没有优势, 因为对于复杂的时间序列来说, 需要的模型参数 ϕ 和 θ 的数目会较多, 而且模型参数对应的物理意义并不明确. 不同于金融数据的前景预测, 天文数据更看重时间序列本身所蕴含的物理意义及其对应的模型参数的物理解释, 需要对时间序列所包含的物理参数有足够的理解. 因此, 离散的时间序列的处理方式并不适合天文数据. 对天文学中的时间序列来说, 更多的是考虑基于连续模型的数学表达形式 (微分形式) (the continuous autoregressive moving average process, the CARMA process), 而且 CARMA (p, q) 模型还具有离散的 ARMA(p, q) 模型所不具有的一个巨大的优势: 使用离散的 ARMA(p, q) 模型处理数据时, 要求观测的数据具有很好的等时间间隔的离散分布 (regular time series), 而 CARMA(p, q) 模型则对观测数据的分布没有任何要求 (irregular time series). 通常用的 CARMA(p, q) 模型的函数表达形式在使用微分符号 $\mathcal{D}$ 的情况下表述如下:

$$\mathcal{D}^p y_t = \mathcal{D}^q \epsilon_t$$

$$\mathcal{D}^p y_t = \frac{\mathrm{d}^p y_t}{\mathrm{d}t^p} + \alpha_{p-1}\frac{\mathrm{d}^{p-1} y_t}{\mathrm{d}t^{p-1}} + \cdots + \alpha_0 \times y_t \tag{5.10}$$

$$\mathcal{D}^q \epsilon_t = \epsilon_t + \beta_q \times \frac{\mathrm{d}^q \epsilon_t}{\mathrm{d}t^q} + \beta_{q-1} \times \frac{\mathrm{d}^{q-1} \epsilon_t}{\mathrm{d}t^{q-1}} + \cdots + \beta_1 \times \frac{\mathrm{d}\epsilon_t}{\mathrm{d}t}$$

其中微分 $\mathcal{D}^{p}y_{t}$ 表示函数 y_{t} 的 p 阶微分之和, ϵ_{t} 是方差为 σ^{2}、中心值为 0 的高斯噪声. 而且天文学时间序列的处理中, 往往常用的是 CARMA(p,q) 模型中的特例 CARMA$(1,0)$, 因此, 本节中只简单叙述 CARMA(p,q) 模型的相关讨论, CARMA$(1,0)$ 不再做特殊说明.

值得注意的是, CARMA(p,q) 模型并不是对所有的时间序列都是合适的, 在对时间序列使用 CARMA(p,q) 模型 (或者离散的 ARMA(p,q) 模型) 进行模拟之前, 该时间序列应该是一个平稳的时间序列 (stationarity time series). 一个平稳的时间序列应该满足如下三个条件, 时间序列的平均值 $E(Y_{t})$ 和方差 Var(y_{t}) 是不依赖时间变化的常数, 时间序列的协方差 cov(y_{t}, y_{t+k}) 是仅依赖时间间隔的函数. 一般情况下, 对于非平稳的时间序列, 往往可以通过一次或者多次差分的方法, 将其回归到一个平稳的时间序列中, 进而可以使用 CARMA(p,q) 模型进行拟合. 对时间序列的平稳性检验, 可以简单地通过自相关函数 (autocorrelation function) 来检验, 如果自相关函数快速地下降 (类似快速的指数下降) 并趋于 0, 则说明该时间序列是一个平稳的时间序列. 时间序列 y_{t} 的自相关函数的数学描述为

$$\mathrm{ACF}(k) = \frac{\mathrm{Covariance}(y_{t}, y_{t-k})}{\mathrm{Variance}(y_{t})} \tag{5.11}$$

其中 Covariance 和 Variance 分别代表了协方差和方差. 对于一个平稳的时间序列, 其适合的阶数 (p,q) 中的 p 大体可以从自相关函数的下降趋势中得到一个大概的猜测. 此外, 对于时间序列的平稳性的检验, 在 Python 语言中有成熟的检验方式, 比如常用的单位根检验, 或者成为扩展迪基-富勒检验 (augmented Dickey-Fuller test, ADF 检验). 而且, 对于一个确定的平稳的时间序列, 通过 CARMA(p,q) 模型拟合后, 残差应该具有白噪声的特性, 而对于时间序列长度为 T 的白噪声, 在置信概率为 95% 的前提下, 其可信的自相关函数应该位于 $\pm 2/\sqrt{T}$ 的范围外.

对于时间序列的分析来说, 最重要的有两点, 第一点是通过现有的时间序列特征对未来变化模式的预期, 进行未来的数据的预期, 但这与天文学的时间序列的分析无关. 第二点则是分析其数据变化的内禀含义, 这个时候谱分析将发挥其威力. 因此, 在对天文学的时间序列的分析中, 主要有三方面的内容: 第一, 检验其是否为平稳的时间序列; 第二, 对时间序列选取合适的模型进行拟合, 并确定其模型参数; 第三, 对时间序列进行谱分析, 检验时间序列在频域空间的特性. 基于 CARMA(p,q) 的模型函数, 对于给定的观测数据, 有通用的方法来估算模型参数 α, β 以及 σ. 对于离散的时间序列分析, Python 语言中 statsmodels 模块就包含丰富的时间序列的离散的处理程序, 但是对于时间序列基于连续的模型函

数 CARMA(p, q) 的处理程序则需要安装 carma-pack 模块[①]. carma-pack 模块的下载和安装可以参见 https://github.com/brandonckelly/carma_pack. 在安装好 carma-pack 模块后, 对时间序列的基本分析步骤如下.

(1) 检验时间序列是否是一个平稳的时间序列, 由于不用做专业的时间序列分析, 因此只做简单的平稳性检验就可以了. 如果是平稳的时间序列, 则进行 CARMA(p, q) 的拟合; 如果不是平稳的时间序列, 自行判断是否进行差分处理. 在对天文学的时间序列的分析中, 差分处理几乎没有出现过. 而后通过 ACF 和 PACF 的特征或者 BIC (Bayesian information criterion) 方法 (推荐使用 BIC 方法) 确定阶数 (p, q).

(2) 对时间序列进行 CARMA(p, q) 的模型拟合, 确定其中的模型参数, 并检验模型的拟合结果.

(3) 对平稳的时间序列进行谱分析, 检查其频域空间的特征.

以来自 Kepler 望远镜的活动星系核 zw229 长时间光变数据为例 (数据文件存储在 kepler_zw229.dat 中, 共三列数据: 观测时间、强度以及强度的误差), 但是请注意, 由于来自 Kepler 望远镜的数据过于繁密, 因此这里对原有的数据进行简单的处理, 由超过 4000 个数据点变为现在的不到 100 个数据点, 否则下面的运算花费的时间将超过 1 小时. 对该不均匀的时间序列进行 CARMA(p, q) 的模型拟合. 将所有的处理语句写入程序 ts_idl.pro 中 (注意其中的空格用来满足 Python 程序的书写格式).

调用 carma 模块的 IDL 主程序 ts_idl.pro

```
1  Pro ts_idl, data_file = data_file, py_file = py_file, $
2      lags_apcf = lags_apcf,ARp = ARp,MAq = MAq,Nsample = Nsample, $
3      BIC = BIC, MaxARp = MaxARp, MaxMAq = MaxMAq, mcmc=mcmc
4
5  ; 调用 Python 中的 carma 模块进行时间序列的拟合和分析
6
7  ; 参数解释:
8  ; data_file: 要处理的时间序列文件, 前三列数据为 x, y 以及 yerr
9  ; py_file: 要保存的 Python 脚本文件名称, 由于后续的数据存储也依赖于该信息
10 ; 所以该名称不要使用文件的扩展名
11 ; lags_apcf: 指定计算均匀处理后的 ACF 和 PACF 时用到的延迟步数
12 ; ARp, MAq: 模型 CARMA(p, q) 中对应的阶数, 由 ACF 和 PACF 初步确定
13 ; Nsample: MCMC 运行时用到的 sample 的个数
14 ; BIC: 关键词, 是否使用 BIC 方法确定模型 CARMA(p,q) 的阶数
```

[①] 还有 Python 模块 JAVELIN, 但是 JAVELIN 仅处理 CARMA(1, 0) 的特殊形式, http://www.astronomy.ohio-state.edu/ yingzu/codes.html.

```
15   ; 如果使用关键词 BIC, 不论是否指定了阶数, 都以 BIC 得到阶数为准
16   ;MaxARp, MaxMAq: BIC 方法运行时, 使用 ARp 和 MAq 的最大的阶数
17   ;mcmc: 关键词, 是否进行 MCMC 算法
18
19     ; 对输入参数的 default 标定
20     IF N_elements(data_file) EQ 0 THEN data_file = 'kepler_zw229.dat'
21     IF N_elements(py_file) EQ 0 THEN py_file = 'pyts'
22     IF N_elements(lags_apcf) EQ 0 THEN lags_apcf = 40
23     IF N_elements(Nsample) EQ 0 THEN Nsample = 10000
24
25     ; 开始 Python 脚本文件的创建
26     IF keyword_set(mcmc) THEN BEGIN
27        ext = '_doMCMC'
28     ENDIF ELSE ext = '_UndoMCMC'
29
30     pyf = py_file + ext
31     adf_file = py_file+'_adf'
32     apcf_file = py_file+'_apcf'
33     py_file2 = pyf + '.py'
34
35     IF file_test (py_file2) THEN BEGIN
36        spawn, 'rm −rf ' + py_file2
37        openw, Lun, py_file2, /get_lun, /append
38     ENDIF ELSE openw, Lun, py_file2, /get_lun, /append
39
40     ; 加载用到的 Python 模块
41     printf, Lun, '#!/usr/bin/python'
42     printf, Lun, '#' + py_file
43     printf, Lun, '          '
44     printf, Lun, '#the modules'
45     printf, Lun, 'import sys, os'
46     printf, Lun, 'import numpy as np'
47     printf, Lun, 'import matplotlib.pyplot as plt'
48     printf, Lun, 'import carmcmc as cm'
49     printf, Lun, 'from statsmodels.tsa.stattools import adfuller'
50     printf, Lun, 'import statsmodels.api as sm'
51     printf, Lun, 'import statsmodels.tsa.stattools as st'
52     printf, Lun, 'import warnings'
53     printf, Lun, 'warnings.filterwarnings("ignore")'
54     printf, Lun, 'import pyfits'
```

```
55    printf, Lun, '#end of the modules        '
56    printf, Lun, '                           '
57
58    ; 读入数据文件, 前三列必须是 x, y, yerr
59    ; 一般得到的时间序列都是非均匀的
60    ; 但是 ACF 和 PACF 得到的计算都需要步长均匀的时间序列
61    ; 创建 regular time series (xx, yy)
62    printf, Lun, '#readin the time series'
63    printf, Lun, 'data = np.genfromtxt('+ '"' + data_file + '"' + ')'
64    printf, Lun, 'x=data[:,0]; y= data[:,1]; yerr = data[:,2]'
65    printf, Lun, 'data_x=x; data_y= y; data_err = yerr'
66    printf, Lun, 'xx = np.linspace(min(x), max(x), num = len(x))'
67    printf, Lun, 'yy = np.interp(xx, x, y)'
68    printf, Lun, '             '
69
70    ; 对时间序列的平稳性进行 ADF 检验, 使用 adfuller 函数
71    ; 并将结果显示到屏幕上, 且存储到 adf_info 文件中
72    printf, Lun, '#start the ADF test and save the results'
73    printf, Lun, 'result = adfuller(yy)'
74    printf, Lun, 'print("####################")'
75    printf, Lun, 'print("ADF Statistic: %f" % result[0]) '
76    printf, Lun, 'print("p-value: %f" % result[1]) '
77    printf, Lun, 'print("Critical Values:")'
78    printf, Lun, 'for key, value in result[4].items():'
79    printf, Lun, '    print("\t%s: %.3f" % (key, value))'
80    printf, Lun, 'print("####################")'
81    printf, Lun, 'ss = result[4].items()'
82    IF NOT keyword_set(mcmc) THEN BEGIN
83    printf, Lun, ' file =open('+'"' + adf_file +'.dat'+'"' +','+ $
84                 '"' +'w'+'"'+')'
85    printf, Lun, ' file .write(' +'"' +'ADF-Statistic   ' + '"' + $
86                 '+str(result[0])+' + '"' +'\n' + '"' + $
87                 '+' +'"' +          'p-value        '+'"' + $
88                 ' + str(result[1])+' + '"' +'\n' +'"' + $
89                 '+' + '"' + 'Critical-Values-005 ' +'"' + $
90                 ' + str(ss[0][1]) ' + '+' + '"' +'\n' +'"' + $
91                 '+' + '"' + 'Critical-Values-001 ' +'"' + $
92                 ' + str(ss[1][1]) ' + '+' + '"' +'\n' +'"' + $
93                 '+' + '"' + 'Critical-Values-010 ' +'"' + $
94                 ' + str(ss[2][1]) '+'+'+ '"' +'\n' + '"'+')'
```

```
95   printf, Lun, 'file.close()'
96   ENDIF
97   printf, Lun, '                    '
98
99   ; 检验时间序列是否为平稳的序列
100  ; 满足 ADF 检验的两个条件:
101  ; (1) the ADF Statistic value should be smaller than
102  ;the corresponding value for 1%,
103  ; (2) the p-value should be much smaller than 1
104  ; ADF 检验后, 检查自相关函数 ACF 和偏自相关函数 PACF 的性质
105  ; CARMA(p,q) 模型中的阶数可以简单地从 ACF 和 PACF 中推算
106  ; p related to AR process —> PACF
107  ; q related to MA process —> ACF
108  ; 相关数据存储在 apcf_file 中, 图像存储在对应的 EPS 中
109  IF NOT keyword_set(mcmc) THEN BEGIN
110  printf, Lun, '#properties of ACF and PACF of time series'
111  printf, Lun, '#properties of ACF and PACF of time series'
112  printf, Lun, '[pacf, pconf] = sm.graphics.tsa.pacf(yy,nlags='+ $
113                  strcompress(string(lags_apcf),/remove_all) +',' $
114                  + 'alpha=0.05, method='+'"'+'ywm' + '"'+')'
115  printf, Lun, '[acf, conf] = sm.graphics.tsa.acf(yy,nlags=' + $
116                  strcompress(string(lags_apcf),/remove_all)+ $
117                  ',alpha=0.05)'
118  printf, Lun, 'file=open(' + '"' + apcf_file +'.dat'+'"' +','+$
119                  '"' + 'w'+'"' +')'
120  printf, Lun, 'for i in range(len(acf)):'
121  printf, Lun, '    file.write(str(acf[i])+' + '"'+' ' + '"' $
122                  + ' + str(conf[i][0]−acf[i]) + ' + '"' +'' $
123                  + '"' + ' + str(conf[i][1]−acf[i]) + '+'"' $
124                  +' ' + '"' + ' + str(pacf[i]) + ' + '"' + $
125                  ' ' + '"' +'+ str(pconf[i][0]−pacf[i])+' $
126                  + '"' +' ' + '"' + $
127                  '+str(pconf[i][1]−pacf[i])+' +'"'+'\n'+'"' +')'
128  printf, Lun, 'file.close()'
129  printf, Lun, '                    '
130  printf, Lun, '#To show the ACF and PACF in EPS file'
131  printf, Lun, 'fig, axes = plt.subplots(2, 1)'
132  printf, Lun, '(ax1, ax2) = axes'
133  printf, Lun, 'plt.subplots_adjust(hspace=0.35)'
134  printf, Lun, 'fig1=sm.graphics.tsa.plot_acf(yy,ax=ax1,'+ $
```

```idl
135                                   'lags=40,alpha=0.05)'
136      printf, Lun, 'fig2=sm.graphics.tsa.plot_pacf(yy,ax=ax2,'+ $
137                                   'lags=40,alpha=0.05)'
138      printf, Lun, 'fig . savefig(' + ''"' + apcf_file + '.eps' + $
139                                   '"'+',dpi=1000)'
140      printf, Lun, '                                          '
141      ENDIF
142
143      ; 应事先检验 ADF 和 ACF 及 PACF 的特性, 初步确定阶数 p 和 q
144      ; 否则将采取最简单的模型 CARMA(1,0)
145      IF (N_elements(ARp) EQ 0 and N_elements(MAq) EQ 0) and $
146        NOT keyword_set(BIC) THEN BEGIN
147      printf, Lun, 'print("############################")'
148      printf, Lun, 'print("###   ARp and MAq are necessary  ###")'
149      printf, Lun, 'print("### The PRO WILL RUN WITH p=1 and q=0###")'
150      printf, Lun, 'print("############################")'
151      ARp = 1 & MAq = 0
152      ENDIF
153
154      IF keyword_set(BIC) THEN BEGIN
155        IF N_elements(MaxARp) EQ 0 THEN MaxARp=5
156        IF N_elements(MaxMAq) EQ 0 THEN MaxMAq=5
157      printf, Lun, 'order = st.arma_order_select_ic(data_y, max_ar='+$
158                       strcompress(string(MaxARp),/remove_all) + $
159                       ', max_ma=' + $
160                       strcompress(string(MaxMAq),/remove_all) + $
161                       ', ic=["aic", "bic", "hqic"])'
162      printf, Lun, 'pqorder = order.bic_min_order'
163      printf, Lun, 'ARp = pqorder[0]; MAq = pqorder[1]'
164      printf, Lun,'print("############################")'
165      printf, Lun,'print("### Information on p and q are necessary###")'
166      printf, Lun,'print("### p and q are determined by BIC method###")'
167      printf, Lun,'print("###      ARp="' + '+str(ARp)+' + $
168                       ',"                  ###")'
169      printf, Lun,'print("###      MAq="' + '+str(MAq)+' + $
170                       ',"                  ###")'
171      printf,Lun,'print("############################")'
172      ENDIF
173
174      ; 开始准备模型的拟合和分析
```

```
175    IF keyword_set(mcmc) THEN BEGIN ; 是否要进行模型的拟合
176
177    ; 开始模型 CARMA(p, q) 的建立
178    printf, Lun, '#begin the CARMA(p, q)'
179    printf, Lun, 'mod = cm.CarmaModel(data_x, data_y, data_err,'+ $
180                 ' p=' + strcompress(string(ARp),/remove_all) + $
181                 ',q=' + strcompress(string(MAq),/remove_all) +')'
182    printf, Lun, '            '
183
184    ; 检验所用的数据是原始的时间序列还是差分后的数据
185    printf, Lun, '#original time series or  difference'
186    printf, Lun, 'if  len(data_x) == Nobs:'
187    printf, Lun, '    _ext = '+''''+'_ori'+''''
188    printf, Lun, 'else :'
189    printf, Lun, '    _ext ='+'''' +'_d1'+''''
190    printf, Lun, '            '
191
192    ; 为模型拟合结果准备相应的存储文件
193    par_save = py_file +'_Para'
194    fit_save = py_file +'_Fit'
195    psd_save = py_file +'_PSD'
196
197    ; 基于 MCMC 算法开始模型的拟合
198      ; 模型拟合确定的模型参数存放在 FIT 文件 par_save 中
199      ; 每个模型参数对应 Nsample 个数据, 占据一列
200      ; FIT 文件的头信息中包含了每列数据对应的参数信息
201    printf, Lun, '#~MCMC begin running'
202    printf, Lun, 'sample = mod.run_mcmc(' + $
203                 strcompress(string(Nsample),/remove_all) + ')'
204    printf, Lun, 'pars = sample.parameters; Npar=len(pars)'
205    printf, Lun, 'par = sample.get_samples(pars[0])'
206    printf, Lun, 'ss = par.shape[1]; name=[pars[0]]'
207    printf, Lun, 'if  ss > 1:'
208    printf, Lun, '    header = ['+''''+'c1_'+''''+'+str(ss)]'
209    printf, Lun, 'else :'
210    printf, Lun, '    header=['+''''+'c1'+''''+']'
211    printf, Lun, 'nup = ss+1; pars = pars[1:]'
212    printf, Lun, 'for  i in range(len(pars)):'
213    printf, Lun, '    parp = sample.get_samples(pars[i])'
214    printf, Lun, '    if pars[i] != '+''''+'ar_roots'+''''+':'
```

```
215    printf, Lun, '        par = np.c_[par, parp]; ss = parp.shape[1]'
216    printf, Lun, '    else:'
217    printf, Lun, '        par = np.c_[par, np.real(parp), np.imag(parp)]'
218    printf, Lun, '        ss = parp.shape[1]*2'
219    printf, Lun, '    if ss > 1:'
220    printf, Lun, '        head = ['+'"'+'c'+'"'+'+'+str(nup)+'+'"'+'_' $
221                              +'"'+'+'+str(nup+ss−1)]'
222    printf, Lun, '    else:'
223    printf, Lun, '        head = ['+'"'+'c'+'"'+'+'+str(nup)]'
224    printf, Lun, '    header = np.c_[header, head]'
225    printf, Lun, '    name = np.c_[name, [pars[i]]]'
226    printf, Lun, '    nup = nup +ss'
227    printf, Lun, 'hdu = pyfits.PrimaryHDU(par)'
228    printf, Lun, 'for i in range(Npar):'
229    printf, Lun, '    hdu.header[header[0][i]] = name[0][i]'
230    printf, Lun, ' fitfile ='+'"' + par_save + '_carma(' + $
231                       strcompress(string(Long(ARp)),/remove_all) + $
232                       ','+strcompress(string(Long(MAq)),/remove_all) $
233                  + ')' + '"' + '+_ext+ ' +'"' +'.fit' +'"'
234    printf, Lun, 'if os.path. isfile ( fitfile ):'
235    printf, Lun, '    os.remove( fitfile )'
236    printf, Lun, 'hdu.writeto( fitfile )'
237    printf, Lun, '                          '
238
239    ; 基于确定的模型, 确定最佳的拟合结果及可信范围
240    ; 将最佳的拟合结果相关数据存储到 FIT 文件 fit_save 中
241    printf, Lun, '#To save the fitted results and model parameters'
242    printf, Lun, 'fit , fit_var = sample.predict(data_x)'
243    printf, Lun, 'fit_low = fit − np.sqrt(fit_var)'
244    printf, Lun, 'fit_high = fit + np.sqrt(fit_var)'
245    printf, Lun, ' fitfile ='+'"' + fit_save + '_carma(' + $
246                       strcompress(string(Long(ARp)),/remove_all) + $
247                       ',' + strcompress(string(Long(MAq)), $
248                       /remove_all) + ')' + '"' + '+_ext+' + '"' + $
249                       '. fit ' +'"'
250    printf, Lun, 'if os.path. isfile ( fitfile ):'
251    printf, Lun, '    os.remove( fitfile )'
252    printf, Lun, 'hdu = pyfits.PrimaryHDU([data_x, data_y,'+ $
253                       ' data_err, fit, fit_low, fit_high])'
254    printf, Lun, 'hdu.header['+'"'+'COL1'+'"'+'] = '+'"'+'fx'+'"'
```

```
255   printf, Lun, 'hdu.header['+'"'+'COL2'+'"'+'] = '+'"'+'fy'+'"'
256   printf, Lun, 'hdu.header['+'"'+'COL3'+'"'+'] = '+'"'+'fyerr'+'"'
257   printf, Lun, 'hdu.header['+'"'+'COL4'+'"'+'] = '+'"'+ $
258                        'fitted  results'+'"'
259   printf, Lun, 'hdu.header['+'"'+'COL5'+'"'+'] = '+'"'+ $
260                        'Low ranges'+'"'
261   printf, Lun, 'hdu.header['+'"'+'COL6'+'"'+'] = '+'"'+ $
262                        'High ranges'+'"'
263   printf, Lun, 'hdu.writeto( fitfile )'
264   printf, Lun, 'fig = sample.assess_fit(doShow=False)'
265   printf, Lun, 'fig.set_size_inches(24, 16)'
266   printf, Lun, 'fig.savefig(' + ' fitfile  +' + '"'+'.eps' +'"' + $
267                        ',dpi=1000)'
268   printf, Lun, '                    '
269
270   ; 对相应的 PSD 的计算和存储
271   printf, Lun, '#~PSD the time series'
272   printf, Lun, 'psd_low, psd_hi, psd_mid, freq =' + $
273                    'sample.plot_power_spectrum(percentile=95,'+ $
274                    ' doShow=False)'
275   printf, Lun, 'dt = data_x[1:] − data_x[:−1]'
276   printf, Lun, 'noise_lev = 2.0 * np.mean(dt) * np.mean(yerr ** 2)'
277   printf, Lun, 'plt.loglog(freq, psd_mid)'
278   printf, Lun, 'plt.fill_between(freq, psd_hi,y2=psd_low,alpha=0.5)'
279   printf, Lun, 'plt.loglog(freq, np.ones(freq.size) * noise_lev,'+ $
280                    ' color='+'"'+'blue'+'"'+', lw=2)'
281   printf, Lun, 'plt.ylim(noise_lev / 10.0, plt.ylim()[1])'
282   printf, Lun, 'plt.xlim(freq.min(), freq[psd_hi >'+ $
283                    ' noise_lev].max() * 10.0)'
284   printf, Lun, 'plt.ylabel('+'"'+'Power Spectrum'+'"'+')'
285   printf, Lun, 'plt.xlabel('+'"'+'Frequency'+'"'+')'
286   printf, Lun, 'plt.savefig(' + '"' + psd_save + '_carma('+ $
287                    strcompress(string(Long(ARp)),/remove_all)+','+ $
288                    strcompress(string(Long(MAq)),/remove_all) + $
289                    ')' + '"'+ '+_ext' + '+' + '"' + '.eps' +'"'+ $
290                    ',dpi=1000)'
291   printf, Lun, ' fitfile ='+'"'+psd_save + '_carma(' + $
292                    strcompress(string(Long(ARp)),/remove_all)+','+ $
293                    strcompress(string(Long(MAq)),/remove_all)+ $
294                    ')'+'"'+'+_ext' + '+' + '"' +'.fit'+'"'
```

```
295    printf, Lun, 'if os.path. isfile ( fitfile ):'
296    printf, Lun, '    os.remove( fitfile )'
297    printf, Lun, 'hdu = pyfits.PrimaryHDU([psd_low,psd_hi,psd_mid,'+ $
298                 ' freq, np.ones(freq.size) * noise_lev])'
299    printf, Lun, 'hdu.header['+'"'+'C1'+'"'+']='+'"'+'psd_low'+'"'
300    printf, Lun, 'hdu.header['+'"'+'C2'+'"'+']='+'"'+'psd_high'+'"'
301    printf, Lun, 'hdu.header['+'"'+'C3'+'"'+']='+'"'+'psd_middle'+'"'
302    printf, Lun, 'hdu.header['+'"'+'C4'+'"'+']='+'"'+'frequency'+'"'
303    printf, Lun, 'hdu.header['+'"'+'C5'+'"'+']='+'"'+'Noise_lev'+'"'
304    printf, Lun, 'hdu.writeto( fitfile )'
305    printf, Lun, '                           '
306
307    ENDIF
308
309    Free_lun, Lun ; 结束 Python 脚本文件的写入
310
311    ; 运行 Python 脚本文件
312    SPAWN, 'python ' + py_file2
313
314  END
```

在 IDL 程序 ts_idl.pro 中, 主要由两个步骤组成: 第一步检验时间序列的 ACF 和 PACF 函数的特性. 当然 ACF 和 PACF 的计算都是将观测的时间序列进行均匀化后所做的结果, 并由关键词 BIC 来控制, 使用 BIC 方法来标定用于拟合时间序列的模型的阶数 (p, q). 第二步由关键词 mcmc 控制, 通过 MCMC 算法对时间序列进行 CARMA(p, q) 的拟合.

以 kepler_zw229.dat 的观测数据为例, 在进行时间序列的处理之前, 首先进行 ADF 检验和自相关函数 ACF 以及偏自相关函数 PACF 的检验, 编译并运行 ts_idl.pro 如下:

进行 MCMC 算法之前的 ts_idl 的编译和运行

```
1  IDL>.compile ts_idl
2  % Compiled module: TS_IDL.
3  IDL>ts_idl
4  输出信息屏幕显示如下:
5  #######################
6  ADF Statistic: −1.710460
7  p−value: 0.425731
8  Critical Values:
```

```
 9        5%: −2.895
10        1%: −3.508
11        10%: −2.585
12   #####################
13   ########################
14   ### Not Stationary Time Series ###
15   ### Perhasp, To do difference? ###
16   ##########################
```

运行后, 除以上显示的屏幕信息, 还将生成 Python 脚本文件 pyts_UndoMCMC.py (包含进行模型拟合前的所有的 Python 命令语句), 还有数据文件 pyts_adf.dat (包含了 ADF 检验的输出数据, 与屏幕输出信息一致), 以及数据文件 pyts_apcf.dat (包含了对时间序列的 ACF 和 PACF 的函数结果, 包含六列数据, 第一列为 ACF 的结果, 第二列和第三列为 ACF 的置信区间, 后三列为 PACF 的对应结果, 数据对应的步数 (lags) 为从 0 到每列数据的个数, 此处为 0 到 39, 因为在 ts_idl.pro 程序中参数 lags_apcf 的默认数值为 40), 还生成一个 EPS 图像文件 pyts_apcf.eps (用来展示 ACF 和 PACF 的结果). 通过屏幕的输出信息 (或者 ADF 信息的存储文件中的数据) 可以看到: 观测的时间序列并不是一个标准的平稳的时间序列, 因为 ADF 统计值为 −1.71 远远大于对应于 1%的阈值 −3.5, 且计算的 p-value 接近 1. 如果要对时间序列进行差分运算, 可以使用 IDL 中自带的函数 ts_diff.pro 或者使用 Python 中的关于差分的函数 np.diif( ). 因此对于时间序列的差分运算, 不论是在 IDL 的环境还是在 Python 的环境中都可以方便地实现. 这里不对时间序列进行差分运算, 因为在天文学的时间序列的研究中, 从未看到过对时间序列的差分运算, 所以 ADF 检验的平稳性, 只是一个简单的平稳性参考. 但是在下面的运算中, 仍然按照天文学的传统, 使用观测的时间序列, 而不使用差分后的时间序列.

此外, 对于实际观测的时间序列的 ACF 和 PACF 的函数结果如图 5.4 所示. 如 ts_idl.pro 程序中的说明, ACF 和 PACF 的计算使用了插值后的均匀的时间序列, 且图形中的结果可以通过 Python 语言中的 plot_acf 和 plot_pacf 函数轻松得到, 这里不再做详细的说明. 可以很显然地看到, 对于观测的时间序列, 其 ACF 存在拖尾现象, PACF 在 lags = 2 处截尾, 因此可以初步确定 ARMA(p, q) 的阶数基本上为 $p = 2$ (来自偏自相关函数 PACF 的截尾), $q = 0$. 实际上使用 ACF 和 PACF 的函数的截尾以及拖尾特征确定的阶数 p 和 q 非常粗略, 更通常的用法是使用 BIC 方法. 在 Python 语言中由成熟的函数 arma_order_select_ic(timeseries, max_ar=Np, max_ma=Nq, ic=['aic', 'bic', 'hqic']) 来确定, 见本节 ts_idl.pro 程序中的 157 行附近的内容. 当然应该注意的是, BIC 方法大体如下:

对于离散的均匀时间序列, 可以由通用的程序 ARMA(p, q) 进行方便的拟合, 然后对应于 p 的阶数遍历 1 到 Np, 对应于 q 的阶数遍历 0 到 Nq, 通过模型的拟合结果及其残差的分析, 得到最佳的模型阶数, 因此如果时间序列的数据点的数目较多, Np 和 Nq 的值较大的话, 需要花费较长的时间才能通过 BIC 方法得到合适的阶数

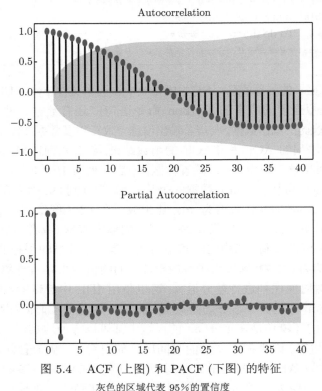

图 5.4   ACF (上图) 和 PACF (下图) 的特征

灰色的区域代表 95% 的置信度

ARp 和 MAq. 因此 ts_idl.pro 程序中的参数 MaxARp 和 MaxMAq 尽量不要取得过大. 对于给定的观测的时间序列 kepler_zw229.dat, 通过 BIC 方法得到的模型阶数, 可以通过关键词 BIC 来控制运行如下:

使用关键词 BIC 编译并运行 ts_idl.pro 得到模型阶数

```
1   IDL>.compile ts_idl
2   IDL>ts_idl,/BIC
3   ; 除去 ADF 检验的输出信息, BIC 的屏幕输出信息如下:
4   #############################
5   ###Information on p and q are necessary ###
6   ###p and q are determined by BIC method ###
7   ###      ARp=2                    ###
```

```
8   ###        MAq=0                    ###
9   ##############################
```

由此, 通过 BIC 方法得到的对于差分后的时间序列的阶数为 ARp = 2 和 MAq = 0 与来自 ACF 和 PACF 特征的结果基本一致. 因此, 在 IDL 主程序 ts_idl.pro 中, 参数 ARp = 2 和 MAq = 0 基本上可以确定. 在完成了 ACF, PACF 的检查以及 BIC 对模型阶数的标定后, 可以对时间序列进行 CARMA(2, 0) 的模型拟合, 使用关键词 mcmc 开启 MCMC 算法的模型拟合.

在初步确认了 CARMA(2, 0) 的阶数后, 可以对时间序列进行 CARMA(2, 0) 的模型拟合和分析, 使用关键词 mcmc 运行 ts_idl.pro 如下:

编译并运行 ts_idl.pro

```
1   IDL>.compile ts_idl
2   % Compiled module: TS_IDL.
3   IDL>ts_idl, /mcmc, ARp=2, MAq=0
```

编译并运行后, 生成 Python 的脚本文件 pyts_doMCMC.py, 包含了所有在 Python 环境下进行模型拟合和分析需要运行的命令. 此外, 还有数据文件 pyts_Para_carma(2, 0).fit 包含了所有的模型参数, 每个模型参数对应 Nsample 的数值, FIT 头文件中显示每个模型参数占据的列数和模型输出参数的名字, 而模型最终确定的参数可以类似图 5.1 中的分析得到. 此外, 还有数据文件 pyts_Fit _carma(2, 0).fit, 包含了模型的拟合结果和置信区间, 共有六列数据, 分别为时间序列的 x, y, yerr 以及最佳的拟合结果 yfit 和对应的置信区间. 此外, 还有数据文件 pyts_PSD_carma(2, 0).fit, 包含了 PSD (功率谱) 的对应数据, 含有五列数据, 分别为 PSD 的下限、上限区间、平均值、频率以及噪声程度. 除去这三个 FIT 数据文件外, 还有对应的两个图像文件 pyts_Fit_carma(2, 0).fit.eps 和 pyts_PSD_carma(2, 0).eps, 分别显示了模型的最佳拟合结果和功率谱的结果.

为了对 CARMA(p, q) 的模型拟合有更加直观的感受, 对相同的时间序列使用天文学中常用的 CARMA(1, 0) 模型进行再次拟合, 以便于和模型 CARMA(2, 0) 的结果进行对比.

再次编译并运行 ts_idl.pro

```
1   IDL>.compile ts_idl
2   % Compiled module: TS_IDL.
3   IDL>ts_idl, /mcmc, ARp=1, MAq=0
```

图 5.5 展示了模型 CARMA(2, 0) 和 CARMA(1, 0) 的拟合结果. 如果模

型是最佳的模型, 那么对应的残差 residual 应该具有白噪声的特点, 也就是说其
ACF 仅仅在 Lags = 0 处显著不等于 0. 而从图 5.5 中的结果很明显地看到: 模
型 CARMA(1, 0) 对应的残差的 ACF 具有明显的拖尾现象, 而模型 CARMA(2,
0) 对应的残差的 ACF 符合白噪声的特点. 因此, 选取的模型 CARMA(2, 0) 是
基本准确的. 当然, 也可以对观测的时间序列进行更加高阶的模型拟合, 比如使
用 CARMA(4, 0) 进行模型拟合, 拟合的结果对比 CARMA(2, 0) 并没有明显的
改进, 因此, 这里不再赘述, 模型 CARMA(4, 0) 的相应结果可以使用如下的命令
完成:

运行 ts_idl.pro 完成高阶模型的拟合

```
1  IDL>.compile ts_idl
2  % Compiled module: TS_IDL.
3  IDL>ts_idl, /mcmc, ARp=4, MAq=0
```

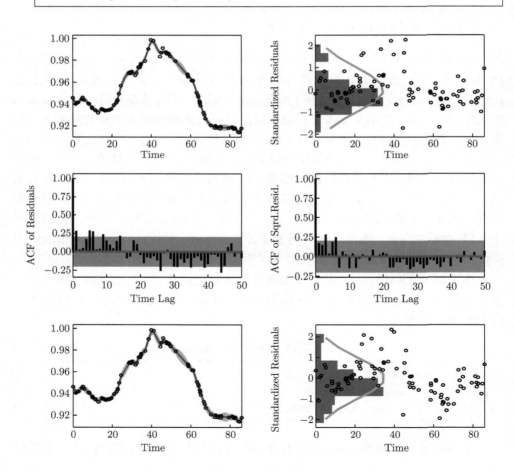

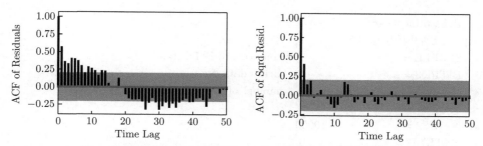

图 5.5 对观测的时间序列的 CARMA(p, q) 的模型拟合结果

上面四幅图形是模型 CARMA$(2, 0)$ 的结果, 下面四幅图形是模型 CARMA$(1, 0)$ 的结果. 每四幅图形中, 左上展示最佳的拟合结果, 实心圆代表观测的数据点, 灰色的区域为拟合结果及其置信度范围, 右上为对应于拟合结果的残差, 左下展示残差 residual 的 ACF 结果, 右下展示 $\sqrt{\text{residual}}$ 的 ACF 的结果

在完成了对观测的时间序列的模型拟合后, 可以方便地检查观测的时间序列的功率谱特征. 如果时间序列中含有明显的周期性的成分, 那么功率谱中将会出现一个明显的峰值, 实际上一个时间序列的功率谱和其自相关函数在一定程度上是等价的, 因为自相关函数的傅里叶变换即为功率谱. 对于本节中展示的观测的时间序列, 其功率谱的结果展示在图 5.6 中, 可以看到一个简单的幂律形式的 PSD, 与 CARMA 模型预期的 PSD 形式基本一致.

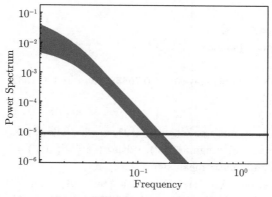

图 5.6 对观测的时间序列的功率谱展示

水平线代表噪声程度

接下来, 模型参数的最终确定也可以方便地完成, 每个参数含有的 Nsample 个数值都存储在相应的 FIT 文件中. 例如对模型 CARMA$(2, 0)$ 的拟合后的参数存储在文件 pyts_Para_carma(2,0).fit 中, 可以在 IDL 中方便读取该 FIT 文件.

模型参数的读取和确定

```
1  IDL>par = mrdfits('pyts_Para_carma(2,0).fit' , 0, head)
```

```
2   IDL>print, head
3   ; 头文件中的信息如下:
4   SIMPLE =                      T / conforms to FITS standard
5   BITPIX =                    −64 / array data type
6   NAXIS  =                      2 / number of array dimensions
7   NAXIS1 =                     20
8   NAXIS2 =                  10000
9   EXTEND =                      T
10  C1_2   = 'quad_coefs'
11  C3     = 'logpost '
12  C4_6   = 'ar_coefs'
13  C7     = 'mu      '
14  C8_9   = 'psd_centroid'
15  C10    = 'loglik  '
16  C11_12 = 'psd_width'
17  C13    = 'var     '
18  C14    = 'measerr_scale'
19  C15    = 'sigma   '
20  C16    = 'ma_coefs'
21  C17_20 = 'ar_roots'
22  END
23  IDL> sigma = par[14, *]
24  IDL> print, moment(sigma)
25  ; 屏幕信息输出:
26      0.0022903718  2.1144794e−07      0.76458972        1.1115621
27  IDL>mu = par[6, *]
28  IDL>!p.multi = [0,2,1]
29  IDL>con_fig, sigma, mu, npx=25, npy =25, nl=8, /follow, $
30  IDL>   xtitle =textoidl('\sigma*1d3'), ytitle=textoidl('mu')
31  IDL>plothist, sigma, bin=(mean(sigma)/10.), $
32  IDL>   xtitle =textoidl('\sigma*2d3'), ytitle=textoidl('mumber')
```

我们比较关心的是来自噪声 ϵ_t 的方差 σ, 从头文件中可以看出方差 σ 存储于 C15, 因为 IDL 从 0 开始计数, 所以在 IDL 中读出数据 sigma = par[14, *]. 同时提取参数 mu (时间序列本身的平均值), 将 mu 和 sigma 的统计特性画图, 如图 5.7 所示. 其中使用的程序 con_fig 即是 5.4 节中已经编写过的程序, 可以得到模型参数 σ 的最佳数值为 $\sigma \times 10^3 = 2.29 \pm 0.45$. 其余的模型参数可以类似得到, 这里不再赘述.

由此, 我们完成了对天文学中时间序列使用连续的随机游走模型、

CARMA(p, q) 模型进行拟合描述的整个过程, 得到了 Python 环境下的脚本文件 (可以随意地修改和添加内容, 以符合其他的要求), 并且得到了模型拟合的最佳拟合结果、分析以及模型参数. 从而可见, 通过 IDL 外部调用 Python 语言中的 carma 模块进行时间序列的处理和分析, 是非常便捷的, 只需要提供存储时间序列的数据文件即可, 后续的处理将会自动完成, 包括使用关键词 BIC 对时间序列模型定阶, 使用 mcmc 关键词对时间序列通过 MCMC 方法进行模型拟合. 最后再重申一下使用 ts_idl.pro 程序进行时间序列拟合的步骤.

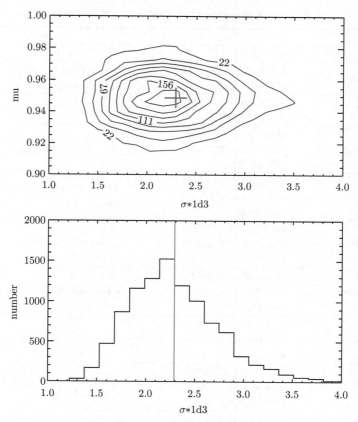

图 5.7 模型参数 σ 的统计分析
上图中的十字代表等高线图的中心位置, 下图的竖线代表分布的中心位置

(1) 准备好时间序列的数据文件, 前三列为自变量 x、变量 y 以及变量 y 的误差, 确定数据文件无误;

(2) 检验 ACF 和 PACF 的特征, 并通过关键词 BIC, 对时间序列进行初步的模型定阶;

(3) 通过关键词 mcmc, 开始对观测的时间序列模型拟合.

如果不在意模型的阶数, 可以直接使用参数 ARp 和 MAq 进行模型的拟合, 省却 BIC 的定阶步骤.

5.6　本章函数及程序小结

最终, 我们对本章用到的 IDL 及相关天文软件包提供的主要的函数和程序总结如表 5.1.

表 5.1　本章所使用的 IDL 环境下的函数和程序总结

函数/程序	目的	示例
SPAWN	执行外部环境命令	SPAWN, 'ls -l'
mle_python	调用 Python 中的 MLE 方法进行模型拟合	mle_python, py_file=py_file, data_file=data_file
mcmc_idl	调用 Python 中的 MCMC 方法进行模型拟合	图 5.1
create_head	mcmc_idl 包含的函数, 创建 Python 脚本文件的模块加载部分	str=create_head(file)
create_lnprior	mcmc_idl 包含的函数, 创建 Python 脚本文件中的先验函数	str=create_lnprior(file, lim0=lim0, lim1=lim1)
create_post	mcmc_idl 包含的函数, 创建 Python 脚本文件中的后验函数	str=create_post(file)
create_lnlike	mcmc_idl 包含的函数, 创建 Python 脚本文件中的似然函数	str=create_lnlike(file, part=part)
create_model	mcmc_idl 包含的函数, 创建 Python 脚本文件中的模型函数	str=create_model(file, part=part)
con_fig	集合 HIST_2D 函数和 contour 程序, 方便进行等高线图的绘制	con_fig, x, y, npx=npx, npy=npy, _extra=forcon
ts_idl	调用 Python 中的 carma 模块进行时间序列的分析	图 5.4~图 5.7

同时, 我们对本章用到的 Python 语言中的函数和程序总结如表 5.2, 已经加载模块如下:

Python 加载的模块

```
1  >>>import sys, os
```

```
2   >>>import numpy as np
3   >>>from scipy.integrate import odeint
4   >>>import scipy.optimize as op
5   >>>import emcee, pyfits
6   >>>import matplotlib.pyplot as plt
7   >>>import carmcmc as cm
8   >>>from statsmodels.tsa.stattools import adfuller
9   >>>import statsmodels.api as sm
10  >>>import statsmodels.tsa.stattools as st
11  >>>import warnings
12  >>>warnings.filterwarnings("ignore")
```

表 5.2   本章所使用的 Python 环境下的函数和程序总结

函数/程序	目的	示例
import	加载 Python 模块	import numpy as np
np.loadtxt	读取 txt 数据文件	da=np.loadtxt(file)
np.sin	Python 中计算正弦函数	da=np.sin()
np.cos	Python 中计算余弦函数	da=np.cos()
np.sum	Python 中计算求和	da=np.sum()
optimize.fmin	Python 中计算函数的极小值	da=optimize.fmin(fun, range)
np.log	Python 中计算自然对数	da=np.log()
odeint	来自 Python 的刚性微分方程组的求解函数	
np.linspace	Python 中创建等差数列	da=np.linspace(p0, p1, step)
np.exp	Python 中计算指数	da=np.exp()
np.isfinite	Python 中检验是否无穷大	da=np.isfinite()
emcee.EnsembleSampler	Python 中 MCMC 算法中的样本的创建	ss=emcee.EnsembleSampler() sampler.run_mcmc()
pyfits.PrimaryHDU	Python 中创建 FIT 数据	ss=pyfits.PrimaryHDU(data) ss.header(par)=infor ss.writeto(file)
np.genfromtxt	Python 中读取 txt 数据	ss=np.genfromtxt(file)
adfuller	Python 中对时间序列进行 ADF 检验	ss=adfuller(ts)
np.min	Python 中计算数列最小值	ss=np.min(x)
np.interp	Python 中插值函数	ss=np.interp(x,x0,y0)
sm.graphics.tsa.pacf	Python 中计算偏自相关函数	ss=sm.graphics.tsa.pacf(ts)
sm.graphics.tsa.acf	Python 中计算自相关函数	ss=sm.graphics.tsa.acf(ts)
sm.graphics.tsa.plot_acf	Python 中图形显示自相关函数	ss=sm.graphics.tsa.plot_acf(ts)

续表

函数/程序	目的	示例
sm.graphics.tsa.plot_pacf	Python 中图形显示 偏自相关函数	ss=sm.graphics.tsa.plot_pacf(ts)
st.arma_order_select_ic	Python 中 BIC 方法 确定 ARMA 的阶数	ss=sm.arma_order_select_ic() pqorder = ss.bic_min_order
cm.CarmaModel	Python 中 carma 模块 中的模型创建	ss=cm.CarmaModel() res=ss.run_mcmc() fit = res.assess_fit() res2=res.predict()
np.c_	Python 中两组数列叠加 在一起	ss=np.c_[x,y]
plt.loglog	图形在双对数坐标中的显示	plt.loglog()
plt.subplots_adjust	图形位置信息的调整	plt.subplots_adjust(hspace=0.3)
os.path.isfile	Python 中检验文件是否存在	os.path.isfile()
os.remove	Python 中删除文件	os.remove()

第 6 章　多元统计中的降维及应用

在对天文数据处理时, 经常会遇到比较麻烦的降维问题. 比如比较直观的一个问题: 一个星系中含有数目丰富的恒星 (其数量为 N_{star}), 那么观测到的星系的观测光谱将是这些 N_{star} 个恒星的光谱的集合. 恒星的光谱可以通过恒星的理论, 在给出质量、温度等基本物理参数的前提下, 得到该恒星的理论光谱. 因此, 要得到一个星系的光谱, 最直观的做法就是将 N_{star} 个恒星的理论光谱进行叠加, 但遗憾的是, 每个星系中含有的恒星的数目是庞大的, 比如银河系中含有的恒星的数目超过 1000 亿个, 对星系光谱的理论描述通过实际的恒星光谱的叠加, 很显然是不适合的. 这个时候, 特征向量的提取和应用将会发挥巨大的威力, 也成为多元统计中的降维问题: 提取数据信息中的主要特征, 对观测的数据特征进行描述. 而对于多元统计分析中的降维, 常用的方法有四种: 主成分分析 (principle component analysis, PCA) 法, 独立成分分析 (independent component analysis, ICA) 法, t 分布随机邻域嵌入 (t-distributed stochastic neighbor embedding, t-SNE) 方法以及小波分析方法 (wavelets method). 在本章中, 我们通过简单的实例, 讲解 IDL 中的降维问题的处理和应用. 本章主要包括四个方面的讲解.

- PCA 方法的简介和应用举例;
- ICA 方法的简介和应用举例;
- wavelets 方法的简介和应用举例;
- t-SNE 方法的简介和应用举例.

6.1　主成分分析法的简介和应用

主成分分析 (PCA) 法, 是多元统计分析中最早出现的降维方法, 在 1901 年由 Person 提出, 并在 20 世纪 30 年代发展成为一种成熟的降维方法, 被广泛应用至今. 其主要的思路是: 通过正交变换将一组可能存在相关性的变量转换为一组线性不相关的变量, 也就是所谓的主成分, 从而完成降维的目的. PCA 方法的主要数学思想是基于著名的卡洛南-洛伊 (Karhunen-Loeve) 最优正交变换 (K-L 正交变换): 对于一个向量 $\boldsymbol{X}$, 总是可以使用确定的完备正交归一向量 $\boldsymbol{U}_j$(特征向量) 进行展开,

$$X = \sum_{j=1}^{\infty} Y_j \cdot U_j, \quad U_j \cdot U_i = \begin{cases} 1, & i = j \\ 0, & i \neq j \end{cases} \tag{6.1}$$

其中 Y_j 是对应向量 U_j 的系数矩阵. 从而, 根据有限个特征向量 U_j 进行原向量 X 的重新构建

$$\hat{X} = \sum_{j=1}^{N} Y_j \cdot U_j \tag{6.2}$$

至于 N 的选取, 最直接的数学描述方式是通过 N 的选取使得 $|\hat{X} - X|$ 取得最小值. 但在实际操作过程中, N 的选取往往是通过特征向量的贡献值来确定的, 比如将特征向量按照贡献率来排序, 保证前 N 个特征向量的总的贡献率超过一定的数值即可, 比如超过 90% 的贡献率. 换句话说, 在降维的过程中, 信息的丢失率在可控的范围内. 详细的数学基础的分析不在我们讨论的范围, 但是 PCA 的数学处理过程总体上有如下几个步骤: ①扣除平均值, 即每一位特征 (或者参量) 减去各自的平均值; 当然很多情况下不扣除平均值, 也可以完成 PCA 的运算; ② 构建并计算协方差矩阵; ③ 计算并确定协方差矩阵的特征值与特征向量; ④ 对特征值从大到小排序, 选择其中最大的 k 个, 然后组成特征向量矩阵; ⑤ 将数据转换到 k 个特征向量构建的新空间中. 下面通过几个例子进行说明, 例如简单的线性模型的特征向量的提起和说明, 再例如稍微复杂一点的数目庞大的光谱中的特征向量的提取和说明等. 在进行实例之前, 首先对 IDL 中提供的与 PCA 分析相关的基本函数进行说明如下.

在 IDL 中存在三个自带的 PCA 相关的函数: EIGENQL.pro、EIGENVEC.pro 和 PCOMP.pro.对于对称矩阵特征值的求解, 可以方便地使用函数 EIGENQL.pro 来求解, 其具体的函数说明如下:

PCA 相关的 EIGENQL.pro 函数说明

```
1  ; 函数形式:
2  Eigenvalues = EIGENQL(Array, Eigenvectors=Eigenvecs, Double=Double,$
3              Absolute=absolute, Ascending = Ascending, $
4              Residual = Residual)
5  ; 函数目的:
6  ;计算N × N对称矩阵(一种特殊的矩, 阵其转置矩阵和自身相等)的特征值和特征向量
7  ; 参数解释:
8  ; 输入参数:
9  ; Array: 输入的 N × N 对称数据矩阵
10 ; Eigenvectors: 存储特征向量的参数名称
11 ; /Double: 关键词, 是否以双精度进行计算
```

```
12  ; /Absolute: 关键词, 是否返回绝对值
13  ; /Ascending: 关键词, 返回的特征值进行排序
14
15  ; 输出参数:
16  ; Eigenvalues: 计算得到的特征值, 与 Eigenvectors 中互相正交的特征向量一一对应
```

作为一个最简单的例子, 给定一个 4×4 的对称数据矩阵

$$A = \begin{bmatrix} -1 & 2 & 3 & 4 \\ 2 & -3 & 2 & 1 \\ 3 & 2 & 1 & 4 \\ 4 & 1 & 4 & 2 \end{bmatrix} \tag{6.3}$$

使用 EIGENQL 函数进行处理, 可以得到该数据矩阵的特征值和特征向量.

EIGENQL 函数的使用举例

```
1  IDL> Eigenvalues = EIGENQL(A, Eigenvectors=Eigenvecs, /Double)
2  IDL> print, Eigenvalues
3       8.87518      −2.06338     −3.05106     −4.76074
4  IDL> print, Eigenvecs
5       0.475131     0.228393     0.562510     0.636922
6      −0.0188051    0.477268     0.574611    −0.664593
7      −0.631351    −0.504432     0.570007     0.148446
8      −0.612611     0.682349    −0.168809     0.361400
```

可以进行简单的验证, 得到的正交特征向量和特征值必定满足 $A \cdot$ **Eigenvecs** = **Eigenvalues** · **Eigenvecs**.

当然函数 EIGENQL 是用来处理对称矩阵的, 对于非对称的 $N \times N$ 的矩阵, 在数学中依然可以求解其特征值和特征向量, 比如常用的幂迭代算法以及大家熟悉的 QR 算法. 在 IDL 中对于非对称矩阵的特征值的求解也有着直接对应的函数 EIGENVEC.pro, 当然是在已知特征值的前提下进行计算. 而在 IDL 中对任意方阵特征值的计算有着成熟的 QR 算法: HQR 函数以及必需的 ELMHES 函数, 首先使用 ELMHES 函数对任意方阵 A 进行分解

$$A = QSQ^{\mathrm{T}} \tag{6.4}$$

其中 Q^{T} 代表了正交矩阵 Q 的转置, S 代表了上三角矩阵. 而后通过 HQR 函数完成方阵 A 特征值的求解 (允许复数的存在). 具体的 ELMHES 函数和 HQR 函数使用说明如下:

PCA 相关的 ELMHES 函数说明

```
1   ; 函数形式:
2   Hes = ELMHES(Array)
3   ; 函数目的:
4   ; 计算 N × N 的任意方阵对应的上三角矩阵 S, 矩阵 S 和 A 具有相同的特征值
5   ; 参数解释:
6   ; 输入参数:
7   ; Array: N × N 的输入的对称数据矩阵
8
9   ; 输出参数:
10  ; HES: 计算得到的上三角矩阵
```

PCA 相关的 HQR 函数说明

```
1   ; 函数形式:
2   Eigenvalues = HQR(Hes)
3   ; 函数目的:
4   ;计算N × N的任意方阵对应的上三角矩阵S的特征, 值矩阵S和A具有相同的特征值
5   ; 参数解释:
6   ; 输入参数:
7   ; Hes: 输入的 N × N 的数据矩阵 A 对应的上三角矩阵
8
9   ; 输出参数:
10  ; Eigenvalues: 计算得到特征值
```

对于任意的非对称矩阵, 在明确了特征值后, 其对应的特征向量可以使用 EIGENVEC 函数进行确定, 具体的函数使用说明如下:

PCA 相关的 EIGENVEC.pro 函数说明

```
1    ; 函数形式:
2    Vectors = EIGENVEC(Array, Eigenvalues, Double = Double, ItMax = $
3        ItMax, Residual = Residual)
4    ; 函数目的:
5    ; 计算任意 N × N 矩阵的特征向量
6    ; 参数解释:
7    ; 输入参数:
8    ; Array: N × N 的输入数据矩阵
9    ; Eigenvalues: 由 ELMHES 函数和 HQR 函数事先确定的矩阵 Array 的特征值
10   ; /Double: 关键词, 是否以双精度进行计算
11   ; ItMax: 计算特征向量时的迭代次数, 缺省值为 4
```

```
12   ; Residual: 与特征向量对应的残差
13
14   ; 输出参数:
15   ; Vectors: 计算得到的特征值, 与 Eval 中的特征向量一一对应
```

作为一个简单的例子, 给定一个 4×4 的非对称的数据矩阵

$$
\boldsymbol{A} = \begin{bmatrix} -1 & 2 & 3 & 4 \\ 2 & 3 & 2 & 1 \\ 3 & 4 & 1 & 2 \\ 4 & 2 & 1 & 3 \end{bmatrix} \tag{6.5}
$$

使用 ELMHES 函数和 HQR 函数可以得到 $\boldsymbol{A}$ 的特征值, 进而使用 EIGENVEC 函数进行处理, 可以得到该数据矩阵 $\boldsymbol{A}$ 的特征向量, 过程如下:

EIGENVEC 函数的使用举例

```
1   ; 首先使用 ELMHES 函数和 HQR 函数, 这里放在一起使用
2   IDL> Eigenvalues = HQR(ELMHES(A))
3   IDL> Vectors = EIGENVEC(A, Eigenvalues, residual = resid)
4   ; 使用残差 resid 验证结果
5   IDL>print,resid
```

可以进行简单的验证, 得到的正交特征向量和特征值对应的 residual(残差) 必定满足

$$
\boldsymbol{A} \cdot \mathbf{Eigenvecs} - \mathbf{Eigenvalues} \cdot \mathbf{Eigenvecs} = \text{residual} \to 0 \tag{6.6}
$$

可以看到残差都在 10^{-7} 的量级, 因此求解的特征值和特征向量是符合要求的.

基于矩阵特征值和特征向量的特殊性, 在 IDL 中完成主成分分析是一件较为简单的事情. 对于 N 个参量, 每个参量 $\boldsymbol{X}_i = [X_{i1}, X_{i2}, \cdots, X_{iM}]$ 包含 M 个数据, 可以构建 M 列 N 行的数据矩阵

$$
\boldsymbol{A} = \begin{bmatrix} X_{11} & X_{12} & \cdots & X_{1M} \\ X_{21} & X_{22} & \cdots & X_{2M} \\ \vdots & \vdots & & \vdots \\ X_{N1} & X_{N2} & \cdots & X_{NM} \end{bmatrix} \tag{6.7}
$$

而基于矩阵 $\boldsymbol{A}$ 的协方差矩阵 $\boldsymbol{C}$ 进行特征值和特征向量的求解, 可以快速完成正交主成分的分析和标定, 协方差矩阵 $\boldsymbol{C}$ 必定是一个实对称矩阵:

$$
\boldsymbol{C} = \begin{bmatrix} \text{cov}(\boldsymbol{X}_1, \boldsymbol{X}_1) & \text{cov}(\boldsymbol{X}_1, \boldsymbol{X}_2) & \cdots & \text{cov}(\boldsymbol{X}_1, \boldsymbol{X}_N) \\ \text{cov}(\boldsymbol{X}_2, \boldsymbol{X}_1) & \text{cov}(\boldsymbol{X}_2, \boldsymbol{X}_2) & \cdots & \text{cov}(\boldsymbol{X}_2, \boldsymbol{X}_N) \\ \vdots & \vdots & & \vdots \\ \text{cov}(\boldsymbol{X}_N, \boldsymbol{X}_1) & \text{cov}(\boldsymbol{X}_N, \boldsymbol{X}_2) & \cdots & \text{cov}(\boldsymbol{X}_N, \boldsymbol{X}_N) \end{bmatrix} \tag{6.8}
$$

其中 $\text{cov}(\boldsymbol{X}, \boldsymbol{Y}) = E((\boldsymbol{X} - E(\boldsymbol{X}))(\boldsymbol{Y} - E(\boldsymbol{Y})))$ 代表参量 $\boldsymbol{X}$ 和 $\boldsymbol{Y}$ 之间的协方差, $E(\boldsymbol{X})$ 表示 $\boldsymbol{X}$ 参量的平均值. 因此, 协方差矩阵必定是一个实对称矩阵. 通常, 我们使用线性相关系数来代替协方差. 在 IDL 中可以使用 correlate 函数来实现协方差矩阵的构建, correlate 函数的具体使用说明如下:

correlate 函数说明

```
1   ; 函数形式:
2   MCov = correlate(ArrayIn, Covariance = Covariance, Double = Double)
3   ; 函数目的: 构建数据矩阵 ArrayIn 的协方差矩阵
4
5   ; 参数解释:
6   ; 输入参数:
7   ; ArrayIn: M 列 N 行的输入数据矩阵
8   ; /Double: 关键词, 是否以双精度进行计算
9   ; /Covariance: 关键词, 是否计算协方差, 否则计算线性相关系数
10
11  ; 输出参数:
12  ; MCov: 计算得到的协方差矩阵
13
14  ; 简单举例, 以上面的矩阵 A 为输入矩阵
15  IDL>res = correlate(A)
16  IDL>res2 = correlate(A,/Covariance)
17  ; 那么 res 和 res2 结果是不一样的, res 是一个对角线元素为 1 的对称矩阵
18  IDL>print, res
19       1.00000      −0.477396     −0.129701     −0.674200
20      −0.477396      1.00000       0.103198     −0.321860
21      −0.129701      0.103198      1.00000       0.145741
22      −0.674200     −0.321860      0.145741      1.00000
23  IDL>print, res2
24       1.66667      −1.16667     −0.500000     −2.50000
25      −1.16667       3.58333      0.583333     −1.75000
26      −0.500000      0.583333      8.91667      1.25000
27      −2.50000      −1.75000      1.25000       8.25000
```

而协方差矩阵的特征值和特征向量的求解在 IDL 中极为简单, 可以使用 PCOMP 函数来实现, 其具体的函数使用说明如下:

PCA 分析中 PCOMP 函数说明

```
1   ; 函数形式:
2   results = PCOMP(ArrayIn, Coefficients = Eigenvectors, $
```

```
3              Covariance = Covariance, Double = Double, $
4              Eigenvalues = Eigenvalues, nVariables = nVariables, $
5              Standardize = Standardize, Variances = Variances)
6    ; 函数目的: 构建或计算矩阵的主成分 (principle components)
7
8    ; 参数解释:
9    ; 输入参数:
10   ;ArrayIn: M 列 N 行的输入数据矩阵, 由多个参量包含的数据构建而成的数据矩阵
11   ;Coefficients: 包含计算得到的主成分, 是一个 M 列 N 行的矩阵
12   ;/Covariance: 关键词, 用协方差构建的协方差矩阵, 还是用线性相关系数构建的矩阵
13   ;/double: 是否使用双精度进行计算
14   ;Eigenvalues: 与主成分 (Coefficients) 一一对应的特征值
15   ;nVariables: 使用的参数的个数, 限制使用数据矩阵 ArrayIn 中的列数, 缺省为全数据
16      使用
17   ;/Standardize: 如果使用该关键词, 则每列数据进行归一, 使该列数据平均值为 0, 方差
18      为 1
19   ;Variances: 包含了与主成分一一对应的贡献值
20
21   ; 输出参数:
22   ;Vectors: 返回特征向量矩阵与输入矩阵 ArrayIn 的乘积
```

需要注意的是, 尽管 PCOMP 函数通过 EIGENQL 函数对协方差矩阵求取其特征值和特征向量, 但是在 PCOMP 函数中, 通过 EIGENQL 函数得到特征向量, 同时乘以该特征向量对应的特征值的 0.5 次方.

6.1.1 主成分分析法对二维数据的分析举例

在完成 PCA 的 IDL 程序准备后, 我们可以简单地处理一个 PCA 的问题. 以 4.1 节中的 R-L 数据为例, 简单说明线性模型中的特征向量的提取和使用. R-L 数据包含两个参量: 一个参量为 R, 另一个参量为 L, 每个参量包含 71 个数据, 所以可以构建一个 2 列 71 行的数据矩阵, 进而可以完成特征值的求解. 这里简单地创建一个 IDL 程序 pca_RL.pro, 具体内容及描述如下:

程序: pca_RL

```
1
2    Pro plot_rl, data_file = data_file, ps = ps, output = output
3
4    ; 程序目的: 展示 R-L 关系图及对应的主成分
5
6    ; 参数解释:
7    ; data_file: 要使用的数据文件, 应包含路径信息
```

```
8    ; output: 要输出的图形文件的文件名
9    ; /ps : 是否将结果存储到图形文件中
10
11   IF N_elements(data_file) EQ 0 THEN data_file = 'RBLR_L.dat'
12   IF N_elements(output) EQ 0 THEN output = 'pca_RL.ps'
13
14   ; 是否保存为 EPS 图像文件
15   IF keyword_set(ps) THEN BEGIN
16       set_plot,'ps'
17       device, file =output,/encapsulate,/color,bits=24,xsize=40, ysize=40
18   ENDIF ELSE window, xsize=800,ysize=800
19
20   ; 读取数据文件 RBLR_L.dat, 已经放在本地目录下
21   djs_readcol,data_file,R_BLRs,Re_BLRs,L_con,Le_con,format = ' D, D, D, D'
22
23   ; 准备创建数据矩阵
24   R_BLRs = alog10(R_BLRs)
25   Ymean = mean(R_BLRs) & Xmean = mean(L_con)
26   Y = R_BLRs − mean(R_BLRs) & X = L_con − mean(L_con)
27
28   ; 注意 IDL 中矩阵行列的位置
29   data = Transpose([ [X], [Y] ])
30
31   ; 生成协方差矩阵
32   covMatrix = correlate(data, /Covariance, /DOUBLE)
33
34   ; EIGENQL 函数计算协方差矩阵的特征值和特征向量
35   cov_evalues = EIGENQL (covMatrix, EIGENVECTORS = cov_evectors, $
36       /DOUBLE)
37   ; 结果的图形展示
38   ; 将原数据展示在图形中
39   plotsym,0,1.75,/ fill , color=djs_icolor('blue')
40   xt=textoidl ('log(L_{con})(erg/s)')
41   yt=textoidl('log(R_{BLRs})(light−days)')
42   Plot, X, Y, psym=8,xrange=[−2,3], yrange=[−2,3], xtitle = xt, $
43       ytitle  = yt, charsize=4, charthick = 4
44   ; 画出特征向量 cov_evectors 代表的空间矢量
45   xx = DINDGEN(51)/50 *10 −5
46   OPlot, cov_evectors[0,0]*xx, cov_evectors[1,0]*xx, $
47       Color=cgColor('red'), Thick=2
```

```
48  OPlot, cov_evectors[0,1]*xx, cov_evectors[1,1]*xx, $
49          Color=cgColor('red'), Thick=2
50
51  ; 与 X 方向和 Y 方向做比较
52  OPlot, [−5, 5], [0,0], LineStyle=2, COLOR=cgColor('pink')
53  OPlot, [0,0], [−5, 5], LineStyle=2, COLOR=cgColor('pink')
54
55  ; 使用综合在一起的 PCOMP 函数进行运算
56  Final = PCOMP(data, /Covariance, EIGENVALUES=evalues, $
57          COEFFICIENTS=evectors, /DOUBLE)
58  ; 注意 PCOMP 函数中的特征向量与 EIGENQL 函数计算的特征向量的差异
59  evectors = evectors/Rebin(SQRT(evalues), 2, 2)
60
61  ; 简单的数值结果展示
62  print, 'EIGENQL函数得到的特征值'
63  print, cov_evalues
64  print, 'PCOMP函数得到的特征值'
65  print, evalues
66  print, '===================='
67  print, 'EIGENQL函数得到的特征向量'
68  print, cov_evectors
69  print, 'PCOMP函数得到的特征向量'
70  print, evectors
71
72  ;ps 关键词的呼应
73  IF keyword_set(ps) THEN BEGIN
74          device,/close
75          set_plot,'x'
76  ENDIF
77
78  END
```

简单地运行该程序, 会得到图 6.1中展示的结果, 且屏幕中会显示如下的
结果:

编译并调用程序 pca_RL

```
1  IDL>.compile pca_RL
2  IDL>pca_RL,/ps
3  ; 屏幕结果显示如下:
4  EIGENQL函数得到的特征值
5      0.87728240    0.036460047
```

6	PCOMP函数得到的特征值	
7	0.87728240	0.036460047
8	================================	
9	EIGENQL函数得到的特征向量	
10	−0.87431714	−0.48535507
11	0.48535507	−0.87431714
12	PCOMP函数得到的特征向量	
13	−0.87431714	−0.48535507
14	0.48535507	−0.87431714

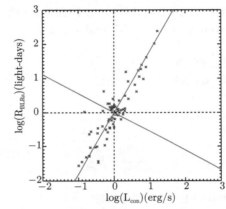

图 6.1　主成分分析法 (PCA) 对活动星系核中 R-L 数据特征的描述

红色的实线代表 PCA 后得到的两个特征向量, 浅红色的虚线标注正常的 X 和 Y 的方向

　　很显然, 通过协方差矩阵的特征向量, 可以得到 R-L 空间中对应的包含方差最大的两个方向: 图形中用红色的实线表示, 且很显然, 第一个特征向量 (或者称为第一个主成分) 代表对 R-L 的线性拟合结果, 斜率为 0.48535507, 与 4.1 节中得到的结果完全一致[①]; 第二个特征向量 (或者称为第二个主成分) 代表在线性拟合结果的垂直空间上的弥散性质. 因此, 对于线性相关的二维数据来说, PCA 的方法可以便捷地找到与线性拟合结果完全一致的对应结果. 且第一个主成分的贡献度接近 90%, 第一个主成分的特性可以很好地概括 R-L 之间的依赖关系, 即可以将二维的 R-L 空间数据特征, 降维到一维的线性空间中.

6.1.2　主成分分析法对多维数据的分析举例

　　6.1.1 节简单地使用 PCA 对最简单的二维数据进行了分析. 这里, 以天文学中最为常见的星系光谱数据为例, 我们对更复杂的高维度数据进行 PCA, 进一步展现 PCA 在降维方面的应用. 简单地说, 数据矩阵 A 由足够多 (M 个) 的星系

---

① 因差异仅出现在小数点后第三位, 结果可认为完全一致.

光谱 G 组成, 每个星系光谱 G_i 包含着一个二维的数组 $[\lambda_j, f_j]$, 其中 λ_j, f_j 分别代表该观测光谱的观测波长和观测流量, 当把波长数据归一到相同的静止系波长空间后: $\lambda_j = \lambda$ (一种最简单的处理方法), 既定波长空间内包含有 N 个数据点, 每个星系光谱 G_i 的数据可以写为 $[G_{i1}, G_{i2}, \cdots, G_{iN}]$, 那么所有的 M 个星系光谱的光谱数据, 可以组成一个 M 行 N 列的数据矩阵

$$ \boldsymbol{P} = \begin{bmatrix} G_{11} & G_{12} & \cdots & G_{1N} \\ G_{21} & G_{22} & \cdots & G_{2N} \\ \vdots & \vdots & & \vdots \\ G_{M1} & G_{M2} & \cdots & G_{MN} \end{bmatrix} \tag{6.9} $$

很显然, 此时的矩阵 $\boldsymbol{P}$ 明显不是对称矩阵, 对于 M 行 N 列数据矩阵 $\boldsymbol{P}$, 我们可以通过 EIGENVEC 函数得到其对应的按照贡献大小排序的最佳的特征向量. 在 IDL 提供的程序代码中, 有成熟的函数 pca_solve.pro 来实现这个目标 (该函数存于 idlspec2d 代码包中), 其具体的使用说明如下:

pca_solve 函数说明

```
1   ; 函数形式:
2   pca_res = pca_solve(objflux, objivar, objloglam, zfit, $
3       wavemin=wavemin, wavemax=wavemax, newloglam=newloglam,$
4       maxiter=maxiter, niter=niter, nkeep=nkeep, nreturn=nreturn, $
5       eigenval=eigenval, acoeff=acoeff, quiet = quiet)
6
7   ; 函数目的:
8   ; 基于大样本的光谱库构建相互正交的主成分
9
10  ; 参数解释:
11  ; 输入参数:
12  ;objflux:  由光谱库 (发射流量数据) 构建的 M 行 N 列的输入数据矩阵
13  ;objivar:  发射流量数据对应的逆方差 (inverse variance)
14  ;objloglam: 每条光谱对应的观测波长, 在 log10 空间内的波长
15  ;zfit: 每条光谱对应的红移, 如果光谱已经是静止系空间中的数据, 则不需要设定
16  ;wavemin: PCA 运算时, 限定波长的最小值
17  ;wavemax: PCA 运算时, 限定波长的最大值
18  ;maxiter: 迭代终止的次数
19  ;niter: PCA 运算时的迭代次数, 缺省值为 10
20  ;nkeep: PCA 运算时每次迭代中保留的特征向量的个数 (主成分的个数)
21  ;nreturn: PCA 运算终止时保留的特征向量的个数 (最终返回的主成分的个数)
22  ;/quiet: 关键词, 运算过程
23
```

```
24   ; 输出参数:
25   ;newloglam: 输出的主成分对应的在 log10 空间内的波长数据, 长度为 NNEWPIX
26   ;pca_res: 确定的主成, 分是一个NKEEP行NNEWPIX 列的矩阵,
27   ; 每行代表一个主成分
28   ;eigenval: 对应确定的主成分的特征值 eigenvalue
29   ;acoeff: PCA 系数, 且光谱库中的任一条光谱满足 G_i=acoeff[*,i]·pca_res
```

　　搜集星系光谱建立光谱库, 并不是我们研究的重点, 在本节中, 我们将包含光谱流量和波长信息的总共 1168 个理论生成的 SSP (simple stellar population) 星族成分, 进行 PCA, 确定其中贡献最大的前十个主成分, 那么可以使用这十个主成分对 SDSS 巡天中的星系光谱中的寄主星系的成分进行拟合和标定. 类似的做法在 4.2.4 节中曾经使用过, 但是当时使用的是从恒星光谱中生成的主成分. 这里重点关注一下, 如何从 1168 个 SSP 中生成主成分, 我们写一个简单独立的 pca_ssp 程序来完成这个目标, 说明如下:

程序: pca_ssp

```
1    Pro pca_ssp
2
3    ; 程序目的: 基于大样本的 1168 个 SSP 光谱, 构建相互正交的主成分
4
5    ; 读取 SSP 光谱数据
6    ; 由于 SSP 的光谱通过理论生成, 具有完全一致的波长信息,
7    ; 且已经转化到 log10 空间内
8
9    objflux = mrdfits('flux_1326SSP.fit',0)
10   objloglam = mrdfits('wave_1326SSP.fit',0)
11   objivar = objflux * 0. + 100
12
13   ; 运行 pca_solve 函数
14   res = pca_solve(objflux, objivar, objloglam, newloglam= newloglam, $
15         nkeep=40, nreturn=30, eigenval=eigenval)
16
17   ; 将生成的主成分保存到 fits 文件中
18   mwrfits,newloglam,'PCA_1326SSP_loglam.fit',/create
19   mwrfits,res,'PCA_1326SSP_flux.fit',/create
20
21   END
```

编译并经过长时间运行后, 会生成文件 PCA_1326SSP_loglam.fit (包含主成分的 log10 空间的波长信息) 和 PCA_1326SSP_flux.fit (包含主成分的流量信息):

编译并调用程序 pca_ssp

```
1  IDL>.compile pca_ssp
2  IDL>pca_ssp
```

这里需要注意的是, 由于我们在运行 pca_ssp 程序时, 并没有扣除每个 SSP 光谱的平均值, 所以生成的主成分中, 第一个主成分基本上等价于所有 SSP 光谱的平均光谱. 很多情况下, 可以使用 PCA 的方法生成平均光谱, 这也是一种非常有效的方式. 图 6.2 中的左上图展示了 1326 个 SSP 光谱中任选的四个 SSP 光谱, 右上图展示了计算得到的第一个主成分的谱型特征 (也就是所有 SSP 光谱的平均光谱), 左下图展示了第二个主成分的谱型, 右下图展示了第三个主成分的谱型. 基于通过 SSP 光谱库得到主成分对 SDSS 观测星系光谱的拟合, 不再赘述, 将 4.2.4 节中的 template 成分更换成现在的主成分, 即可以完成对寄主星系成分的拟合和标定. 主成分的展示, 可以写成一个简单 IDL 程序 plot_pca, 具体内容如下:

程序: plot_pca

```
1
2  Pro plot_pca, ps = ps
3
4  ; 程序目的: 展示基于 1326 个 SSP 光谱生成的主成分
5
6  IF keyword_set(ps) THEN BEGIN
7          set_plot,'ps'
8          device,  file = 'pca_ssp.ps',/encapsulate, /color, bits=24, $
9                  xsize=90,ysize=60
10 ENDIF ELSE window, XSIZE=800, YSIZE=1200
11
12  ; 生成 4×4 的图形格局
13 !p.multi =  [0,2,2]
14
15  ; 读入 SSP 的光谱数据
16 spec = mrdfits('flux_1326SSP.fit',0)
17 loglam = mrdfits('wave_1326SSP.fit',0)
18
19  ; 读入主成分数据
20 pca_spec = mrdfits('PCA_1326SSP_flux.fit',0)
21 pca_loglam = mrdfits('PCA_1326SSP_loglam.fit',0)
22
23  ; 画图
24 plot, 10.d^loglam, spec[*,0]/mean(spec[*,0]), psym=10, nsum=3, $
```

```
25          xtitle  = textoidl('rest  wavelength (\AA)'), $
26          ytitle  = textoidl('f_\lambda (arbitrary unit)'), $
27          charsize=4, charthick = 4
28  oplot,  10.d^loglam, spec[*,0]/mean(spec[*,0]), psym=10, nsum=3, $
29          color=djs_icolor('blue')
30  oplot,  10.d^loglam, spec[*,70]/mean(spec[*,70]), psym=10, nsum=3, $
31          color=djs_icolor('dark green')
32  oplot,  10.d^loglam, spec[*,700]/mean(spec[*,700]),psym=10,nsum=3, $
33          color=djs_icolor('purple')
34  oplot,  10.d^loglam, spec[*,1100]/mean(spec[*,1100]),psym=10,nsum=3, $
35          color=djs_icolor('red')
36
37  plot,  10.d^pca_loglam, −pca_spec[*,0], psym=10,nsum=3, $
38          xtitle  = textoidl('rest  wavelength (\AA)'),$
39          ytitle  = textoidl('f_\lambda (arbitrary unit)'), $
40          charsize=4, charthick = 4
41  oplot,  10.d^pca_loglam, −pca_spec[*,0], psym=10,nsum=3, $
42          color=djs_icolor('blue')
43
44  plot,  10.d^pca_loglam, pca_spec[*,1], psym=10,nsum=3, $
45          xtitle  = textoidl('rest  wavelength (\AA)'),$
46          ytitle  = textoidl('f_\lambda (arbitrary unit)'), $
47          charsize=4, charthick = 4
48  oplot,  10.d^pca_loglam, pca_spec[*,1], psym=10,nsum=3, $
49          color=djs_icolor('blue')
50
51  plot,  10.d^pca_loglam, pca_spec[*,2], psym=10,nsum=3, $
52          xtitle  = textoidl('rest  wavelength (\AA)'),$
53          ytitle  = textoidl('f_\lambda (arbitrary unit)'), $
54          charsize=4, charthick = 4
55  oplot,  10.d^pca_loglam, pca_spec[*,2], psym=10,nsum=3, $
56          color=djs_icolor('blue')
57
58  IF keyword_set(ps) THEN BEGIN
59          device,/close
60          set_plot,'x'
61  ENDIF
62
63  END ;
```

编译并运行后, 即生成图 6.2中的结果.

简单地说, 将 1326 个 SSP 光谱的特征信息压缩到了前十个主成分中, 为了更好地验证前十个主成分的贡献, 在程序代码 pca_ssp 中, 包含特征值的选项 "eigenval=eigenval", 将特征值存储在参量 eigenval 中, 同时将语句 "print, eigenval" 添加到程序 pca_ssp 的后段, 让特征值信息在屏幕上输出. 基于输出的特征值, 可以发现前十个主成分的贡献已经超过了 99%. 换言之, 使用前十个主成分基本上可以对所有的星系观测光谱完成拟合, 除非该星系的物理信息: 年龄、金属丰度等, 远远地有别于理论生成的 SSP 光谱中使用的星族年龄、金属丰度等物理参量信息. 我们轻松地将包含在 M 个 SSP 光谱的高维度数据矩阵中的信息, 成功地压缩到 10 个主成分的维度数据矩阵中.

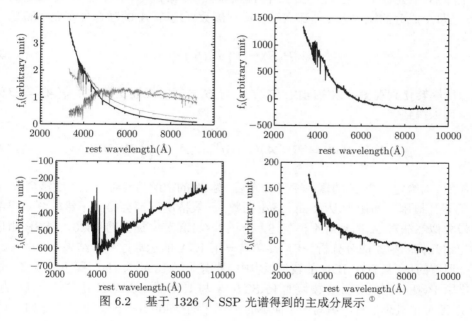

图 6.2 基于 1326 个 SSP 光谱得到的主成分展示 [①]

6.2 独立成分分析法的简介和应用

不同于 PCA 方法中的各个主成分相互正交, 在独立成分分析 (independent component analysis, ICA) 中, 相互正交的条件不再遵循 (协方差矩阵及其特征向量特性的分析成为次要的), 而是使用一种相互独立的条件. 简单地说, 对于由观测或者测量数据构成的数据矩阵 A, 在 PCA 分析中, 得到的特征值 **Eigenvalues** 和特征向量 **Eigenvecs** 满足如下的关系:

[①] 左上图展示 1326 个 SSP 光谱中任选的四个 SSP 光谱, 右上图展示计算得到的第一个主成分的谱型特征, 左下图展示第二个主成分的谱型, 右下图展示第三个主成分的谱型.

$$\boldsymbol{A} \cdot \textbf{Eigenvecs} = \textbf{Eigenvalues} \cdot \textbf{Eigenvecs} \qquad (6.10)$$

但是在 ICA 分析中, 在不限定相互正交的前提下, 寻找满足如下关系的矩阵解:

$$\boldsymbol{A} = \boldsymbol{B} \cdot \boldsymbol{S} \qquad (6.11)$$

其中 $\boldsymbol{S}$ 矩阵代表求解的独立成分, $\boldsymbol{B}$ 代表一个矩阵, 用来叠加独立成分. 需要求解的是未知的独立成分矩阵 $\boldsymbol{S}$, 可以写成

$$\boldsymbol{S} = \boldsymbol{B}^{-1} \boldsymbol{A} \qquad (6.12)$$

在矩阵 $\boldsymbol{S}$ 中的各个成分相互独立, 因此概率独立, 假定 $\boldsymbol{S}$ 中含有 N 个独立的成分, 且每个成分的概率为 P_i, 那么组合成观测数据矩阵 $\boldsymbol{A}$ 的联合分布概率满足

$$P(\boldsymbol{S}) = \prod_{i=1}^{N} P_{\boldsymbol{s}}(S_i) \qquad (6.13)$$

将该概率转化到观测数据空间内, 借助 $\boldsymbol{A}$ 与 $\boldsymbol{S}$ 之间的线性变换关系 $g(\boldsymbol{A}) = \boldsymbol{B}\boldsymbol{S}$, 于是可以得到

$$P(\boldsymbol{A}) = P_{\boldsymbol{s}}(\boldsymbol{S} = \boldsymbol{B}^{-1}\boldsymbol{A})(\boldsymbol{A})/g^{\mathrm{T}} = \left| \boldsymbol{A}^{-1} \right| \prod_{i=1}^{N} P_{\boldsymbol{s}}(\boldsymbol{B}^{-1}\boldsymbol{A}) \qquad (6.14)$$

很显然, 当给定一个 $\boldsymbol{S}$ 的概率密度分布后, 对 $\boldsymbol{A}$ 的求解将是唯一的. 通常情况下, $\boldsymbol{S}$ 的累计概率分布函数取为 sigmoid 函数, 一般情况下都会得到不错的解. 详细的最大似然法对 $\boldsymbol{A}$ 的求解不再赘述. 这里以 6.1.2 节中提到的 1326 个 SSP 组成的光谱几何的独立成分分析为例, 简单看一下 ICA 的运算过程和结果.

遗憾的是, 只有在 IDL 的较新版本中, 才有关于 ICA 的 IDL 程序和函数. 这里借用 Python 中 sklearn 模块的 FASTICA 与 IDL 的 SPAWN 函数结合在一起, 展现 ICA 的处理过程. 编写一个简单的 IDL 程序 plot_ica.pro, 具体表述如下:

程序: plot_ica

```
1
2   Pro plot_ica, ps = ps, outdata = outdata
3
4   ; 程序目的: 展示基于 1326 个 SSP 光谱生成的独立成分
5
6   IF keyword_set(ps) THEN BEGIN
7           set_plot,'ps'
8           device,  file  = 'pca_ssp.ps',/encapsulate,/color,bits=24, $
9                   xsize=90,ysize=60
10  ENDIF ELSE window, XSIZE=800, YSIZE=1200
```

```
11
12    ; 生成对应的 Python 文件
13    IF N_elements(out_python) EQ 0 THEN out_python = 'plot_ica.py'
14
15    openw,lun, out_python, /get_lun,/append
16    printf, lun, 'from astropy.io import fits '
17    printf, lun, 'from sklearn.decomposition import FastICA, PCA'
18
19    ; 注意 IDL 中数据矩阵的行列与 Python 中的矩阵的转置对应
20    printf, lun, 'ssp = fits.open('+'"'+'flux_1326SSP.fit'+'"'+')'
21    printf, lun, 'X=ssp[0].data'
22    printf, lun, 'ica = FastICA(n_components=10)'
23    ; 注意在 Python 中使用了数据矩阵的转置 X.T
24    printf, lun, 'S = ica.fit_transform(X.T) # IC components in S'
25
26    IF N_elements(out_data) EQ 0 THEN out_data = 'SSP'
27
28    printf,lun,'np.savetxt('+'"'+'IC10_'+out_data+'.txt'+'"'+', S)'
29
30    printf, lun, 'pca = PCA(n_components=10)'
31    printf, lun, 'H = pca.fit_transform(X.T) # PCA components in H'
32    printf,lun,'np.savetxt('+'"'+'PCA10_'+out_data+'.txt'+'"'+', H)'
33    Free_lun,lun
34
35    ; 通过 SPAWN 命令在 Python 中运行 FASTICA 和 PCA
36    spawn, 'python ' + out_python
37
38    ; 读取运行结果
39    djs_readcol, 'IC10_'+out_data+'.txt', IC1, IC2, IC3, IC4, IC5, $
40         IC6, IC7, IC8, IC9, IC10, format= 'D,D,D,D,D,D,D,D,D,D'
41    djs_readcol, 'PCA10_'+out_data+'.txt', PCA1, PCA2, PCA3, PCA4, $
42         PCA5, PCA6, PCA7, PCA8, PCA9, PCA10, $
43         format= 'D,D,D,D,D,D,D,D,D,D'
44
45    ; 波长信息
46    loglam = mrdfits('wave_1326SSP.fit',0)
47
48    !p.multi = [0,2,2]
49
50    ;2 行 2 列四个图像, 展示前四个 ICA 成分
```

```
51
52   Plot, 10.d^loglam, IC1, psym=10, $
53           xtitle = textoidl('rest wavelength (\AA)'),$
54           ytitle = textoidl('f_\lambda (arbitrary unit)'), $
55           charsize=4, charthick = 4
56   oplot, 10.d^loglam, spec[*,0]/mean(spec[*,0]),psym=10, nsum=3, $
57           color=djs_icolor('blue')
58
59   Plot, 10.d^loglam, IC2, psym=10, $
60           xtitle = textoidl('rest wavelength (\AA)'),$
61           ytitle = textoidl('f_\lambda (arbitrary unit)'), $
62           charsize=4, charthick = 4
63   oplot, 10.d^loglam, spec[*,0]/mean(spec[*,0]),psym=10,nsum=3, $
64           color=djs_icolor('blue')
65
66   Plot, 10.d^loglam, IC3, psym=10, $
67           xtitle = textoidl('rest wavelength (\AA)'),$
68           ytitle = textoidl('f_\lambda (arbitrary unit)'), $
69           charsize=4, charthick = 4
70   oplot, 10.d^loglam, spec[*,0]/mean(spec[*,0]),psym=10,nsum=3, $
71           color=djs_icolor('blue')
72
73   Plot, 10.d^loglam, IC4, psym=10, $
74           xtitle = textoidl('rest wavelength (\AA)'),$
75           ytitle = textoidl('f_\lambda (arbitrary unit)'), $
76           charsize=4, charthick = 4
77   oplot, 10.d^loglam, spec[*,0]/mean(spec[*,0]),psym=10,nsum=3, $
78           color=djs_icolor('blue')
79
80   IF keyword_set(ps) THEN BEGIN
81           device,/close
82           set_plot,'x'
83   ENDIF
84
85   END
```

当然, 要注意到, 在 IDL 中数据矩阵是列在行前, 而在 Python 中是行在列前, 所以程序 plot_ica.pro 中的数据矩阵在 Python 中处理时, 都使用了转置后的矩阵. 程序编译并运行后, 会将生成的前 10 个独立成分保存在数据文件 IC10_SSP.txt(一个包含 10 列 5881 行的数据文件) 中, 同时也让 Python 中的

PCA 代码生成的前 10 个主成分保存在 PCA10_SSP.txt 中, 可以和 6.1.2 节中生成的主成分进行比较 (完全一致).

编译并调用程序 plot_ica

```
1  IDL>.compile plot_ica
2  IDL>plot_ica
```

同时也将前四个主成分展示在图 6.3中, 谱型与主成分完全不同. 当然基于生成的独立成分, 替换前面章节中的主成分进行星系光谱中寄主星系成分的拟合和标定也是可行的.

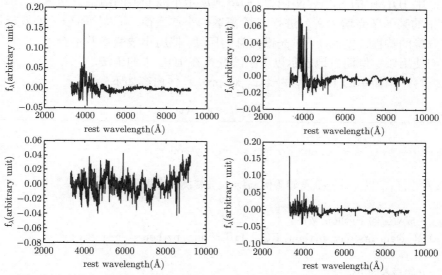

图 6.3　自左上到右下, 展示了基于 1326 个 SSP 光谱得到的前四个独立成分

6.3　小波变换方法的简介和应用

在主成分分析和独立成分分析方法外, 常用的数据降维的方法还包括小波变换 (wavelet transform, WT) 方法, 在本节中, 我们简单地介绍 WT 方法. 通常 WT 方法更多地应用在时域分析和图像处理领域, 在第 7 章的时域光变研究中, 我们重点介绍小波变换方法在时域光变领域中周期性信号探测方面的应用. 简单地看一下小波变换的数学处理过程, 不同于主成分分析中的正交向量和独立成分分析中的独立成分, 小波变换使用一种特殊的基向量: 小波基, 将傅里叶变换中无限长的三角函数基换成有限长的会衰减的小波基

$$\mathrm{WT}(a,\tau) \propto \int f(t) \times \psi\left(\frac{t-\tau}{a}\right)\mathrm{d}t \tag{6.15}$$

其中 a 和 τ 控制小波基的伸缩和平移. 在小波基的缩放和平移中, 出现了小波变换中常用的母小波 ψ 和父小波 ϕ 的概念, 进而可以完成完整的小波展开

$$f(t) = \sum_k c_k \phi(t-k) + \sum_k \sum_j d_{jk} \psi(2^j t - k) \tag{6.16}$$

或者将这两部分简单看作近似分量和细节分量, 所谓的近似分量是描述大尺度上的数据信息特征的部分 (比如最简单的数据的平均信息), 而细节分量则是小尺度上的数据信息特征. 小波变换的程序实现也较为简单, 但是遗憾的是, 在 IDL 中关于小波变换的程序代码较为简单. 这里依然使用 Python 语言中的 pyWavelets 模块借用 IDL 中的 SPAWN 函数, 简单地展示小波变换的结果. 这里以 1326 个 SSP 中的某一条光谱为例, 进行 5 阶离散的小波变换, 可以检验一下近似分量和细节分量的特性. 实际上, 对光谱信息的压缩, 使用小波变换并不合适, 但是不妨碍我们使用该实例简单地展示以下小波变换在 IDL 中的用法.

编写一个简单的 IDL 程序 test_wt.pro, 具体内容如下:

程序: test_wt

```
1
2    Pro test_wt, ps = ps, out_python = out_python
3
4    ; 程序目的: 以一条 SSP 光谱为例, 展示小波变换的结果
5
6    ; 生成对应的 Python 文件
7    IF N_elements(out_python) EQ 0 THEN our_python = 'test_wt.py'
8
9    ; 开始写入如下信息
10   openw,lun, out_python,/get_lun,/append
11
12   printf, lun, 'import numpy as np'
13   printf, lun, 'from astropy.io import fits'
14   printf, lun, 'import pywt'
15   printf, lun, '          '
16
17   ; 在 Python 中读入如下 fits 文件
18   printf, lun, 'ssp=fits.open('+'"'+'flux_1326SSP.fit'+'"'+')'
19   printf, lun, 'X=ssp[0].data'
20   printf, lun, '        '
21
22   ; 注意矩阵中行列位置在 DIL 和 Python 中的不同
23   printf, lun, 'data = X[400].T'
```

```
24  printf, lun, 'ca = []'
25  printf, lun, 'cd = []'
26  printf, lun, '        '
27
28  ; 小波变换中的模式和窗口函数的选择
29  printf, lun, 'mode = pywt.Modes.smooth'
30  printf, lun, 'w = pywt.Wavelet('+'"'+'db4'+'"'+')'
31  printf, lun, '        '
32
33  ;5 阶离散的小波变换
34  printf, lun, 'for i in range(5):'
35  printf, lun, '    (a, d) = pywt.dwt(a, w, mode)'
36  printf, lun, '    ca.append(a)'
37  printf, lun, '    cd.append(d)'
38  printf, lun, '        '
39
40  ; 准备重建小波基
41  printf, lun, 'rec_a = []'
42  printf, lun, 'rec_d = []'
43  printf, lun, '        '
44
45  ; 近似分量的重建
46  printf, lun, 'for i, coeff in enumerate(ca):'
47  printf, lun, '    coeff_list = [coeff, None] + [None] * i'
48  printf, lun, '    rec_a.append(pywt.waverec(coeff_list, w))'
49  printf, lun, '        '
50
51  ; 细节分量的重建
52  printf, lun, 'for i, coeff in enumerate(cd):'
53  printf, lun, '    coeff_list = [None, coeff] + [None] * i'
54  printf, lun, '    rec_d.append(pywt.waverec(coeff_list, w))'
55  printf, lun, '        '
56
57  ; 保存近似分量和细节分量
58  printf, lun, 'np.savetxt('+'"'+'WT_A0.txt'+'"'+', rec_a[0])'
59  printf, lun, 'np.savetxt('+'"'+'WT_A1.txt'+'"'+', rec_a[1])'
60  printf, lun, 'np.savetxt('+'"'+'WT_A2.txt'+'"'+', rec_a[2])'
61  printf, lun, 'np.savetxt('+'"'+'WT_A3.txt'+'"'+', rec_a[3])'
62  printf, lun, 'np.savetxt('+'"'+'WT_A4.txt'+'"'+', rec_a[4])'
63  printf, lun, 'np.savetxt('+'"'+'WT_D0.txt'+'"'+', rec_d[0])'
```

```idl
64    printf, lun, 'np.savetxt('+'"'+'WT_D1.txt'+'"'+', rec_d[1])'
65    printf, lun, 'np.savetxt('+'"'+'WT_D2.txt'+'"'+', rec_d[2])'
66    printf, lun, 'np.savetxt('+'"'+'WT_D3.txt'+'"'+', rec_d[3])'
67    printf, lun, 'np.savetxt('+'"'+'WT_D4.txt'+'"'+', rec_d[4])'
68
69    ; 完成 Python 文件的书写
70    free_lun, lun
71
72    ; 使用 spawn 函数运行该 Python 文件
73    spawn, 'python ' + out_python
74
75    ; 开始结果的图像展示
76    IF keyword_set(ps) THEN BEGIN
77        set_plot,'ps'
78        device, file = 'test_wt.ps',/encapsulate,/color,bits = 24, $
79                xsize=40,ysize=60
80    ENDIF ELSE window, xsize=800,ysize=1200
81
82    ;IDL 中读入数据文件
83    ssp=mrdfits('flux_1326SSP.fit',0)
84    data = ssp[*,400]
85
86    ; 读入小波变换后的近似分量和细节分量
87    djs_readcol, 'WT_A0.txt', Ay0
88    djs_readcol, 'WT_A1.txt', Ay1
89    djs_readcol, 'WT_A2.txt', Ay2
90    djs_readcol, 'WT_A3.txt', Ay3
91    djs_readcol, 'WT_A4.txt', Ay4
92    djs_readcol, 'WT_D0.txt', Dy0
93    djs_readcol, 'WT_D1.txt', Dy1
94    djs_readcol, 'WT_D2.txt', Dy2
95    djs_readcol, 'WT_D3.txt', Dy3
96    djs_readcol, 'WT_D4.txt', Dy4
97
98    ; 保证一幅 PS 文件中包含足够多的 panels
99    !p.multi = [0,2,6]
100
101   ;SSP 光谱的展示
102   plot, data, psym=10, xtitle = 'wavelength (pixel)', charsize=3, $
103           charthick = 3,position = [0.1,0.8,0.975,0.975], $
```

```
104          title  = 'SSP spectrum'
105   oplot, data, psym=10,nsum = 3,color=djs_icolor('dark green')
106
107   ; 一阶离散小波变换后的近似分量 A0 的展示
108   plot, Ay0, psym=10, xtickformat = '(A1)', charsize=2.5, $
109          position =  [0.1,0.62,0.51,0.75],  charthick = 2.5, $
110          ytitle  = 'A0', nsum = 3
111   oplot, Ay0, psym=10,nsum = 3,color=djs_icolor('dark green')
112
113   ; 以 A0 为基准, 二阶离散小波变换后的近似分量 A1 的展示
114   plot, Ay1, psym=10, xtickformat = '(A1)', charsize=2.5, $
115          position =  [0.1,0.49,0.51,0.62],  charthick = 2.5, $
116          ytitle  = 'A1', nsum = 3
117   oplot, Ay0, psym=10,nsum = 3,color=djs_icolor('dark green')
118
119   ; 以 A1 为基准, 三阶离散小波变换后的近似分量 A2 的展示
120   plot, Ay1, psym=10, xtickformat = '(A1)', charsize=2.5, $
121          position =  [0.1,0.36,0.51,0.49],  charthick = 2.5, $
122          ytitle  = 'A2', nsum = 3
123   oplot, Ay2, psym=10,nsum = 3,color=djs_icolor('dark green')
124
125   ; 以 A2 为基准, 四阶离散小波变换后的近似分量 A3 的展示
126   plot, Ay3, psym=10, xtickformat = '(A1)', charsize=2.5, $
127          position =  [0.1,0.23,0.51,0.36],  charthick = 2.5, $
128          ytitle  = 'A3', nsum = 3
129   oplot, Ay3, psym=10,nsum = 3,color=djs_icolor('dark green')
130
131   ; 以 A3 为基准, 五阶离散小波变换后的近似分量 A4 的展示
132   plot, Ay4, psym=10, position = [0.1,0.1,0.51,0.23], charsize=2.5, $
133          charthick = 2.5,ytitle  = 'A4', nsum = 3
134   oplot, Ay4, psym=10,nsum = 3,color=djs_icolor('dark green')
135
136   ; 一阶离散小波变换后的细节分量 D0 的展示
137   plot, Dy0, psym=10, xtickformat = '(A1)', charsize=2.5, $
138          position =  [0.58,0.62,0.975,0.75],  charthick = 2.5, $
139          ytitle  = 'D0', nsum = 3
140   oplot, Dy0, psym=10,nsum = 3,color=djs_icolor('dark green')
141
142   ; 二阶离散小波变换后的细节分量 D1 的展示
143   plot, Dy1, psym=10, xtickformat = '(A1)',charsize=2.5, $
```

```
144              position  =  [0.58,0.49,0.975,0.62],  charthick = 2.5, $
145              ytitle  = 'D1', nsum = 3
146    oplot, Dy1, psym=10,nsum = 3,color=djs_icolor('dark green')
147
148    ; 三阶离散小波变换后的细节分量 D2 的展示
149    plot, Dy2, psym=10, xtickformat = '(A1)', charsize=2.5, $
150              position  =  [0.58,0.36,0.975,0.49],  charthick = 2.5, $
151              ytitle  = 'D2', nsum = 3
152    oplot, Dy2, psym=10,nsum = 3,color=djs_icolor('dark green')
153
154    ; 四阶离散小波变换后的细节分量 D3 的展示
155    plot, Dy3, psym=10, xtickformat = '(A1)', charsize=2.5, $
156              position  =  [0.58,0.23,0.975,0.36],  charthick = 2.5, $
157              ytitle  = 'D3', nsum = 3
158    oplot, Dy3, psym=10,nsum = 3,color=djs_icolor('dark green')
159
160    ; 五阶离散小波变换后的细节分量 D4 的展示
161    plot, Dy4, psym=10, position = [0.58,0.1,0.975,0.23], $
162              charsize=2.5, charthick = 2.5, ytitle  = 'D4', nsum = 3
163    oplot, Dy4, psym=10,nsum = 3,color=djs_icolor('dark green')
164
165    ; 坐标轴标记
166    xyouts, 0.4,  0.05,  'wavelength (pixel)', charsize=3, $
167              charthick = 3,/normal
168
169    xyouts, 0.04,  0.45,  textoidl('f_\lambda (arbitrary unit)'), $
170              charsize=3, charthick = 3, ori = 90,/normal
171
172    IF keyword_set(ps) THEN BEGIN
173              device,/close
174              set_plot,'x'
175    ENDIF
176
177    END
```

编译并运行程序 test_wt.pro 后, 会生成一个 Python 文件 test_wt.py, 并且会生成 10 个数据文件 (五个近似分量数据文件 A0、A1、A2、A3、A4 和五个细节分量数据文件 D0、D1、D2、D3、D4)WT_A0.txt、WT_A1.txt、WT_A2.txt、WT_A3.txt、WT_A4.txt、WT_D0.txt、WT_D1.txt、WT_D2.txt、WT_D3.txt、WT_D4.txt. 于是很容易得知, SSP 的光谱数据可以由如下六个分量贡献: A5、

D0、D1、D2、D3、D4. 同时小波变换后的 10 个分量展现在图 6.4中.

编译并调用程序 TEST_WT

```
1   IDL>.compile test_iwt
2   IDL>test_wt
```

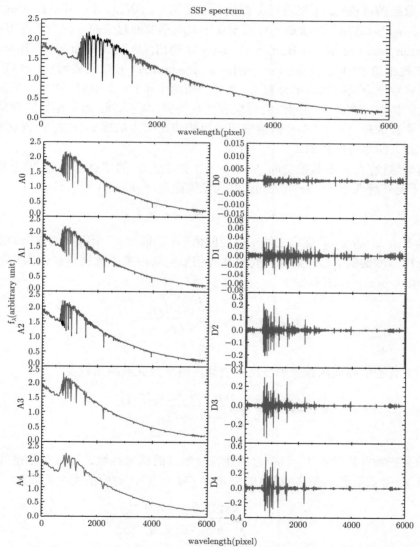

图 6.4　上图展示使用的 SSP 的光谱. 下面十幅图形分别展示五个近似分量 (左图) 和五个细
节分量 (右图) 的谱型

6.4　t-SNE 方法在数据降维可视化中的应用

在上面章节中, 我们讨论了主成分分析法、独立成分分析法以及小波变换方法, 但是注意到以上三种方法更多的是线性的变换方法, 且可以完成对原始数据的重构. 在本节中, 我们重点讨论一下 t-SNE 方法, 这是一种非线性方法, 且重点在于数据的可视化, 不能进行原始数据的重构. t-SNE(t-distributed stochastic neighbor embedding) 方法是一种近十几年来刚刚发展起来的一种全新的方法, 由 L. van der Maaten 和 G. Hinton 在 2008 年提出, 基于由 Hinton 和 Roweis 在 2002 年提出的 SNE (stochastic neighbor embedding) 方法发展而来. SNE 是通过变换将数据点映射到概率分布上, 主要包括两个步骤: ① SNE 构建一个高维对象之间的概率分布, 使得相似的对象有更高的概率被选择, 而不相似的对象有较低的概率被选择; ② SNE 在低维空间里再构建这些点的概率分布, 使得这两个 i 概率分布之间尽可能相似.

简单地说, 在高维数据空间 $\mathcal{N}$ 中, 每个空间点 x_i 的信息可以由 N 个参量来表征, 于是任意两点 (x_i, x_j) 之间的欧氏空间距离 $S(x_i, x_j)$ 可以计算为

$$S(x_i, x_j) = (x_i - x_j)^2 \tag{6.17}$$

注意这里的 x_i 和 x_j 是高维空间中的空间信息点, 包含 N 个维度的数据信息. 最简单的相似度的概念: 在数据几何中具有相似空间距离的数据点被认为相似度较高, 用概率 $p(x_j|x_i)$ 表示如下

$$p(x_j|x_i) = \frac{S(x_i, x_j)}{\sum_{k \neq i} S(x_i, x_k)} \tag{6.18}$$

或者用更有趣的高斯函数来表征高维空间内两个数据点的相似度

$$p(x_j|x_i) = \frac{\exp(-S(x_i, x_j)/\sigma_i^2)}{\sum_{k \neq i} \exp(-S(x_i, x_k)/\sigma_i^2)} \tag{6.19}$$

当然在某些特殊的情况下, 可自己构建符合条件的概率函数. 那么在数据降维后, 数据点 y_i 会重新展示在 M 维度的空间中 $(M < N)$, 对应的概率函数为

$$q(y_j|y_i) = \frac{\exp(-S(y_i, y_j)/\sigma_{y_i}^2)}{\sum_{k \neq i} \exp(-S(y_i, y_k)/\sigma_{y_i}^2)} \tag{6.20}$$

很显然, 当有最好的降维效果时, 我们预期会有

$$p(x_j|x_i) = q(y_j|y_i) \tag{6.21}$$

为了寻找满足这个条件的数学解, 进一步引入新的参量 KL 距离 (Kullback-Leibler 散度, Kullback-Leibler divergence), KL 距离也叫作相对熵 (relative entropy)(信息论中的常用基础参量). 简单地说, KL 距离衡量的是相同事件在两个空间里的概率分布的差异情况, 并不是一种空间距离的度量方式, 用 $D(P|Q)$ 表示 KL 距离, 计算公式如下

$$D(P|Q) = \sum P \log \frac{P}{Q} \tag{6.22}$$

很显然, 当 $P = Q$ 时, $D(P|Q) = 0$, 即其相对熵为零 (或者 KL 距离为零). 当 P 和 Q 相似度越高时, KL 距离越小. 因此, t-SNE 的目的就是让 P 和 Q 两个分布尽可能完全一致, 或者说寻找到符合条件的解, 让如下 KL 距离 (常见的代价函数 cost function) 达到最小值

$$D(P|Q) = \sum \sum p(x_j|x_i) \log \left(\frac{p(x_j|x_i)}{q(y_j|y_i)} \right) \to \text{minimum} \tag{6.23}$$

详细的数学推导过程不是本节的重点讲述内容, 比如中间引入的额外的参量困惑度 (perplexity)、如何更方便地确定 σ_{yi} 等, 这里不做额外的讨论; 此处使用一个完整的 t-SNE 实例进行说明.

这里使用 SDSS 巡天中的窄发射线星系在 BPT 图中的特征作为原始数据, 使用 t-SNE 进行分析, 检验 BPT 图中的各类星系: H II 星系、type-2 活动星系核, 能否在 t-SNE 的数据可视化结果中展示出不同的成团性, 进而可以完成对 H II 星系和 type-2A 活动星系核在 BPT 图中分界线的标定. 现有的不同种类的窄发射线星系在 BPT 图中的分界线都是通过理论模型得到的, 我们希望能够通过对观测数据的降维可视化分析, 使用完全独立的方法将分界线重新标定出来. 发射线星系数据的搜寻和测量不做赘述, 我们将 SDSS DR15 中的具有明显窄发射线 (发射线流量是其误差的 5 倍以上) 的星系共 35857 个存储到独立的数据文件 tsne_data_DR15_rat.fit 中, 该数据文件包含了这 35857 个星系的发射线比: [O III] 窄发射线与窄 Hβ 的流量比、[N II] 窄发射线与窄 Hα 的流量比、[O I] 窄发射线与窄 Hα 的流量比、[S II] 窄发射线与窄 Hα 的流量比. 之所以使用发射线的流量比, 而不使用窄发射线的流量, 更多的是为了让高维空间的数据点的欧氏空间距离更加均匀. 否则有的星系中的某条发射线流量是其余星系中某条发射线流量的上万倍, 导致欧氏空间距离变得异乎寻常的大, 不利于 t-SNE 计算过程的顺利运行. 于是, 我们对这 35857 个星系构建了一个 4 维的数据空间, 那么让我

们检验一下将数据降维到二维平面后, 是否会出现足够明显的成团性, 而这种预期的成团性代表窄发射线星系内在的物理特性的差异.

对于 t-SNE 方法, 依然有些遗憾, 在 IDL 中并不存在完善的关于 t-SNE 的代码. 于是, 类似 ICA 方法及 WT 方法的做法, 依然使用 IDL 中的 SPAWN 函数, 借用 Python 语言中 sklearn 模块中成熟的 t-SNE 代码, 写一个简单的 IDL 程序 test_tSNE.pro, 具体内容如下:

程序: test_tSNE

```
1
2    Pro test_tSNE, ps = ps
3
4    ; 程序目的: 使用 t-SNE 方法对窄发射线星系在 BPT 空间内进行成团分类
5
6    IF N_elements(out_python) Eq 0 THEN out_python = 'test_tSNE.py'
7
8    IF file_test(out_python) THEN spawn 'rm −rf ' + out_python
9
10     ; 生成相应的 Python 文件
11   openw,lun, out_python, /get_lun,/append
12   printf, lun, '#test_tSNE.py'
13   printf, lun, '#Author: Zhang XueGuang'
14   printf, lun, '#License: None and free'
15
16     ; 将如下模块加载到 Python 中
17   printf, lun, 'import sys, os'
18   printf, lun, 'import numpy as np'
19   printf, lun, 'from astropy.io import fits'
20   printf, lun, 'from sklearn.decomposition import PCA'
21   printf, lun, 'from sklearn.manifold import TSNE'
22
23     ; 将 SDSS 数据库中 35857 个星系信息读入
24   printf, lun, 'dd=fits.open('+'"'+'tsne_data_DR15_rat.fit'+'"'+')'
25   printf, lun, 'X=dd[1].data.field('+'"'+'data'+'"'+')'
26   printf, lun, 'mark = dd[1].data.field('+'"'+'mark'+'"'+')'
27
28     ; 运行 PCA, 信息投影降维到两个维度
29   printf, lun, 'X_pca = PCA(n_components=2).fit_transform(X)'
30   printf, lun, 'xpca=X_pca[:,0]'
31   printf, lun, 'ypca=X_pca[:,1]'
32   printf, lun, 'Dpcax='+'"'+'pca_x_dr15_rat.txt'+'"'
```

```
33   printf, lun, 'np.savetxt(Dpcax,xpca)'
34   printf, lun, 'Dpcay='+'"'+'pca_y_dr15_rat.txt'+'"'
35   printf, lun, 'np.savetxt(Dpcay,ypca)'
36   printf, lun, 'Dpcam='+'"'+'pca_mark_dr15_rat.txt'+'"'
37   printf, lun, 'np.savetxt(Dpcam,mark,fmt=('+'"'+'%s'+'"'+'))'
38
39   ; 运行 t-SNE, 将信息投影降维到两个维度
40   printf, lun, 'tsne = manifold.TSNE(n_components=2, \'
41   printf, lun, '            perplexity=170.0, learning_rate=400,\'
42   printf, lun, '            early_exaggeration=5, n_iter=800)'
43   printf, lun, 'X_tsne = tsne.fit_transform(X)'
44   printf, lun, 'xtsne=X_tsne[:,0]'
45   printf, lun, 'ytsne=X_tsne[:,1]'
46   printf, lun, 'Dtx='+'"'+'tsne_x_dr15_rat.txt'+'"'
47   printf, lun, 'np.savetxt(Dtx,xtsne)'
48   printf, lun, 'Dty='+'"'+'tsne_y_dr15_rat.txt'+'"'
49   printf, lun, 'np.savetxt('Dty,ytsne)'
50   printf, lun, 'Dtm='+'"'+'tsne_mark_dr15_rat.txt'+'"'
51   printf, lun, 'np.savetxt(Dtm,mark,fmt=('+'"'+'%s'+'"'+'))'
52
53   ; 结束 Python 文件的写入
54   free_lun,lun
55
56
57   ; 使用 SPAWN 命令运行 Python 文件
58   spawn, 'python ' + out_python
59
60   ;IDL 代码中的第二部分
61   ; 在 IDL 中展示最终结果
62
63   ; 读取数据文件
64   d=mrdfits('tsne_data_DR15_rat.fit',1,head)
65   ds=d.data
66   n2ha = ds[0,*]  & o3hb = ds[1,*]
67   s2ha = ds[2,*]  & o1ha = ds[3,*]
68
69   ; 读取 t-SNE 的降维运行结果
70   djs_readcol, 'tsne_x_DR15_rat.txt',tx, format = 'D'
71   djs_readcol, 'tsne_y_DR15_rat.txt',ty, FORMAT = 'd'
72   ; 任意选取的一条分割线, 将两团数据分割
```

```
73   djs_readcol, 'test_line.dat', tfitx, tfity, format = 'D,D'
74
75   ; 确定星系归属于某一团块
76   tpos1 = where(ty − interpol(tfity, tfitx, tx) lt 0)
77   tpos2 = where(ty − interpol(tfity, tfitx, tx) gt 0)
78
79   ; 读取 PCA 的降维运行结果
80   djs_readcol,'pca_x_dr15_rat.txt',px, format = 'D'
81   djs_readcol,'pca_y_dr15_rat.txt',py, format = 'D'
82
83
84   IF keyword_set(ps) THEN BEGIN
85         set_Plot,'ps'
86         device, file = 'test_tsne.ps',/encapsulate,/color, $
87         bits = 24, xsize=60,ysize=28
88   ENDIF ELSE window, xsize=1000, ysize=1000
89
90   !p.Multi = [0, 2, 1]
91
92   ; 左图展示了基于 t-SNE 方法投影到二维空间后的成团性
93   plot, tx [0:1], ty [0:1], psym=3, xtitle = 't−SNE dimension 1', $
94         ytit = 't−SNE dimension 2', charsize=3, charthick = 3, $
95         xrange=[−60,50],yrange=[−40, 40],xs=1,ys=1
96   oplot, tx[pos1], ty[pos1], psym=3, color = djs_icolor('blue')
97   oplot, tx[pos2], ty[pos2], psym=3, color = djs_icolor('red')
98   oplot, tfitx, tfity, line=2, color=djs_icolor('red'), thick = 4
99
100  ; 展示 PCA 的降维结果
101  plot, px, py, psym=3, xs=1,ys=1,xrange = [−2,3],charsize=3, $
102        charthick =3, xtit = textoidl('PCA dimension 1'), $
103        ytitl = textoidl('PCA dimension 1')
104  oplot, px, py, psym=3, color = djs_icolor('dark green')
105
106  IF keyword_set(ps) THEN BEGIN
107        device,/close
108        set_Plot,'x'
109  ENDIF
110
111  ; 在 BPT 图中的结果展示
112  IF keyword_set(ps) THEN BEGIN
```

```
113        set_Plot,'ps'
114        device, file ='tsne_bpt.ps',/encapsulate,/color, bits = 24,$
115               xsize=90,ysize=35
116  ENDIF
117
118  !p.Multi = [0, 3, 1]
119
120  FOR i=0,2 DO BEGIN
121     IF i eq 0 THEN BEGIN
122        xx = n2ha & yy = o3hb
123        pos1 = [0.07, 0.1, 0.07+0.3,     0.85]
124        pos2 = [0.09, 0.9, 0.07+0.3−0.015, 0.925]
125        yt = textoidl('log([O III]/H\beta)')
126        xt = textoidl('log([N II]/H\alpha)')
127        pos3 = [0.09, 0.965, 0.07+0.3−0.015, 0.99]
128     ENDIF
129     IF i eq 1 THEN BEGIN
130        xx = s2ha & yy = o3hb
131        pos1 = [0.07+0.315, 0.1, 0.37+0.315, 0.85]
132        pos2 = [0.07+0.315+0.015, 0.9, 0.37+0.3, 0.925]
133        yt = '' & xt = textoidl('log([S II]/H\alpha)')
134        pos3 = [0.07+0.315+0.015, 0.965, 0.37+0.3, 0.99]
135     ENDIF
136     IF i eq 2 THEN BEGIN
137        xx = o1ha & yy = o3hb
138        pos1 = [0.075+0.315+0.315, 0.1, 0.985, 0.85]
139        pos2 = [0.075+0.315+0.315+0.015, 0.9, 0.97, 0.925]
140        yt = '' & xt = textoidl('log([O I]/H\alpha)')
141        pos3 = [0.075+0.315+0.315+0.015, 0.965, 0.97,0.99]
142     ENDIF
143  ; 对应的红色和蓝色的团块中的星系在 BPT 图中性质
144     con_fig,xx,yy, npx=45, npy=45,outarr=data, outx = outx, $
145        outy = outy
146     con_fig,xx[tpos1],yy[tpos1],npx=50, npy=50,outarr=data1, $
147        outx = outx1, outy = outy1
148     con_fig,xx[tpos2],yy[tpos2],npx=25, npy=25,outarr=data2, $
149        outx = outx2, outy = outy2
150
151     ncontours=10
152
```

```
153    cgLoadCT, 1, CLIP=[60,200],NColors=ncontours,/reverse
154    colors = BINDGEN(ncontours)
155
156    clevels = 10.d^(alog10(min(data1)) + DINDGEN(ncontours)* $
157        (alog10(max(data1)) −alog10(min(data1)))/(ncontours−1L))
158
159    IF i eq 0 THEN BEGIN
160        cgContour, data1, outx1, outy1, Levels=clevels, $
161            C_Colors=colors, Position = pos1, label=0, $
162            xrange = [min(outx), max(outx)], $
163            yrange = [min(outy),max(outy)], charsize=6, $
164            xtitle = textoidl('log([N II]/H\alpha)'), $
165            ytitle = textoidl('log([O III]/H\beta)'), $
166            xthick = 8,ythick = 8, xs=1,ys=1,c_thick = 6
167    ENDIF
168    IF i eq 1 or i eq 2 THEN BEGIN
169        cgContour, data1, outx1, outy1, Levels=clevels, $
170            C_Colors=colors, Position=pos1, label=0, $
171            /traditional, xrange = [min(outx), max(outx)], $
172            yrange = [min(outy),max(outy)], charsize=6, $
173            xtitle = xt, ytickformat = '(A1)', xthick = 8, $
174            ythick = 8, xs=1,ys=1,c_thick = 6
175    ENDIF
176
177    cgLoadCT, 2, CLIP=[60,200], NColors=ncontours,/Reverse
178    clevels = 10.d^(alog10(min(data2)) + DINDGEN(ncontours)* $
179        (alog10(max(data2)) −alog10(min(data2)))/(ncontours−1L))
180    colors = BINDGEN(ncontours)
181
182    cgContour,data2,outx2,outy2,label=0,nl=10, c_Color=colors, $
183        /overplot, c_thick = 6
184    cgCOLORBAR, NColors=ncontours, Range=[min(data2),max(data2)], $
185        position = pos3, charsize=4.5
186
187    cgLoadCT, 1, CLIP=[60,200], NColors=ncontours,/Reverse
188    cgCOLORBAR, NColors=ncontours, Range=[min(data1),max(data1)], $
189        position = pos2, charsize=4.5
190
191    ENDFOR
192
```

```
193  IF keyword_set(ps) THEN BEGIN
194         device, /close
195         set_plot,'x'
196  ENDIF
197
198  !p.multi = 0
199  END
```

在程序代码 test_tSNE.pro 中首次使用了 cgLoadCT 程序, 这是一个加载 IDL 的颜色表, 与 IDL 内置的 LOADCT 程序一致, 但是具有更多细致的用法, 比如其中的 CLIP 选项、BREWER 选项及 REVERSE 选项, 简单地表述一下 cgLoadCT 程序的用法, 如下:

cgLoadCT 程序说明

```
1   ; 函数形式:
2   cgLoadCT, table, BREWER = BREWER, CLIP = , clip REVERSE=reverse
3
4   ; 函数目的: 加载 color table
5   ;
6
7   ; 参数解释:
8   ; 输入参数:
9   ;table: 要加载的色系的代码数字, 使用 LOADCT 显示可用色系
10  ;/brewer: 关键词, 使用 BREWER 色系代替 IDL 内置的色系
11  ;/REVERSE: 关键词, 色系向量反向
12  ;CLIP: 指定加载色系中向量的尺寸
13
14  ; 简单举例
15  IDL>loadct
16  ; 屏幕上会显示可用的内在的色系
17  % Compiled module: LOADCT.
18  0—        B—W LINEAR 14—        STEPS 28— Hardcandy
19  1—        BLUE/WHITE 15— STERN SPECIAL 29— Nature
20  2—  GRN—RED—BLU—WHT 16—      Haze   30— Ocean
21  3—  RED TEMPERATURE 17— Blue — Pastel — R 31— Peppermint
22  4— BLUE/GREEN/RED/YE 18—    Pastels   32— Plasma
23  5—        STD GAMMA—II 19— Hue Sat Lightness 33— Blue—Red
24  6—           PRISM 20— Hue Sat Lightness 34— Rainbow
25  7—        RED—PURPLE 21— Hue Sat Value 1 35— Blue Waves
26  8— GREEN/WHITE LINEA 22— Hue Sat Value 2 36— Volcano
```

```
27   9— GRN/WHT EXPONENTI 23— Purple—Red + Stri 37— Waves
28   10—      GREEN—PINK 24—     Beach  38— Rainbow18
29   11—      BLUE—RED 25— Mac Style 39— Rainbow + white
30   12—      16 LEVEL 26—      Eos A 40— Rainbow + black
31   13—      RAINBOW 27— Eos B
32
33   ; 加载蓝白色系 BLUE/WHITE
34   IDL> cgLoadCT, 1
35
36   ; 颜色向量 0 到 255, 只选取前面 [0,60] 代表的颜色
37   IDL> cgLoadCT, 1, clip = [0, 60]
```

将程序 test_tSNE.pro 编译并运行后, 会生成一个 Python 文件 test_
tSNE.py, 同时会生成基于 t-SNE 方法和 PCA 方法得到的降维可视化的数据结果
tsne_x_DR15_rat.txt、tsne_y_DR15_rat.txt、pca_x_DR15_rat.txt、pca_y_
DR15_rat.txt 等, 将结果展示到图形中, 保存在 EPS 文件 test_tsne.ps 和 tsne_
bpt.ps 中, 如图 6.5所示. 很明显, 在可视化方面, t-SNE 方法远比 PCA 有效得
多, 在 t-SNE 的结果中, 可以看到明显分成两个团块的数据, 但是在 PCA 中并没
有独立成团的结果. 进而, 根据 t-SNE 中的成团结果, 我们将对应的星系重新画在
BPT 图中, 可以看到明显地占据了 BPT 图中不同的空间, 从而可以重新标定 H II
区星系和 type-2 活动星系核的分界线, 后续的结果讨论不在本节的讨论范围之内.

　　作为在数据降维及可视化中最常用的 PCA 方法和最新提出的 t-SNE 方法,
可以从如下几个方面简单分析一下两者之间的优劣. 第一, PCA 方法是一种线性
的方法, 基于特征值和特征向量的分解和确定, 可以完美地重构原始数据; t-SNE
是一种非线性的方法, 使用了概率的统计方法, 无法进行原始数据的重构, 因此在
重构原始数据方面, t-SNE 基本上无能为力. 第二, PCA 方法更加关注数据的整

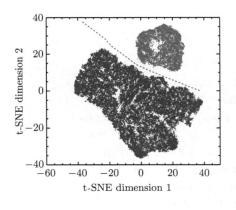
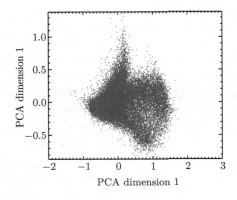

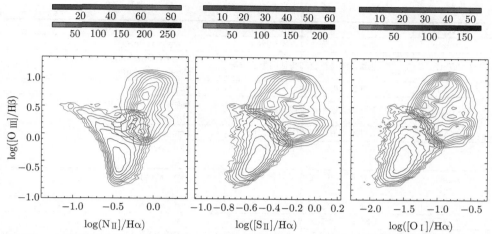

图 6.5　上图展示基于 t-SNE 方法 (左上图) 和 PCA 方法 (右上图) 进行的降维后的数据可视化. 下图展示对应于左上图中的星系在 BPT 空间中的结果, 每幅下图中浅红色的等高线图和浅蓝色的等高线图分别对应左上图中的红色的团块和蓝色的团块中的星系

体特性, 但是 t-SNE 更多的是关注局部空间的特性, 因此在研究数据的可聚集性方面, t-SNE 要远优于 PCA 方法. 第三, PCA 方法的数学过程及求解唯一, 但是 t-SNE 的数学过程及求解更多地依赖外在的参量, 因此 PCA 的求解是唯一的, 但是 t-SNE 的结果并不唯一, 哪怕是相同的初始参量, 都有可能带来差异较大的最终结果. 第四, PCA 方法线性运算过程要优于 t-SNE 的非线性运算过程.

6.5　本章函数及程序小结

最终, 我们对本章用到的 IDL 及相关天文软件包提供的主要的函数和程序总结如表 6.1.

同时, 我们对本章用到的 Python 语言中的函数和程序总结如下, 已经加载模块如下, 本章所使用的 Python 环境下的函数和程序总结如表 6.2.

表 6.1　本章所使用的 IDL 环境下的函数和程序总结

函数/程序	目的	示例
SPAWN	执行外部环境命令	SPAWN, 'python ' + *.py
EIGENQL	计算对称矩阵的特征值和特征向量	res=EIGENQL(A,Eigenvec=vector)
ELMHES	创建数据方阵的上三角 Hessenberg 矩阵	res=ELMHES(A)
HQR	上三角 Hessenberg 矩阵的特征值和特征向量	res=HQR(Hes)
EIGENVEC	任意数据矩阵的特征值和特征向量	Vec=EIGENVEC(A, Eigenva=res)

续表

函数/程序	目的	示例
correlate	相关性函数构建协方差矩阵	Cov=correlate(A, /covar)
PCOMP	任意矩阵特征值和特征向量的求解	res=PCOMP(A, coeff=vect, eigenva = value)
pca_RL	二维数据的 PCA	pca_RL, /ps
pca_solve	大样本光谱中的主成分确定	res=pca_solve(objflux, objivar, objlaglam)
pca_ssp	大样本 SSP 光谱中的主成分确定	pca_ssp
plot_pca	大样本 SSP 光谱中的主成分的展示	plot_pca,/ps
plot_ica	大样本 SSP 光谱中的独立成分的展示	plot_ica,/ps
test_wt	一条 SSP 光谱的小波变换结果	test_wt,/ps
test_tSNE	t-SNE 方法数据可视化的结果展示	test_tSNE,/ps
cgLoadCT	加载指定的色系	cgLoadCT, 1
con_fig	基于 HistD 对空间数密度的计算	con_fig, x, y
cgContour	等高线图的展示, 与内置 contour 基本一致	cgContour, data, x, y

Python 加载的模块

```
1  >>>import numpy as np
2  >>>import matplotlib.pyplot as plt
3  >>>from scipy import signal
4  >>>from astropy.io import fits
5  >>>from sklearn.decomposition import FastICA, PCA
6  >>>import pywt
7  >>>from sklearn.manifold import TSNE
```

表 6.2　本章所使用的 Python 环境下的函数和程序总结

函数/程序	目的	示例
import	加载 Python 模块	import numpy as np
fits.open	Python 中读取 fits 文件	ssp=fits.open('a.fit')
FastICA	Python 中执行 ICA	ica = FastICA(n_comp=10) SS=ica.fit_transform(X)
PCA	Python 中执行 PCA	pca = PCA(n_comp=2) SS=pca.fit_transform(X)
np.savetxt	Python 中存储数据文件	np.savetxt("test.txt", A)
pywt.dwt	Python 中执行离散的小波变换	(a, d) = pywt.dwt(A, w, mode)
append	Python 中在对象 X 后添加新的对象	X.append(Y)
manifold.TSNE	Python 中执行 t-SNE	t = manifold.TSNE(n_comp=2) T = t.fit_transform(X)

第 7 章　IDL 对天文学时域光变研究的应用

时域光变一直是现代天文学中的一个重要研究分支, 而且是现阶段最为火热的研究领域, 伴随着 LSST(Large Synoptic Survey Telescope, 详细的项目介绍可参见 https://www.lsst.org/)、DES(Dark Energy Survey, 详细的项目介绍可参见 https://www.darkenergysurvey.org/) 等大型天文测光巡天项目的开展, 时域光变 (特别是光学波段附近的时域光变) 研究在很多天文学的研究方向上打开了新的研究窗口.

伴随着时域光变的研究, 尽管天文学中已经对某些特殊的光变现象找到了明确对应的物理现象, 比如超新星的光变、双星系统中的周期性光变、黑洞潮汐撕碎恒星事件中的光变等, 但是更多观测到的光变还难以找到明确的可对应的物理过程, 比如最常见的活动星系核的不同时标的光变, 尽管活动星系核的光变认为与中心区域的吸积物理密切相关, 但是使用吸积物理对光变的解释仍然存在着很多没有解释清楚的内禀问题. 因此, 需要更详细、更深入的光变研究才能完成对光变背后的内禀物理进行明确的界定.

在本章中, 产生光变的物理机制并不是我们讨论的重点, 如何用数学的或者物理的模型, 基于 IDL 程序代码, 完成对观测光变特性的模拟或者拟合才是本章的重点讨论内容. 这里重点讨论三部分内容: 第一部分, 基于随机游走模型对活动星系核长时标光学光变的模拟; 第二部分, 对光变研究中特殊的周期性光变进行探讨, 讨论在周期性光变研究中使用的 IDL 程序代码及其应用举例; 第三部分, 简单地讨论一下活动星系核基于时域光变研究对宽发射线空间尺度的标定 (活动星系核研究中广为人知的反响映射方法 (reverberation mapping method)) 及其使用的 IDL 的程序代码和应用.

尽管在 5.5 节中, 我们在讨论 IDL 和 Python 的相互调用时, 专门讨论了 Python 中 carma 模块的调用. 这里, 我们在对活动星系核光变的讨论中, 重点讨论两方面的内容: 其一, 调用 Python 中的 JAVELIN 模块对观测的光变曲线进行拟合; 其二, 使用 CAR(continuous autoregressive process) 的数学思想, 创建自己的 IDL 程序对观测的光变数据进行拟合, 同时也可以方便地生成模拟的光变曲线.

本章重点包含如下内容:

- CAR 数学模型的简介和程序代码的创建;
- CAR 数学模型的实际应用;

- 光变研究中周期性光变信号的研究和应用;
- IDL 程序代码在反响映射方法中的应用.

7.1　CAR 数学模型的简介和程序代码的创建

在介绍 CAR 的数学模型之前, 我们简单了解一下, 什么是 AR 数学模型 (也就是我们所熟悉的自回归模型)? 符合如下数学特性的模型, 都称为自回归模型:

$$X_j = \sum_{i=1}^{p} X_{j-i} + \epsilon_j \tag{7.1}$$

其中 ϵ 是平均值为 0, 标准差为 σ 的随机误差. 基于数目 p 的不同, 诞生了我们所熟悉的 AR1 模型 $(p = 1)$、AR2 模型 $(p = 2)$ 等, 这种自回归模型在经济学、信息学、自然现象的研究中已得到广泛的研究和应用.

到了 2009 年, Kelley 等首次将自回归模型引入活动星系核的时域光变研究中, 且使用了 CAR 的数学模型, 简单地说, 使用了连续的 AR 模型 (允许不同的数据点之间的序列差值是不均匀的), 而不是均匀离散的 AR 模型, 数学形式如下:

$$\mathrm{d}X(t) = -\frac{1}{\tau}X(t)\mathrm{d}t + \sigma\sqrt{\mathrm{d}t}\epsilon(t) + b\mathrm{d}t \tag{7.2}$$

其中 $X(t)$ 代表要研究的时域光变数据, τ 代表 CAR 过程中的弛豫时标 (或者是光变中的内禀光变时标), 而 $X(t)$ 的平均值为 $b\tau$、方差为 $\tau\sigma^2/2$, $\epsilon(t)$ 是一个平均值为 0、方差为 1 的白噪声 (white noise). 对于微分形式的 CAR 过程的求解可以参见 Kelley 等的文章 (或者参见传统参考书 *Introduction to Time Series*), 其数学解可以通过如下的递推过程完成求解[①].

对于观测的光变时间序列 $X(t)$, 由不同时间的观测数据 x_i 组成, 对应的观测误差为 xerr_i, 对应的时间序列为 t_i, 可以用 CAR 过程来描述其光变的特性, 包含三个参量: b, τ, σ.

$$
\begin{aligned}
x_i^\star &= x_i - b\tau \\
\hat{x}_0 &= 0 \\
\Omega_0 &= \frac{\tau\sigma^2}{2} \\
a_i &= \exp\left(\frac{-(t_i - t_{i-1})}{\tau}\right) \\
\Omega_i &= \Omega_0(1 - a_i^2) + a_i^2\Omega_{i-1}\left(1 - \frac{\Omega_{i-1}}{\Omega_{i-1} + \mathrm{xerr}_{i-1}^2}\right)
\end{aligned}
\tag{7.3}
$$

---

① Kelly B C, Bechtold J, Siemiginowska A. Are the variations in quasar optical flux driven by thermal fluctuations?. The Astrophysical Journal, 2009, 698: 895-910.

$$\hat{x}_i \; = \; a_i\hat{x}_{i-1} + \frac{a_i\Omega_{i-1}}{\Omega_{i-1} + \text{xerr}_{i-1}^2}(x_{i-1}^{\star} - \hat{x}_{i-1})$$

因此, 使用 CAR 模型生成光变数据 $\hat{x}$, 拟合和标定观测数据 x_i 及其误差 xerr_i, 可以完成参量 b, τ, σ 的确定, 同时也得到对观测数据的最佳拟合. 数学方法有多种, 比如前面说过的最小 χ^2 方法或者通常用的最大似然方法, 拟合过程数学方法的讨论在本节中省略.

在 IDL 中, 有一个完整简单的 IMSL 包, 包含了基础的用来处理时域光变数据的程序代码, 除此之外, 还有 IDL 内置的几个简单的程序和函数用来处理时域光变数据, 例如 ts_coef.pro、ts_diff.pro、ts_fcast.pro, 但遗憾的是, 在天文学时域光变数据的处理中, 这些 IDL 内置函数的使用受到很多限制, 比如时序必须是均匀的, 否则在处理数据之前, 必须要先对数据均匀化, 这会给数据处理带来额外的不必要的误差. 因此, 本节中不再对 IDL 内置的时序数据处理程序及函数进行详细的说明, 这里以 CAR 的数学推导为基础, 基于 CAR 对天文学中光学波段长时标光变的标定, 进行细致的讨论.

基于以上关于 CAR 数学解的递推过程, 可以完成 IDL 中生成 CAR 模型的创建, 编写一个简单的函数 generate_DRW.pro, 这里 DRW 是 damped random walk(随机游走) 的简写, 因为随机游走模型 DRW 就是一个简单的 AR1 过程. 该函数可以方便地生成不同参数 b, τ, σ 情况下的符合 CAR 预期的理论光变曲线, generate_DRW.pro 的具体内容如下:

函数: generate_DRW

```
1    ; 函数形式:
2    FUNCTION generate_DRW, x, par_b= par_b, par_tau=par_tau, $
3            par_sig = par_sig
4
5    ; 函数目的: 产生 DRW 过程的时序数据
6    ; 基本的数学微分等式:
7    ; dX = -X · dt/par_tau + par_sig · √dt · e(t) + par_b · dt
8
9    ; 参数介绍:
10   ; 输入参数:
11   ; x: 输入指定的时间序列
12   ; par_b: 参量 b
13   ; par_tau: 参量 τ
14   ; par_sig: 参量 σ
15
16   ; 输出参数:
```

```
17    ; 生成的符合 DRW 过程的时序数据
18
19    IF n_elements(par_b) eq 0 THEN par_b = 0
20    IF n_elements(par_tau) eq 0 THEN par_tau = 300
21    IF n_elements(par_sig) eq 0 THEN par_sig = 0.3
22
23    IF N_ELEMENTS(x) eq 0 THEN BEGIN
24          message, '&&&& PLEASE INPUT TIME INFORMATION &&&&'
25          STOP
26    ENDIF
27
28    ; 时序数据的初始值定为 0
29    y = x*0.d
30    y[0] = 0
31
32    ; 使用 randomn 函数生成中心值为 0、方差为 1 的数据
33    ; 对应于白噪声
34    ef = randomn(seed,N_elements(x))
35
36    ; 微分符号 d 对应离散数据中的数据差值
37    FOR i = ULong(1), n_elements(x)−ULong(1) DO BEGIN
38          dt = x[i] − x[i − ULong(1)]
39          y[i] = y[i−ULong(1)] − dt/par_tau * y[i − ULong(1)] $
40                + par_sig * sqrt(dt) * ef[i] + par_b * dt
41    ENDFOR
42
43    Return, y
44    END
```

其中使用了 IDL 的内置函数 randomn 来生成中心值为 0, 标准偏差 (standard deviation) 为 1 的数据序列, 当然与其对应的还有生成均匀分布数据的 randomn 函数 (已经在第 4 章中介绍过), 简单介绍如下:

randomn 函数说明

```
1    ; 函数形式:
2    Arr = randomn(seed, D)
3
4    ; 函数目的:
5    ; 生成分布均值为 0, 标准偏差为 1 的数据
6
```

```
7   ; 参数解释:
8   ; 输入参数:
9   ; D: 指定输出的数据的个数
10
11  ; 输出参数:
12  ; Arr: 与 D 对应的符合分布规律的数据
13
14  ; 简单举例:
15  IDL>print, randomn(seed,4)
16       0.186893    −0.447485    0.222318    0.0892104
17  IDL>print, randomn(seed,4,4)
18      −0.774235    1.28264      0.354471    −0.953432
19      −0.524271    0.0566575    1.81244     0.825846
20      1.51587     −0.351201     0.186864    −0.443180
21      −0.935577    0.630716    −0.428656    −1.56753
```

简单地看一下由 generate_DRW 函数生成的时序光变数据,

编译并运行 generate_DRW

```
1   IDL>.compile generate_DRW
2   IDL>tt = randomu(seed, 2000) * 1d3
3   IDL>tt = tt(sort(tt))
4   IDL>lmc = generate_DRW(tt, par_b = 0, par_tau = 100, par_sig = 0.01)
5   IDL>plotsym,0,/fill,color=djs_icolor('blue')
6   IDL>plot, tt, lmc, psym=8,xtitle='time', ytitle = 'Y', charsize=2.5
```

则生成如图 7.1 所示的光变曲线, 与天文学中光学波段的活动星系核的光变特性非常一致. 上述语句保存在程序 test_drw.pro 中. 注意, 使用相同参量的 b, σ, τ,

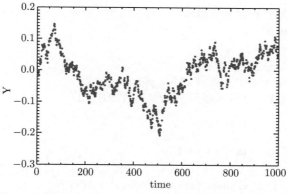

图 7.1　基于 generate_DRW 函数生成的时序光变数据

得到的时序数据的样式也会完全不同. 所以每运行一次 generate_DRW, 都会得到一条完全不一样的时序光变曲线. 当然, 使用函数 generate_DRW 来生成符合 DRW 过程的时序光变曲线非常方便.

要使用 DRW 模型 (CAR 模型) 对观测的光变数据曲线进行拟合, 简单的 generate_DRW 函数无能为力, 因此, 我们需要对上面提到的迭代过程进行代码编写, 以完成对观测数据的拟合和标定, 编写程序 drw_lmc.pro, 其中包含一个独立的函数 lmc_drw.pro, 完整的 drw_lmc.pro 具体内容如下:

函数: drw_lmc

```
1    ; 函数形式:
2    FUNCTION lmc_drw, x, par
3    Common template_obs, LMC_y, LMC_y_ERR
4
5    ; 函数目的: 完成 CAR 数学解的迭代过程
6    ; 假定观测的数据由两部分组成: CAR 部分、线性部分
7
8    ; 参数解释:
9    ; 输入参数:
10   ;par: 由五个参量组成
11   ;par[0]=b
12   ;par[1]=alog10(σ)
13   ;par[2]=alog10(τ)
14   ;par[3:4] 描述线性部分 par[3]+par[4]*x
15
16   ; 取成 log 的 σ 和 τ 会让最终的拟合参数在大范围内的变化更加稳定
17
18   ; 第一个成分, 来自 DRW 模型的成分
19
20   ; 将 log 的参量转换为普通的数据
21   par2 = 10.d^par[2]
22   par1 = 10.d^par[1]
23
24   hat_y = x * 0.d & hat_y[0] = LMC_y[0]
25   Omega = x * 0.d & Omega[0] = par2 * par1^2.d / 2.d
26
27   AA = x * 0.
28   star_y = LMC_y − par[0] * par2
29
30   FOR i=ULong(1),n_elements(x)−ULong(1) DO BEGIN
31           AA[i] = exp(−(x[i] − x[i−ULong(1)]) / par2)
```

```
32      Omega[i] = Omega[0] * (1.d − AA[i]^2.d) + $
33           AA[i]^2.d * Omega[i−ULong(1)] * $
34           (1.d − Omega[i−ULong(1)]/(Omega[i−ULong(1)] $
35           + (LMC_y_ERR[i − ULong(1)])^2.))
36      hat_y[i] = AA[i] * hat_y[i−ULong(1)] + $
37           AA[i] * Omega[i−ULong(1)] * (star_y[i−ULong(1)] − $
38               hat_y[i−ULong(1)]) / (Omega[i − ULong(1)] + $
39               (LMC_y_ERR[i − ULong(1)])^2.)
40   ENDFOR
41
42   ; 第二个成分, 来自线性变化的成分
43   comp2 = (par[3]+par[4]*x)
44
45   return, hat_y + comp2
46
47   END
48
49   Pro drw_lmc, ps = ps, data_file = data_file, test = test, $
50           Ntot = Ntot, save_ps = save_ps
51
52   Common template_obs, LMC_y, LMC_y_ERR
53
54   ; 程序目的: 基于模型函数 lmc_drw, 实现对观测数据的拟合
55
56   ; 参数解释:
57   ; 输入参数:
58   ; /ps: 关键词, 是否将结果保存到 EPS 图形文件中
59   ; ps_file: EPS 图形文件的文件名
60   ; data_file: 指定要使用的数据文件
61   ; 该文件前三列数据必须是 t, y, yerr
62   ; /test: 关键词, 使用给定的数据文件 208.16034.100.dat
63   ; Ntot: 确定置信度范围时, 使用的迭代次数, 缺省为 500
64
65   ; 由于 CAR 的求解迭代中用到观测数据及其误差
66   ; 模型函数及主程序中, 使用 Common 模块
67   ; 注意模块中参数的名称, 前后一定要一致
68
69   ; 是否使用给定的数据文件
70   IF keyword_set(test) THEN data_file = '208.16034.100.dat'
71
```

```
72    ; 系统提示信息
73    IF n_elements(data_file) EQ 0 THEN BEGIN
74        message, '####PLEASE READ IN THE DATA FILE####'
75        message, '#### THREE columns: x, y, yerr ####'
76        STOP
77    ENDIF
78
79    ; 读取数据文件
80    djs_readcol, data_file, mjd, y, yerr, format = 'D,D,D'
81
82    x = mjd
83    yST = y[0]
84    y = y − y[0]
85
86    ; 为 Common 模块中的参数赋值
87    LMC_y=y & LMC_y_ERR=yerr
88
89    ; lmc_drw 函数中使用的参量的设置
90    par = replicate({value :0., limited :[0,0], limits :[0.,0.], $
91        fixed :0, tied : ''},5)
92    par.value = [0.1, −0.9, 2, 0., 0.]
93
94    ; 使用 MPFIT 函数基于 lmc_drw 模型函数对观测数据的拟合
95    res = MPFITFUN('lmc_drw',x,y,yerr, parinfo = par, perror = per, $
96        yfit = yfit, bestnorm = best, dof = dof, maxiter = 300, $
97        /quiet)
98
99    ; 屏幕输出参数结果
100   print, res, per
101
102   ; 参数保存到数据文件中
103   openw, Lun, data_file+'_par', /get_lun
104   FOR ip = 0, N_elements(res) −1L DO BEGIN
105       printf, Lun, res[ip]. per[ip], best [0], dof[0], $
106           format = '(4(A0,2X))'
107   ENDFOR
108   Free_lun,Lun
109
110   IF N_elements(save_ps) eq 0 THEN save_ps = 'drw_lmc.ps'
111
```

```
112   IF keyword_set(ps) THEN BEGIN
113          set_plot,'ps'
114          device,  file  = save_ps,/encapsulate,/color, bits = 24, $
115                   xsize=32,ysize=24
116   ENDIF
117
118   Plotsym, 0, / fill ,  color=djs_icolor('blue')
119   plot, x,y + yST, psym=8, xtitle = textoidl('MJD (days)'), $
120          ytitle  = textoidl('mag'),charsize=3,charthick = 3
121   DJS_OPLOTERR, x,y + yST, yerr = yerr, color=djs_icolor('blue')
122   oplot, x, yfit +yST, color=djs_icolor('red'), thick = 4
123
124   ; 确定最佳拟合结果的置信范围
125   IF N_elements(Ntot) Eq 0 THEN Ntot = 500
126   YHigh = yfit ;the prepared array for the upper boundary
127   YLow = yfit ;the prepared array for the lower boundary
128
129   Inum = 0L
130   WHILE inum lt Ntot DO BEGIN
131          par0 = res[0] + (randomu(seed,1)*2−1) * per[0]
132          par1 = res[1] + (randomu(seed,1)*2−1) * per[1]
133          par2 = res[2] + (randomu(seed,1)*2−1) * per[2]
134          par3 = res[3] + (randomu(seed,1)*2−1) * per[3]
135          par4 = res[4] + (randomu(seed,1)*2−1) * per[4]
136          par = [par0[0], par1 [0], par2 [0], par3 [0], par4 [0]]
137          yyfit = lmc_drw(x, par)
138          ssHigh = yyfit − YHigh
139          ssLow = yyfit − YLow
140          posH = where(ssHigh gt 0)
141          posL = where(ssLow lt 0)
142          IF posH[0] ge 0 THEN YHigh[posH] = yyfit[posH]
143          IF posL[0] ge 0 THEN YLow[posL] = yyfit[posL]
144          inum = inum + Ulong(1)
145   ENDWHILE
146
147   ; 添加最佳拟合的置信度范围
148   oplot, x, YLow + yST, line=2, color=djs_icolor('red'), thick = 4
149   oplot, x, YHigh+ yST, line=2, color=djs_icolor('red'), thick = 4
150
151   IF keyword_set(ps) THEN BEGIN
```

```
152        Device,/close
153        set_plot,'x'
154 ENDIF
155
156 END;
```

　　简单编译和运行后, 基于本节提供的时域光变数据, 可以得到对观测数据的最佳拟合, 结果显示在图 7.2中, 保存在 EPS 图像文件 drw_lmc.ps 中. 当然, 相应的参量 b, σ, τ 及其误差都可以得到很好的确定, 并在屏幕输出.

编译并运行 drw_lmc

```
1 IDL>.compile drw_lmc
2 IDL>drw_lmc, /ps, /test
3 ; 屏幕输出信息:
4 −1.576e−06 −2.094    3.3656    −0.006828  3.9861746e−06
5 2.630e−05    0.028132   0.535300     0.0610020  1.621e−06
6 ; 注意: −2.094 和 3.3656 是 log(σ) 和 log(τ) 的数值
```

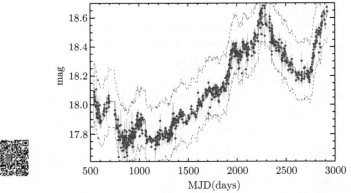

图 7.2　基于 CAR 数学模型对观测数 208.16034.100.dat 的拟合结果, 红色的实线代表最佳拟合结果, 两条红色的虚线涵盖的范围代表考虑参数误差后的最佳拟合结果的置信度范围

　　当然, 基于 CAR 数学模型, 完成对观测数据的拟合和标定后, 还需要做进一步的处理. 检验最佳的拟合结果的置信度范围 (confidence bands), 可以使用最简单的做法, 在确定模型参数和参数误差后, 考虑误差的贡献引起的最佳拟合结果的最大偏离, 可以接受其为最佳拟合结果的置信度范围, 所以在程序 drw_lmc.pro 中, 当使用 LM 最小二乘法确定好模型参量及其对应的 1sigma 误差后, 考虑模型参量误差带来的影响, 确定最佳拟合结果的置信度范围, IDL 程序代码如 drw_lmc.pro 中第 126 行到第 150 行的内容.

7.2　CAR 数学模型的实际应用

　　CAR 对活动星系核光变曲线的拟合, 特别是对光学波段的长时标光变的拟合, 可以非常方便地完成, 不做过多的关于活动星系核光变的讨论, 这里用活动星系核中最著名的活动星系核 NGC5548 的长达 13 年的光变特性分析, 来展示 CAR 对光变数据拟合和标定的便捷.

　　NGC5548 的光变数据可以从 AGNWATCH 的网站 http://www.astronomy. ohio-state.edu/~agnwatch/n5548/lcv/上下载到, 展示在图 7.3 中, 相关数据存放在文件 c5100_NGC5548.dat 中. 那么使用 7.1 节中模型函数 lmc_drw 和程序 drw_lmc 中指定的 data_file, 来看一下 CAR 数学模型对 NGC5548 的光变数据的拟合, 具体的内容如下.

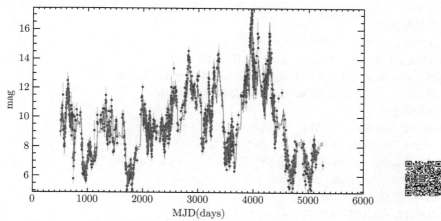

图 7.3　基于 CAR 数学模型对 NGC5548 光学波段光变数据的拟合结果, 红色的实线代表最佳拟合结果, 两条红色的虚线涵盖的范围代表考虑参数误差后的最佳拟合结果的置信度范围

编译并运行 drw_lmc 完成对 NGC5548 光变数据的拟合

```
1   IDL>.compile drw_lmc
2   IDL>drw_lmc, /ps, data_file = 'c5100_NGC5548.dat', $
3   IDL>              save_ps = 'car_NGC5548.ps'
4   ; 屏幕显示信息
5   −0.0038068  −0.9046   1.88488   −0.2644 −9.321e−06
6   0.00122490   0.01128   0.01404    0.0902  4.5158e−06
```

　　很显然, 基于两个模型参量 σ 和 τ, 可以完成对活动星系核的光学波段长时标光变数据的标定, 因此对于光变的时序数据, 完全可以通过 CAR 的数学模型完成拟合, 进而可以对光变数据背后的物理意义得到更深层次的理解. 对于更多实

例的拟合, 这里不再做更多的讨论, 只要有合适的时序光变数据, 将该数据保存到数据文件中, 该文件的前三列分别是时间、观测量以及观测量的误差, 我们都可以通过程序 drw_lmc 完成基于 CAR 数学模型对观测数据的标定.

在本节中, 简单基于 NGC5548 的长时标光变数据, 我们将光变分成时长分别为 2 年、4 年、6 年、8 年和 10 年的时序光变数据, 分别存放在数据文件 c5100_NGC5548_2year.dat、c5100_NGC5548_4year.dat、c5100_NGC5548_6year.dat、c5100_NGC5548_8year.dat、c5100_NGC5548_10year.dat 中, 使用程序 drw_lmc 检验时序的长短对模型参数的影响.

编译并运行 drw_lmc 完成对 NGC5548 光变数据的拟合

```
1   IDL>.compile drw_lmc
2   IDL>drw_lmc, data_file = 'c5100_NGC5548_2year.dat', $
3   IDL>        /ps, save_ps = 'car_NGC5548_2year.ps'
4   ; 屏幕显示信息
5   −0.00451 −0.5279   1.7892    0.01490  −0.0004
6   0.004801 0.06467   0.1162    0.30804  0.00015
7   IDL>drw_lmc, data_file = 'c5100_NGC5548_4year.dat', $
8   IDL>        /ps, save_ps = 'car_NGC5548_4year.ps'
9   ; 屏幕显示信息
10  0.00574  −0.5590   1.9574    0.43549   4.8355e−06
11  0.00231   0.04495  0.0589    0.21307   2.7365e−05
12  IDL>drw_lmc, data_file = 'c5100_NGC5548_6year.dat', $
13  IDL>        /ps, save_ps = 'car_NGC5548_6year.ps'
14  ; 屏幕显示信息
15  0.000377 −0.6055   1.9307    −0.095    5.74935e−05
16  0.001976 0.03290   0.0506    0.1609    1.89481e−05
17  IDL>drw_lmc, data_file = 'c5100_NGC5548_8year.dat', $
18  IDL>        /ps, save_ps = 'car_NGC5548_8year.ps'
19  ; 屏幕显示信息
20  0.001359  −0.5425  1.9948    0.0245   4.6665e−05
21  0.001678   0.02867 0.0379    0.1565   1.3580e−05
22  IDL>drw_lmc, data_file = 'c5100_NGC5548_10year.dat', $
23  IDL>        /ps, save_ps = 'car_NGC5548_10year.ps'
24  ; 屏幕显示信息
25  0.001882  −0.8858  2.0388    0.3143   −6.0806e−05
26  0.001447   0.01406 0.0281    0.1440   7.72787e−06
```

模型参数及拟合的结果保存在相应的 EPS 文件和数据文件中. 可以注意到不同长度的时序对最终确定的模型参数有一定的影响, 且时序跨度越长, 模型参

数 τ(内禀的光变弛豫时标) 会越长, 明确的结论需要更详细地讨论, 这里不做进一步的关注. 图 7.4 中展示介于 CAR 数学模型对时间跨度分别为 2 年、4 年、8 年和 10 年的光变数据的拟合结果及对应的置信度范围.

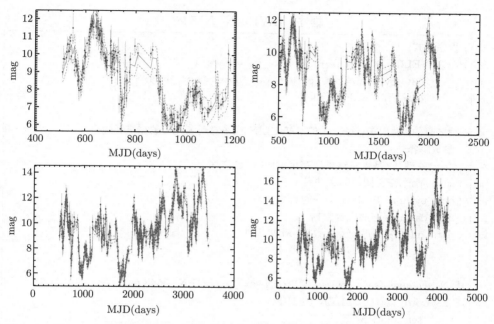

图 7.4　基于 CAR 数学模型对 NGC5548 不同时间跨度的光学波段光变数据的拟合结果, 红色的实线代表最佳拟合结果, 两条红色的虚线涵盖的范围代表考虑参数误差后的最佳拟合结果的置信度范围. 从左上到右下, 分别代表时间跨度为 2 年、4 年、8 年和 10 年的情况

在简单介绍 CAR 的数学模型及其求解方式后, Python 还有一个专有的模块 JAVELIN, 用来处理天文学中的时序光变, 详细的关于 JAVELIN 的说明可以参见 http://www.astronomy.ohio-state.edu/~yingzu/codes.html#javelin, 这里不再做详细的说明. JAVELIN 可以完成对光变数据的拟合和标定, 但是 JAVELIN 的运行时间严重依赖观测数据的大小, 超过 100 个数据点的观测数据, JAVELIN 的拟合非常耗费时间, 因此, 对于长达十几年的 NGC5548 的光变数据, 如果使用 JAVELIN 进行拟合, 普通的台式机的运算时间需要耗费大约 1 小时到 2 小时的时间. 这里不对 JAVELIN 做附加讨论, 但是我们简单地检验一下 drw_lmc.pro 程序和 Python 中 JAVELIN 代码在拟合观测数据时, 对时序数据事件跨度的依赖. 对 Python 中 JAVELIN 模块的安装, 这里不做细述, 请自行下载安装, JAVELIN 的安装要比前面章节中讨论的 carma 的安装简单得多. 我们写一个简单的 IDL 程

序 JAVELIN_N5548.pro, 使用 SPAWN 函数调用 Python 中的 JAVELIN 模块,
然后对 NGC5548 的光变数据进行拟合 (如果不熟悉 JAVELIN 代码, 请忽略), 具
体内容如下:

程序: JAVELIN_N5548

```idl
1   ; 程序形式:
2   Pro JAVELIN_N5548, ps = ps, save_ps = save_ps, $
3           out_python = out_python, out_data = out_data, $
4           data_file = data_file
5
6   ; 程序目的: 调用 Python 中的 JAVELIN 模块对观测光变数据进行拟合
7   ; 参数解释:
8   ; /ps: 关键词, 是否将结果保存至 EPS 图像文件
9   ; save_ps: EPS 图像的文件名
10  ; out_python: Python 文件的名称
11  ; out_data: 保存的拟合数据
12  ; data_file: 要处理的光变数据, 最少三列
13  ;
14
15  IF N_elements(save_ps) eq 0 THEN save_ps = 'PN_5548.ps'
16  IF keyword_set(ps) THEN BEGIN
17          set_plot,'ps'
18          device,  file =save_ps, /encapsulate, /color, bits=24, $
19                  xsize=90, ysize=30
20  ENDIF
21
22  IF N_elements(out_data) eq 0 THEN out_data = 'c5100_NGC5548.dat'
23
24  IF N_elements(out_python) eq 0 THEN out_python = 'python_N5548.py'
25
26  IF file_test (out_python) THEN spawn, 'rm −rf ' + out_python
27
28  ; 生成 Python 文件, 外部调用 JAVELIN
29  openw,lun, out_python, /get_lun
30
31  printf, lun, '#!/usr/bin/python'
32  printf, lun, '#filename: '+ out_python
33  printf, lun, 'import glob,os'
34  printf, lun, 'from javelin.zylc import get_data'
35  printf, lun, 'from javelin.lcmodel import Cont_Model'
```

```
36  printf, lun, 'from javelin.lcmodel import Rmap_Model'
37  printf, lun, 'jdata=get_data([' + '"' + data_file + '"' + '])'
38  printf, lun, 'cont = Cont_Model(jdata)'
39  printf, lun, 'cont.do_mcmc(fchain=\'
40  printf, lun, '         ' + '"' + out_data +'_mychain0'+'"'+',\'
41  printf, lun, '         ' + 'nwalkers=100, nburn=100, nchain=100)'
42  printf, lun, 'cont.get_hpd()'
43  printf, lun, 'hpd = cont.hpd'
44  printf, lun, 'myfile = file('+'"'+ out_data+'_hpd'+'"'+',\'
45  printf, lun, '         ' + '"'+'w'+'"'+')'
46  printf, lun, 'print >> myfile, hpd[0,0], hpd[1,0],\'
47  printf, lun, '         ' + 'hpd[2,0], hpd[0,1], hpd[1,1], hpd[2,1]'
48  printf, lun, 'myfile.close()'
49  printf, lun, 'pbest = hpd[1,:]'
50  printf, lun, 'fbest = cont.do_pred(pbest,\'
51  printf, lun, '           ' + 'fpred='+'"'+out_data+'.dat_myfit'+'"'\'
52  printf, lun, '           ' + ', dense=20)'
53  printf, lun, 'quit()'
54  free_lun,lun
55
56  ; 运行 Python 文件
57  spawn, 'python + ' + out_python
58
59  ; 读取 JAVELIN 生成的最佳拟合结果, 并画图
60  djs_readcol,data_file, x, y, z, format = 'D,D,D'
61  djs_readcol,out_data+'.dat_myfit', xx, yy, zz, format = 'D,D,D'
62
63  plotsym,0,/fill,color=djs_icolor('blue')
64  plot, x,y, psym=8, xtitle = textoidl('MJD (days)'), $
65          ytitle ='Mag', charsize=3,charthick = 3, $
66          yrange=[5,17]
67  DJS_OPLOTERR, x,y,yerr=z, color=djs_icolor('blue')
68  oplot,xx,yy,color=djs_icolor('red'), thick = 4
69  oplot,xx, yy+zz, color = djs_icolor('red'), thick = 4, line=2
70  oplot,xx, yy−zz, color = djs_icolor('red'), thick = 4, line=2
71
72
73  IF keyword_set(ps) THEN BEGIN
74          device,/close
75          set_plot,'x'
```

```
76   ENDIF
77
78   END ；
```

　　编译并运行 JAVELIN_N5548.pro 后, 会调用 JAVELIN 代码并对 NGC5548 的光变数据进行拟合, 但是耗费的时间较长, 最终将最佳的拟合结果保存在文件 PN_5548.dat_myfit 中, 结果显示在图 7.5中.

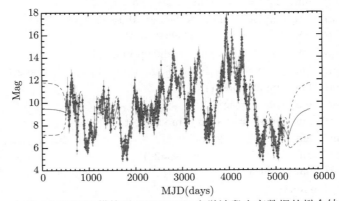

图 7.5　基于 Python 中的 JAVELIN 模块对 NGC5548 光学波段光变数据的拟合结果, 红色的实线代表最佳拟合结果, 两条红色的虚线涵盖的范围代表由 JAVELIN 确定的对应最佳拟合结果的 1sigma 的置信度范围

7.3　光变研究中周期性光变信号的研究和应用

　　天文学中长时标光变数据的研究中, 有一些特殊模式的光变信号, 比如最基本的周期性光变信号, 对于恒星研究中的双星系统, 其光变曲线中的周期性信号极其明显, 但是在天文学时域光变研究中, 更多情况下, 周期性光变信号的显著度明显不够, 需要进行数学的分析和解析, 才能确定时域光变信号中是否存在可信的周期性光变信号. 在本节中, 我们重点讨论如何使用 IDL 提供的程序代码, 完成光变数据中周期性信号的探测, 主要包括如下四个方法的讨论: 直接拟合法、功率谱分析 (周期图法)、小波分析法以及自相关方法. 基于标定的周期信号, 如何在相位折叠 (phase folded) 后的光变曲线中进一步验证其中的周期性信号.

7.3.1　直接拟合法

　　最直接、最简单的对于周期性信号确定的方法是通过直接拟合的方法, 简单地说, 直接使用正余弦函数的简单组合来拟合观测的时序光变数据 $Y(t)$, 用来检验是否存在周期性信号

$$Y(t) = A\sin(\omega t + \phi) + B \tag{7.4}$$

当然在很多情况下, 我们难以预期在周期性光变的期间, 周期性信号会一直保持稳定的光变幅度, 因此, 我们将上式稍微地进行改变, 如下:

$$Y(t) = (A + A_1 t)\sin(\omega t + \phi) + (B + B_1 t) \tag{7.5}$$

其中 $\omega = \dfrac{2\pi}{T}$, T 代表周期性光变的光变周期. 直接拟合法对周期性光变信号的确定较为简单, 这里使用宽发射线活动星系核 Mrk142 的长时标的测光光变数据为例, 使用直接拟合法进行可能的周期性光变信号的确定, Mrk142 的光学波段的测光数据可以从 LAMP 的网站获得 (https://www.physics.uci.edu/~barth/lamp.html), 这里不再赘述, 光变曲线将后续展示.

在实际的数据处理中, 我们注意到单一的周期性光变模式并不能很好地拟合 Mrk142 的光变特性, 因此在考虑光学波段本地周期性信号以及基于高能波段的再辐射 (reprocessing procedure) 产生的来自高能波段的周期性信号, 可以使用两个周期性信号来拟合观测的长时标光变特性

$$Y(t) = (A + A_1 t)\sin(\omega_1 t + \phi_1) + (B + B_1 t) + (C + C_1 t)\sin(\omega_2 t + \phi_2) \tag{7.6}$$

使用如下的简单的 IDL 程序 qpo_direct.pro 实现, 进而基于标定的周期, 可以轻松地完成相位折叠光变曲线的绘制 (包含在 IDL 程序 qpo_direct.pro 中).

qpo_direct.pro 函数说明

```
1   ; 函数形式:
2   FUNCTION period, x, par
3
4   ; 包含如下三个成分
5   ; 两个正弦成分, 一个线性成分
6   pow = par[0] + par[1]*x
7   comp_1 = (par[2] +par[8]*x) * sin((par[3])*x + par[4])
8   comp_2 = (par[5] +par[9]*x) * sin((par[6])*x + par[7])
9
10  return, comp_2 + pow + comp_1
11
12  END
13
14  Pro qpo_direct, data = data, ps = ps
15
16  ; 程序目的:
17  ; 使用直接拟合法完成对周期性信号的确定
18
```

```
19    ; 参数解释:
20    ; 输入参数:
21    ; data: 光变数据, 至少三列数据: 时间、光变幅度、误差
22    ; ps: 关键词, 是否生成 EPS 图像文件
23
24    ; 以 Mrk142 的光变曲线为例
25    IF N_elements(data) EQ 0 THEN BEGIN
26         data = 'mrk142_BV.dat'
27         djs_readcol,data,name, year, month, mjdB, magB,mBe,fb, $
28              mjdV, magV, mVe, fV, format='A,A,A,D,D,D,D,D,D,D'
29         posb = where(magB gt 0 and mBe gt 0)
30         mjd = mjdB[posb] & mag = magB[posb] & mBe = mBe[posb]
31    ENDIF ELSE $
32         djs_readcol, data, mjd, mag, mBe, format = 'D,D,D'
33
34    ; 为模型参量准备赋值
35    par = replicate({value :0., limited :[0,0], limits :[0.,0.], fixed :0},10)
36
37    ; 参量初始值
38    par.value = [16.2, −0.0003848, 0.205, 0.14, −1.29, −0.062, 0.467, $
39         −2.38, −0.0004229,  0.000140]
40
41    ;MPFIT 拟合
42    res = MPFITFUN('period',mjd, mag, mbe, parinfo = par, yfit=yfit, $
43         perror=per, bestnorm = best, dof=dof,/quiet)
44
45    ; 屏幕输出参量信息
46    par = res
47    print, '=======the parameters========'
48    print, par
49    print, per
50    print, '==========================='
51
52    xx = min(mjd)−10 + DINDGEN(max(mjd)−min(mjd) + 20)
53    yfit  = period(xx,res)
54    yy = interpol(mag, mjd, xx)
55    rms = STDDEV((yyb − yfitb))
56
57    IF keyword_set(ps) THEN BEGIN
58         set_plot,'ps'
```

```
59          device, file ='period_dir.ps',/encapsulate,/color,bits=24, $
60                  xsize=90, ysize=50
61          !p.multi = [0, 1, 3]
62   ENDIF
63
64   ; 图像展示
65   plot,  [0.,0],  [0,0], psym=3, xs=1, ys=1, yrange = [15.85, 16.2], $
66          xtitle = textoidl('t = HJD−2454000 (days)'), $
67          ytitle = 'B−band Magnitude', charsize=5, $
68          charthick = 6, xrange = [min(xxb), max(xxb)]
69   oplot, mjd, mag, psym=10, line=1, color= djs_icolor('blue')
70   plotsym,0,1.75, / fill , color=djs_icolor('blue')
71   oplot, mjd, mag, psym=8
72   DJS_OPLOTERR, mjd, mag, yerr = mBe, color= djs_icolor('blue'), thick = 4
73
74   ; 拟合结果
75   oplot, xx, yfit , thick = 6, color=djs_icolor('red')
76   oplot, xx, yfit+1*rms, line=5, thick = 6, color=djs_icolor('red')
77   oplot, xx, yfit−1*rms, line=5, thick = 6, color=djs_icolor('red')
78
79   pow = res[0] + res[1] * xx
80   comp1 = (res[2] +res[8]*xx)* sin((res[3])*xx + res[4])
81   comp2 = (res[5] +res[9]*xx)* sin((res[6])*xx + res[7])
82   oplot,xx, 15.9 + comp1, color= djs_icolor('dark green'), thick = 6
83   oplot,xx, 15.9 + comp2, color= djs_icolor('green'), thick = 6
84
85   ; 以 41 天为周期对光变曲线进行折叠
86   phase = mjd/(41) − fix(mjd/(41))
87   plot,phase,mag,psym=8,yrange=[min(mag−mBe),max(mag+mBe)],xs=1, $
88          ys=1,ytitle=textoidl('B−band Magnitude'),xtitle='Phase', $
89          charsize=5, charthick = 5, xrange =[−0.01, 1.01]
90   DJS_OPLOTERR,phase, mag, yerr = mBe, color=djs_icolor('blue')
91
92   expr = 'p[0]+p[1]*x+p[2]*sin(p[3]*x+p[4])'
93   rr=mpfitexpr(expr,phase,mag,mBe,[15.196,1.99,−1.47,3.75,0.], $
94          yfit = yfitb,/quiet)
95
96   print,'=======the parameters for phase======='
97   print, rr
98   print,'==============================='
```

```
 99
100  xxr = DINDGEN(601)/500 −0.1
101  yyr = rr[0]+rr[1]*xxr + rr[2]*sin(rr[3]*xxr + rr[4])
102  oplot, xxr, yyr, thick = 6, color=djs_icolor('red')
103  rms = STDDEV(mag − yfitb)
104  oplot,xxr,yyr+1*rms, line=5,thick = 6, color=djs_icolor('red')
105  oplot,xxr,yyr−1*rms, line=5,thick = 6, color=djs_icolor('red')
106
107  ; 以 16 天为周期对光变曲线进行折叠
108      ; 扣除光变曲线中 41 天为周期的光变成分
109  mag = mag − (par[2]+par[8]*mjd)*sin(par[3]*mjd+par[4])
110  phase = mjdB/16.6 − fix(mjdB/16.6)
111  rr = mpfitexpr(expr, phase, magB, mBe, $
112          [16.04,−0.005,−0.0121,9.26,−5.93], $
113          /quiet, yfit = yfitb,bestnorm = best, dof = dof)
114
115  print,'=======the parameters for phase======='
116  print, rr
117  print,'==================================='
118
119  plot,phase,mag,psym=8,yrange=[min(mag−mBe),max(mag+mBe)],xs=1, $
120          ys=1,ytitle=textoidl('B−band Magnitude'),xtitle='Phase', $
121          charsize=5, charthick = 5, xrange = [−0.01, 1.01]
122  DJS_OPLOTERR,phase, magB, yerr = mBe, color=djs_icolor('blue')
123  rxxr = DINDGEN(601)/500 −0.1
124  ryyr = rr[0]+rr[1]*rxxr + rr[2]*sin(rr[3]*rxxr + rr[4])
125  oplot, rxxr, ryyr, thick = 6, color=djs_icolor('red')
126  rms = STDDEV(mag − yfitb)
127  oplot,rxxr,ryyr+1*rms, line=5,thick = 6, color=djs_icolor('red')
128  oplot,rxxr,ryyr−1*rms, line=5,thick = 6, color=djs_icolor('red')
129
130  IF keyword_set(ps) THEN BEGIN
131          device,/close
132          set_plot,'x'
133  ENDIF
134  END
```

程序编译并运行后, 可以得到两个正弦成分对 Mrk42 的光变曲线的最佳拟合, 结果展示在图 7.6 中, 其中包含两个准周期性振荡 (quasi-periodic oscillation, QPO) 信号, 周期分别在 41 天与 15 天左右, 进而根据确定的两个 QPO 信号, 对应的相位折叠后的光变曲线也展示在图 7.6 中, 同时相位折叠后的光变曲线也可以使用正弦曲线得到很好的描述. 当然后续的功率谱分析会给出进一步的明确证据表明 Mrk42 的光变曲线中的周期性信号的周期.

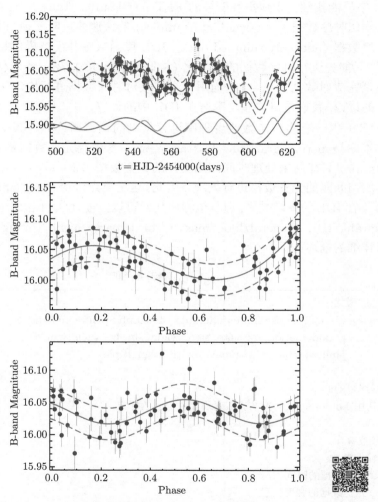

图 7.6　上图展示对 Mrk142 光变曲线的拟合结果. 红色的实线和虚线代表最佳拟合结果和对应的 1sigma 的 rms scatter 区间, 绿色和深绿色的实线代表确定两个正弦描述的 QPO 信号. 中图表示 QPO 周期 41 天的相位折叠的光变结果. 下图展示 QPO 周期 16 天的相位折叠的光变结果, 已经扣除周期 41 天的 QPO 信号

7.3.2　功率谱分析

在基于傅里叶分析的时域研究中, 通常由对应功率谱中峰值特性来搜寻可信的周期性信号, 也就是大家所熟悉的周期图法 (periodogram method), 简单地说,

取时序信号序列的傅里叶变换 (离散), 然后取其幅频特性的平方并除以序列长度 N, 得到功率谱, 如果原数据中存在较强的周期性信号, 那么离散傅里叶变换也具有周期性, 因而对应周期的频率在功率谱中呈现明显的峰值. 稍微有些遗憾的是, 在 IDL 中只能找到关于傅里叶变换的 FFT(fast Fourier transform) 函数, 简单完成完全均匀时序数据 (well even data samples) 的快速傅里叶变换, 而对于并不均匀的时序数据 (unevenly sampled data), IDL 库函数中并没有提供相应的数据处理程序, 只能先进行时序数据的均匀化 (常见的插值均匀方法, 或者使用 CAR 的数学模型完成对数据的拟合, 进而用拟合结果对时序数据进行均匀化), 这里不再做额外的讨论, 我们重点关注功率谱在 IDL 中的计算.

　　在 IDL 中, 有多个函数或者程序进行常见的功率谱计算. 其中最常用的两个公共程序是 periodogram.pro 和 scargle.pro. 考虑到光变数据是否均匀, periodogram.pro 只能用来处理时间间隔均匀的光变数据, 而 scargle.pro 程序可以对时间非均匀间隔的光变数据进行处理. 因此, 这里重点讨论 scargle.pro 虽然 scargle.pro 不在 IDL 的库函数中, 但是该程序代码可以方便地从网络 (https://github.com/emrahk/IDL_General/blob/master/third_party/aitlib/timing/scargle.pro), 上获得详细的描述如下:

scargle.pro 程序说明

```
1   ; 程序形式:
2   Pro scargle,t,c,om,psd,fmin=fmin,fmax=fmax,nfreq=nfreq,nu=nu, $
3           period=period, fap=fap, signi=signi, simsigni=simsigni, $
4           pmin=pmin,pmax=pmax, multiple=multiple
5
6   ; 程序目的:
7   ; 使用 Lomb-Scargle 方法完成对周期性信号的标定
8
9   ; 参数解释:
10  ; 输入参数:
11  ;t: 光变数据的时间信息
12  ;c: 光变数据的强度信息
13  ;fmin: 频率探测范围的最小值
14  ;fmax: 频率探测范围的最大值
15  ;nfreq: 探测频率的数目
16  ;pmin: 周期探测范围的最小值
17  ;pmax: 周期探测范围的最小值
18  ;fap: 探测时的虚警概率 (false alarm probability) 的数值, 缺省为 99%
19  ;multiple: 是否进行白噪声的模拟, 缺省为不进行模拟
20
```

```
21    ; 输出参数:
22    ;om: 输出的交频率
23    ;px: 输出的功率谱密度 (power spectral density, PSD)
24    ;period: 输出的时间数据
25    ;nu: 输出的频率数据
26    ;signi: 对应 fap 的 PSD 数值
27    ;simsigni: 对应 fap 的基于白噪声模拟的 PSD 数值
```

程序 scargle.pro 的详细代码不做叙述, 这里仅仅对 scargle.pro 的使用进行简单的说明, 依然以 7.3.1 节中 Mrk142 的光变数据为例, 查验 Mrk142 光变数据中的 QPO 信号, 使用简单的 test_scargle.pro 完成 scargle.pro 的使用说明.

test_scargle.pro 程序说明

```
1     ; 程序形式:
2     Pro test_scargle
3
4     ; 程序目的:
5     ; 使用 Lomb-Scargle 方法完成对 Mrk142 光变数据中周期性信号的标定
6
7     ; 数据读入
8     djs_readcol,'LMC_Bband.dat',xx,yy,zz,format = 'D,D,D'
9
10    ; 为了 PSD 更加明确, 扣除一个简单的线性拟合
11    res=poly_fit(xx,yy,4,yfit = yfit,measure_errors=zz)
12    yy = yy − yfit
13
14    ; 使用 scargle.pro 完成 PSD 的计算
15    ; 频率探测范围为每天 0.01 到 1, 使用 1000 个频率数据点
16    ; 对应周期探测范围 1 天到 100 天
17    ;fap 设置在对应 3 sigma 和 5 sigma 的置信概率
18    scargle, xx, yy, om, px, noise=mean(zz), nfreq=1000, fmin=0.01, $
19            fmax=1, period=period, fap=[1−0.9999966,1−0.99977], $
20            signi=signi
21
22    ; 将结果展示
23    plot, period, px, /xlog, xs=1,yrange=[0.1,60], psym=10, $
24            xrange = [2,100], xtitle = 'period (days)', $
25            ytitle = 'PSD', charsize=4.5, charthick = 4
26
27    oplot, period,px,psym=10, color=djs_icolor('dark green'), thick = 4
```

```
28
29    ; 添加置信概率
30    oplot, period, period*0 + signi[1], color= djs_icolor('red'), $
31          thick = 4
32    oplot, period, period*0 + signi[0], color= djs_icolor('red'), $
33          thick = 4
34
35    END
```

　　编译并运行后, 结果展示在图 7.7 中, 很明显, 在 3 sigma 的置信概率上, 存在两个明确的峰值, 对应两个 QPO 的周期性信号, 与 7.3.1 节中使用直接拟合法得到的结果一致: 一个周期在 41 天左右, 一个周期在 15 天左右. 实际上, 现在已经有改进的 Lomb-Scargle 方法计算光变数据的 PSD, 程序代码可以在 Python 中查看, 这里不做细述. 当然 Lomb-Scargle 方法中考虑了白噪声的影响, 但是并没有对红噪声的影响进行考虑, 现阶段有 MATLAB 程序 REDFIT 可以完成在计算 PSD 时考虑红噪声的影响, 代码可以从网络上获得 https://www.marum.de/Prof.-Dr.-michael-schulz/Michael-Schulz-Software.html, 有兴趣可自行探索, 这里不做赘述.

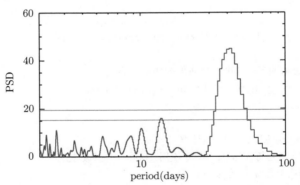

图 7.7　使用 Lomb-Scargle 方法对 Mrk142 光变曲线 PSD 的计算

水平线代表 3sigma 和 5sigma 的置信概率

7.3.3　小波分析法

　　基于小波分析 (wavelets), 也发展出一种标定光变数据中 QPO 信号的方法, 这里只简单讨论该方法的使用, 数学代码的详细叙述不在讨论的范畴之内. 尽管小波分析在 IDL 的库函数中有足够仔细的讨论, 但是使用小波分析的方法对周期性光变信号的标定不在 IDL 本身的函数库中, 这里使用公开的 wavelet.pro 程序进行周期性光变信号的标定. 程序 wavelet.pro 可以从网上下载: https://paos.colorado.edu/research/wavelets/wave_idl/wavelet.pro. 实际上, 一旦能够使用直接拟合的方法得到标准的正弦信号对光变数据的最佳拟合结果, 那么基于 PSD 方法或者小波分析法, 都可以得到较为明确的周期性信号的结果. 很多情况下, PSD 以及小波分析的结果, 更多是用来为周期性信号的标定提供进一步证据. 程序 wavelet.pro 用来处理的是时间均匀的光变数据, 对于时间不均匀的光变数据只能首先进行插值处理 (或者基于 DRW 模型的插值处理), 程序 wavelet.pro 的简单使用可以参见 wavelet.pro 本身提供的简单距离, 这里不再赘述.

在程序 wavelet.pro 之外, 还有一种 "Weighted Wavelet Z-Transformation" (WWZ) 的小波分析方法用来标定光变数据中的周期性信号, WWZ 方法在 IDL 中并没有一一对应的程序或者函数, 只能在 Python 中找到对应的详细代码 (https://github.com/eaydin/WWZ), Python 模块 WWZ 的使用方法简单明了, 只需要提供详细的 args.txt 文件, 里面包含 WWZ.py 运行时用到的模型参量设定, args.txt 文件简单说明如下:

Python 模块 WWZ.py 使用的 args.txt 说明

```
1   −f=LMC_Bband.dat
2   −o=testB.output
3   −−freq−step=0.0009
4   −l=0.01
5   −hi=1
```

第 1 行 "−f=LMC_Bband.dat" 表明指定的光变数据文件 (三列数据), 第 2 行 "−o=testB.output" 表明指定的数据输出文件, 第 3 行 "—freq−step=0.0009" 表明频率探测的步长, 第 4 行 "−l=0.01" 表明频率探测时的最小值为 0.01, 第 5 行 "−hi=1" 表明频率探测时的最大值为 1, 而后可使用 python wwz.py @args.txt 完成 WWZ 方法的运算. 该 args.txt 文件也是本节后面使用 WWZ 方法探测 Mrk142 光变数据中周期性信号时使用的 args.txt 文件.

本节重点展示基于 WWZ 方法对 Mrk142 光变数据中周期性信号的标定, 使用程序 test_wwz.pro 来实现, 具体描述如下:

test_wwz.pro 程序说明

```
1   ; 程序形式:
2   Pro test_wwz, data = data, ps = ps
3
4   ; 程序目的:
5   ; 使用 WWZ 法完成对周期性信号的确定
6
7   ; 参数解释:
8   ; 输入参数:
```

```
9    ; 含有光变数据的输入文件
10   ;ps: 关键词, 是否生成 EPS 图像文件
11   ;
12
13   ; 光变数据, 三列数据: 时间、光变幅度、误差
14       ; 文件信息写入 args.txt 文件中
15
16   ; 光变数据文件
17   IF N_elements(data) eq 0 THEN data = 'LMC_Bband.dat'
18
19   ; 生成 args.txt 文件
20   IF NOT FILE_TEST('args.txt') THEN BEGIN
21       printf,lun, 'args.txt',/get_lun,/append
22       printf,lun,'-f=' + data
23       printf,lun,'-f=testB.output'
24       printf,lun,'-m'
25       printf,lun,'--time'
26       printf,lun,'--freq-step=0.0009'
27       printf,lun,'-l=0.01'
28       printf,lun,'-hi=1'
29       printf,lun,'-c=0.15'
30       printf,lun,'-p=0'
31   ENDIF
32
33   ;Python 模块 wwz 的调用
34     ; 输出数据文件 testB.output
35     ; 输出数据文件信息写入 args.txt 文件中
36
37   IF not file_test ('testB.output') THEN $
38       spawn, 'python wwz.py @args.txt'
39
40   ; 读取数据文件
41   djs_readcol,'testB.output',tau, freq, wwz, format = 'D,D,D'
42
43   ; 为 Contour 图做准备
44   stau = tau(REM_DUP(tau)) & ntau = n_elements(stau)
45   period = 1./freq(REM_DUP(freq)) & nperiod = n_elements(period)
46   ss = dblarr(ntau, nperiod)
47   FOR i=0, ntau-1L DO BEGIN
48       pos = where(tau eq stau[i])
```

```
49          ss[i,*] = wwz[pos]
50     ENDFOR
51     ss=transpose(ss)
52
53     IF keyword_set(ps) THEN BEGIN
54          set_plot,'ps'
55          device, file = 'test_wwz.ps',/encapsulate,/color, bits=24, $
56                    zsize=40,ysize=30
57     ENDIF
58
59     ncontours=10
60     cgLoadCT, 1, clip = 120, NColors=ncontours,/reverse
61     colors = BINDGEN(ncontours)
62     cgContour, ss, period,stau, nlevels=ncontours,label=0, /Fill, $
63          C_Colors=colors, /Outline, xrange = [3,100], /xlog, xs=1, $
64          yrange = [507,618], ys=1, ytitle = 'HJD−2454000 (days)', $
65          xtitle = textoidl('period (days)'),charsize=4,charthick=4, $
66          xticklen=0.04
67     cgCOLORBAR, NColors=ncontours, Range=[Min(ss), Max(ss)], $
68          Position =[0.35,0.95,0.75,0.965], charsize=1.5, $
69          charthick = 1.5, /right,/ vertical
70
71     IF keyword_set(ps) THEN BEGIN
72          device,/ close
73          set_plot,'x'
74     ENDIF
75
76     END
```

编译并运行后, 结果展示在图 7.8 中. 很明显, 存在两个明确的峰值 (Contour图中中心密集度最高的地方), 对应两个 QPO 的周期性信号, 与使用直接拟合法以及 PSD 方法得到的结果一致: 一个周期在 41 天左右, 另一个周期在 15 天左右.

7.3.4 自相关方法

如果时序光变数据中存在着较好的周期性信号, 那么使用自相关方法也是一个很好的对其中周期性信号的验证方法. IDL 本身提供了足够适用的自相关方法的函数以及程序, 这里重点讨论 djs_correlate.pro 函数, djs_correlate.pro 程序本身是为 SDSS 巡天数据处理而准备的函数, 但是包含在新版本的 IDL 库函数中 (IDL 库函数中包含一个类似的函数 c_correlate.pro). 这里对 djs_correlate.pro 函

数的代码不做说明, 仅简单展示 djs_correlate.pro 函数的应用, djs_correlate.pro
函数简述如下:

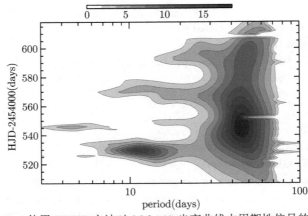

图 7.8　 使用 WWZ 方法对 Mrk142 光变曲线中周期性信号的标定

djs_correlate 函数说明

```
1   ; 函数形式:
2   result = djs_correlate(y1, y2, [lags, xweight = xw, yweight = yw])
3
4   ; 函数目的:
5   ; 交叉相关检验
6
7   ; 参数解释:
8   ; 输入参数:
9   ;y1,y2: 两个光变数据序列
10  ;lags: 是否考虑时间延迟
11  ;xw, yw: 两个光变数据序列对应的权重
12
13  ; 输出参数:
14  ; 交叉相关检验的输出结果
```

　　很显然, 当 y1 = y2 时, djs_correlate.pro 函数计算就是光变数据序列 y1 的
自相关结果, 如果时间序列 y1 中包含明确的周期性信号, 那么当输入时间延迟信
息后, 自相关函数的结果中将会出现峰值, 而峰值所在处 (除去 lags=0) 就是周期
性信号的周期所在.

　　应当值得注意的是, 在使用 djs_correlate.pro 函数时, 光变数据序列 y1 和 y2
的时间信息应该完全相同, 而当自相关时, 光变数据序列 y1 对应的时间应该是均
匀的, 否则 lags 的信息将失去真实的意义. 因此使用 djs_correlate.pro 函数, 较弱

的周期性信号往往难以从自相关结果中得到确定, 比如前面小节中 Mrk142 的光变数据, 短时标的周期性信号 (周期 15 天左右的 QPOs) 难以在自相关结果中得到证实, 但是长时标的周期性信号 (周期 41 天左右的 QPOs) 在自相关结果中得到明确的证实. 这里使用简单的程序 test_acc.pro 来实现 Mrk142 光变数据自相关的结果, 同时使用 bootstrap 方法来标定自相关结果的误差, 程序 test_acc.pro 简述如下:

test_acc.pro 函数说明

```
1   Pro test_acc, data = data, ps = ps
2
3   ; 程序目的:
4     ; 使用自相关函数检验光变数据中的周期性信号
5
6   ; 参数解释:
7   ; 输入参数:
8   ;data: 指定的输入数据文件
9   ;ps: 关键词, 是否将结果化成 EPS 图像文件
10
11  IF keyword_set(ps) THEN BEGIN
12          set_plot,'ps'
13          device,  file ='test_acc.ps',/encapsulate,/color,  bits=24, $
14                  xsize=40,ysize=30
15  ENDIF
16
17  ; 读入数据文件
18  IF n_elements(data) eq 0 THEN data = 'LMC_Bband.dat'
19  djs_readcol, data, xx, yy, zz, format = 'D,D,D'
20
21  ; 将时间信息插值, 使得时间信息均匀
22  x = min(xx) + DINDGEN(n_elements(xx)) * (max(xx) − min(xx)) / $
23          (n_elements(xx)−1.d)
24  y = interpol(yy, xx, x)
25
26  ; 明确 dt 的时间信息
27  dt = x[1] − x[0] & dt0 = dt
28
29  ; 明确时间延迟信息, 与 y 序列一致
30  lags = DINDGEN(n_elements(x)) − n_elements(x)*0.5 & lags0 = lags
31
32  ; 计算自相关函数
```

```
33    res = djs_correlate(y,y,lags)

34

35    ; 图像展示

36        ; 注意使用 dt

37    plot, lags * dt, res, psym=10,xs=1,ys=1,xtitle = 'lags (days)', $

38            ytitle = textoidl('Cross Correlation Coefficient'), $

39            charsize=4, charthick = 4

40    oplot, lags*dt, res, psym=10, color=djs_icolor('dark green'), $

41            thick = 4

42

43    ; 使用 bootstrap 方法标定自相关函数结果的可信范围

44    NP=200 ;200 次随机选择的光变数据的自相关结果的统计

45    st0=0L

46    res_L = res & res_H = res; 开始的自相关结果的上限设定

47

48    ; 开始 While 循环

49    WHILE st0 lt NP DO BEGIN

50            ; 随机地从原光变数据中重新抽取数据点

51            pos = fix(randomu(seed,N_elements(xx)) * N_elements(xx))

52            ; 扣除重复的数据点, 生成随机抽取的新的光变数据

53            pos = pos(REM_DUP(pos))

54            nxx = xx[pos] & nyy = yy[pos]

55            ; 准备自相关, 将时间序列插值, 使其均匀, 并得到新的 dt

56            nx = min(nxx)+DINDGEN(n_elements(nxx))*(max(nxx)−min(nxx)) $

57                    /(n_elements(nxx)−1.d)

58            ny = interpol(nyy,nxx,nx) & dt = nx[1] − nx[0]

59            ; 生成 lags 信息, 计算自相关函数结果

60            lags = DINDGEN(2*n_elements(nx)) − n_elements(nx)

61            res = djs_correlate(ny,ny,lags)

62            ; 将自相关结果与原始光变数据意义对应

63            res = interpol(res, lags*dt, lags0*dt0)

64            ; 探测新的自相关结果中的下限数值

65            pos = where(res_L − res gt 0)

66            IF pos[0] ge 0 THEN res_L[pos] = res[pos]

67            ; 探测新的自相关结果中的上限数值

68            pos = where(res_H − res lt 0)

69            IF pos[0] ge 0 THEN res_H[pos] = res[pos]

70            st0=st0+1L

71    ENDWHILE

72
```

```
73    ; 将使用 bootstrap 方法确定的上下限展示在自相关结果中
74    oplot, lags0*dt0, res_L, line=1, color=djs_icolor('red'), thick = 4
75    oplot, lags0*dt0, res_H, line=1, color=djs_icolor('red'), thick = 4
76
77    IF keyword_set(ps) THEN BEGIN
78          device,/close
79          set_Plot,'x'
80    ENDIF
81
82    END
```

编译并运行后, 结果展示在图 7.9 中, 很明显, 存在两个明确的峰值 (peak values of the cross correlation coefficients), 无需考虑 lags = 0 处的峰值, 因为任意时间序列的自相关函数都会在 lags = 0 处出现极大值, 而第二个峰值则出现在 lags = 41 天左右, 与前面小节中使用直接拟合法、PSD 方法以及 WWZ 方法得到的结果一致.

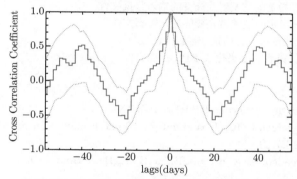

图 7.9   使用自相关方法对 Mrk142 光变曲线中周期性信号的标定

实线标定使用原始的观测光变数据得到自相关函数结果, 虚线代表使用 bootstrap 方法标定的
自相关函数结果的置信范围

7.4   IDL 程序代码在反响映射方法中的应用

在本节中, 简单介绍一下 djs_correlate.pro 函数在活动星系核反响映射确定宽发射线区尺度中的应用, 基于最简单的思想: 宽发射线的强度变化依赖连续谱的强度变化, 而宽发射线辐射区和连续谱辐射区的空间差异, 导致宽发射线的光变与连续谱的光变比较起来有一点时间延迟, 而这个时间延迟就是预期的宽发射线区的尺度 (宽发射线辐射区域与中心黑洞的距离), 因此在存在宽发射线光变数据 y1 以及连续谱光变数据 y2 的前提下, 可以很轻松地使用 djs_correlate.pro 函数在互相关函数 (cross correlation function) 结果中寻找峰值, 而峰值随对应的时

间延迟就是宽发射线区的尺度.

　　依然使用 Mrk142 的光变数据: 连续谱光变数据 (在前面小节中已经展示) 和发射线光变数据 (发射线光变展示在图 7.10 右上角中), 使用 djs_correlate.pro 函数标定两者之间的时间延迟, 使用简单的程序 test_blrs.pro 来实现, 简单描述如下:

test_blrs.pro 函数说明

```
1    ; 程序形式:
2    Pro test_blrs, data_line=data_line, ps=ps, data_con = data_con, $
3            num = num
4
5    ; 程序目的:
6      ; 使用互相关函数标定宽发射线光变与连续谱光变之间的时间延迟
7
8      ; 参数解释:
9      ; 输入参数:
10     ;data_line: 指定的宽发射线光变的输入数据文件
11     ;data_con: 指定的连续谱光变的输入数据文件
12     ;num: 光变数据插值时的预期数据点的数目
13     ;ps: 关键词, 是否将结果化成 EPS 图像文件
14
15   ; 读入连续谱光变数据
16   IF n_elements(data_con) eq 0 THEN BEGIN
17           djs_readcol,'LMC_Bband.dat',mjdB,magB,magBe,format='D,D,D'
18   ENDIF ELSE BEGIN
19           djs_readcol,data_con,mjdB,magB,magBe, format = 'D,D,D'
20   ENDELSE
21
22   ; 读入发射线光变数据
23   IF n_elements(data_line) eq 0 THEN BEGIN
24           djs_readcol,'LMC_Hb.dat', xxh,yyh,zzh, format= 'D,D,D'
25   ENDIF ELSE BEGIN
26           djs_readcol,data_line, xxh,yyh,zzh, format= 'D,D,D'
27   ENDELSE
28
29   ; 准备对时间信息插值
30   xxc = mjdB & yyc = magB
31
32   ; 得到同时涵盖宽发射线光变和连续谱光变的均匀的时间信息
33   IF n_elements(num) eq 0 THEN num=600
34   s0 = max([min(xxh),min(xxc)])+4 & s1 = min([max(xxc),max(xxh)])-4
```

```
35    xx=s0 + DINDGEN(num) * (s1−s0)/(num−1.d)
36
37    ; 得到相同时间信息下的宽发射线光变和连续谱光变
38    nyyc = interpol(yyc,xxc,xx)
39    nyyh = interpol(yyh,xxh,xx)
40
41    ; 插值均匀后的时间序列的步长
42    dt = xx[1] − xx[0]
43
44    ; 生成时间延迟信息
45    ns = fix(30.d/dt)
46    lags = range(−1*ns/2,ns)
47
48    ; 计算互相关函数结果
49    res = djs_correlate(nyyc, nyyh, lags)
50
51    ; 使用 bootstrap 方法标定 res 的置信度
52    resm = −res
53    high = resm
54    low = resm
55    peak1 = DINDGEN(500) ;500 次随机的互相关函数中的峰值
56
57    ;for 循环实现 bootstrap 方法
58    FOR i = 0, 499 DO BEGIN
59        ; 随机抽取数据点, 生成新的连续谱光变数据
60        pos = fix(randomu(seed,n_elements(xx)) * n_elements(xx))
61        syyc = nyyc[pos[sort(pos)]]
62        ; 随机抽取数据点, 生成新的宽发射线光变数据
63        pos = fix(randomu(seed,n_elements(xx)) * n_elements(xx))
64        syyh = nyyh[pos[sort(pos)]]
65        ; 计算新的互相关函数
66        res = djs_correlate(syyc, syyh, lags)
67        res = −res
68        ;CCF 中的峰值的搜寻
69        pos = where(lags*dt gt −2 and lags*dt lt 8)
70        pxx = lags*dt & pxx=pxx[pos] & pyy = res[pos]
71        pos = where(pyy eq max(pyy)) & peak1[i] = pxx[pos]
72        ;CCF 结果上下限的搜寻
73        FOR j=0,n_elements(lags)−1L DO BEGIN
74            if res[j] gt high[j] then high[j] = res[j]
```

```idl
75              if res[j] lt low[j] then low[j] = res[j]
76          ENDFOR
77  ENDFOR
78
79  ; 相关结果存放在数据文件中
80  openw,lun, 'ccf_lags.dat',/get_lun
81  FOR i =0, n_elements(resm)−1L DO BEGIN
82          printf,lun,lags[i]*dt, resm[i], high[i], low[i], $
83                  format = '(4(D0,2X))'
84  ENDFOR
85  free_lun,lun
86
87  ; 数据写入
88  openw,lun, 'peaks_ccf.dat',/get_lun
89  FOR i =0, n_elements(peak1)−1L DO BEGIN
90          printf,lun, peak1[i], format = '(1(D0,2X))'
91  ENDFOR
92  free_lun,lun
93
94  ;EPS 图像存储
95  IF keyword_set(ps) THEN BEGIN
96          set_plot,'ps'
97          device, file ='test_blrs.ps',/encapsulate,/color,bits=24, $
98          xsize=40,ysize=35
99  ENDIF
100
101 !p.multi = [0,2,2]
102
103 plotsym,0,1.5,/ fill ,color=djs_icolor('blue')
104
105 xx = range(−60,80)/2.
106 yy = interpol(resm, lags*dt, xx)
107 high = interpol(high, lags*dt, xx)
108 low = interpol(low, lags*dt, xx)
109
110 plot,xx, yy,psym=8,yrange=[−0.8,0.8],xs=1,ys=1,xrange=[−15,30], $
111         xtitle = textoidl('time lags (days)'), $
112         ytitle =textoidl('Cross Correlation Coefficient'), $
113         charsize=3.5,charthick=4, position = [0.15,0.15,0.975,0.985]
114 oplot,xx, yy, color=djs_icolor('blue'), thick = 6
```

```
115
116  ; 添加误差棒
117  FOR i =0, n_elements(xx)−1L DO BEGIN
118       oplot,  [xx[i],  xx[i ]],  [yy[i], low[i ]],  $
119            color=djs_icolor('blue')
120       oplot,  [xx[i],  xx[i ]],  [yy[i], high[i ]],  $
121            color=djs_icolor('blue')
122  ENDFOR
123
124  ; 标定 CCF 中的峰值位置
125  oplot ,[MEDIAN(peak1),MEDIAN(peak1)],[−1,1], line=4, $
126       color=djs_icolor('dark green'), thick = 6
127  xyouts,5,−0.5, textoidl('\tau \sim 3.2 days'), charsize=2, $
128       charthick=2,orien=90,color=DJS_ICOLOR('dark green')
129
130  ; 基于 bootstrap 方法对峰值位置的 500 次统计分布, 图形左下角
131  cghistoplot, peak1, bin=0.55, xrange = [−2,8],xs=1,ys=1, $
132       xtitle = 'time lags(days)',  ytitle = 'Number', $
133       charsize=1.5, charthick=3.5, $
134       position  =  [0.225,0.225,0.55,0.52]
135
136  ;Mrk142 宽发射线光变展示, 图形右上角
137  plotsym, 0,/ fill , color=djs_icolor('dark green')
138  plot,  xxh,yyh,psym=3, xtitle = 'MJD−2454000(days)', $
139       ytitle =textoidl('Flux of broad H\beta'),charsize=1.5, $
140       charthick=3.5, ys=1,position = [0.675,0.675,0.92,0.92]
141  oplot,  xxh,yyh,psym=10, color=DJS_ICOLOR('dark green')
142  oplot,  xxh,yyh,psym=8
143
144  IF keyword_set(ps) THEN BEGIN
145       device,/close
146       set_plot,'x'
147  ENDIF
148
149  END
```

经过编译并运行后, 结果展示在图 7.10 中. 很明显地, 在 CCF(the cross correlation function) 中出现了一个峰值, 对应的事件延迟在 3 天左右, 无需考虑 lags = 0 处的峰值, 因此 Mrk142 中宽发射线区的尺度大约为 3 光天. 关于 Mrk142 中周期性信号对宽发射线区尺度的影响, 这里不做进一步讨论, 仅仅展示

使用 djs_correlate.pro 函数对事件延迟的标定. 当然, 使用基于 DRW 数学模型的 JAVELIN 代码也可以完成两个时间序列之间时间延迟的标定, 可以在 JAVELIN 的文稿中见到实例, 这里不再对 JAVELIN 的使用做进一步的说明.

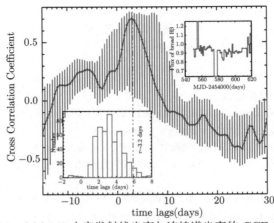

图 7.10　Mrk142 中宽发射线光变与连续谱光变的 CCF 的标定

垂直的实线标定基于 bootstrap 方法确定的 CCF 结果的置信范围; 左下角展示峰值对应的
事件延迟的 500 次统计分布, 右上角展示宽发射线的光变曲线

7.5　本章函数及程序小结

最终, 我们对本章用到的 IDL 及相关天文软件包提供的主要的函数和程序总结如表 7.1.

表 7.1　本章所使用的 IDL 环境下的函数和程序总结

函数/程序	目的	示例
randomn	生成中心为 0, 方差为 1 的随机数据	res=randomn(seed,100)
generate_DRW	生成 DRW 时间序列	res=generate_DRW(x, par_b=b, par_tau=t,par_sig=sig)
lmc_DRW	基于 DRW 模型对观测光变进行拟合的模型函数	res=lmc_DRW(x, par)
drw_lmc	基于模型函数 lmc_DRW 对观测数据的拟合程序	drw_lmc, /ps, /test
JAVELIN_n5548	基于 JAVELIN 代码对 NGC5548 的观测光变进行拟合	JAVELIN_n5548, /ps
qpo_direct	Mrk142 光变数据的直接拟合	qpo_direct, /ps
scargle	Lomb-Scargle 方法计算 PSD	scargle, t, c, om, px
test_scargle	Lomb-Scargle 方法使用举例	test_scargle,/ps
test_wwz	WWZ 方法使用举例	test_wwz,/ps

函数/程序	目的	示例
djs_correlate	互相关函数	res=djs_correlate(y1,y2,lags)
test_acc	自相关方法举例	test_acc,/ps
test_blrs	互相关方法对时间延迟的标定举例	test_blrs,/ps

　　同时, 我们对本章用到的 Python 语言中的函数和程序总结如下: 本章中重点使用了 Python 中的 JAVELIN 模块和 WWZ 模块, 模块的安装或者使用可以从对应网页上方便得到, 这里不再赘述.

第 8 章　IDL 在天文学中应用的展望

前面的章节已经将 IDL 在天文数据中的广泛应用进行了普适的介绍, 包括数据的读取、光谱数据处理、光变数据处理等. 在本章中, 我们使用一个简单的例子, 将前面章节中的应用实例综合在一起, 完成一个明确主题的实施, 展现为完成该主题而采用的 IDL 处理过程细节. 由于笔者的研究领域是活动星系核和时域光变, 因此, 这里选取主题: 单个 SDSS 类星体中 QPO 信号的标定和报道. 我们从光谱数据的抓取开始, 然后进行光谱数据的处理 (主要是谱线的拟合), 进而进行光变数据特性的处理, 并包括统计置信度的讨论. 我们实施该主题, 展现 IDL 在天文学研究中的普适化应用, 进而体会在天文学研究中, IDL 可以自始至终地完成一个研究主题. 对于研究内容的物理意义, 这里不做详述. 选取活动星系核 SDSS J075217.84+193542.2 (=SDSS J0752) 作为研究主体.

本章重点展示 IDL 程序的综合, 因此, 本章中不存在单个程序内容的详述, 而是尽可能地顺利完成程序流程的综合, 重点包含如下内容:

- SDSS 光谱数据的抓取;
- 光谱特征的标定;
- 光变数据的讨论;
- QPO 信号的探索和讨论;
- 基于 DRW 模型对 QPO 信号的置信度检验.

8.1　SDSS 光谱数据的抓取

对于单个 SDSS 光谱数据的抓取, 可以方便地从 SDSS 的主页上完成, 但是当有多个 SDSS 光谱数据 (比如上万条光谱数据) 下载, 需要写一个独立的 IDL 程序来自动完成 SDSS 光谱数据的抓取. 当然, 从 SDSS 中下载光谱数据最便捷的方式, 是通过该光谱数据对应的 plate-mjd-fiberid 信息来完成的. 这里, SDSS J0752 对应的 plate-mjd-fiberid 信息为 1582-52939-0612, 其对应的下载地址: https://data.sdss.org/sas/dr16/sdss/spectro/redux/26/spectra/lite/1582 /spec-1582-52939-0612.fits. 因此, 对多个已知 plate-mjd-fiberid 信息的光谱数据的下载, 可以使用如下 download.pro 程序来完成 SDSS 光谱数据的抓取, 详细内容如下:

程序: download.pro

```
1   ; 程序形式:
2   Pro download, mjd = mjd, plate = plate, fiberid = fiberid, $
3          bad = bad, st0 = st0, st1 = st1
4
5   ; 程序目的:
6   ; 基于 plate-mjd-fiberid 信息完成 SDSS 光谱数据的抓取
7
8   ; 参数解释:
9   ; 输入参数:
10  ; mjd: 光谱数据对应的 mjd 信息
11  ; plate: 光谱数据对应的 plate 信息
12  ; fiberid: 光谱数据对应的 fiberid 信息
13  ; st0: 光谱数据下载时的开始序号
14  ; st1: 光谱数据下载时的终止序号
15
16  ; 输出参数:
17  ; bad: 存储文件, 输出未完成下载的光谱数据的 plate-mjd-fiberid 信息
18  ;
19
20  ; 判断输入的 plate-mjd-fiberid 信息是否配对
21  IF N_elements(mjd) ne N_elements(plate) or $
22         N_elements(mjd) ne N_elements(fiberid) or $
23         N_elements(fiberid) ne N_elements(plate) $
24         THEN BEGIN
25         print,'=============================='
26         print,'MJD, PLATE, FIBERID, NOT MATCHED'
27         Print,'=============================='
28         stop
29  ENDIF
30
31  ; 准备 plate-mjd-fiberid 信息
32    ; mjd: 五个字符
33    ; plate: 四个字符
34    ; fiberid: 四个字符
35    ; 输入的 plate-mjd-fiberid 可以是字符型, 也可以是数字型
36    ; 将输入的 plate-mjd-fiberid 转换成字符型
37  mjd= strcompress(string(mjd),/remove_all)
38  pl = strcompress(string(plate),/remove_all)
39  fib = strcompress(string(fiberid),/remove_all)
```

```
40
41  ; SDSS 下载地址准备
42      ; 包括 SDSS 和 eBOSS 两个
43  ss0 = 'https://data.sdss.org/sas/dr16/sdss/spectro/' + $
44          'redux/26/spectra/lite/'
45  ss3 = 'https://data.sdss.org/sas/dr16/eboss/spectro/' + $
46          redux/v5_13_0/spectra/lite/'
47
48  ; 光谱数据下载序号准备
49      ; st0=0: 从第 0 个光谱数据开始下载
50  IF n_elements(st0) eq 0 THEN st0=0L
51  IF n_elements(st1) eq 0 THEN st1 = n_elements(mjd)−1L
52
53  ; 如果有光谱数据未能正常下载, 写入该 bad 文件中
54  openw,lun,'Bad_download_'+strcompress(string(fix(xt0)),/remove_all) $
55          +'_'+strcompress(string(fix(st1)),/remove_all)+'/list', $
56          /get_lun
57
58  ; 开始光谱数据下载
59  FOR i=st0, st1 DO BEGIN
60      ; 将输入的 plate-mjd-fiberid 转换成符合要求的字符串
61      IF double(pl[i]) ge 100 and double(pl[i]) lt 1000 THEN $
62              pl[i] = '0'+pl[i]
63      IF double(pl[i]) ge 10 and double(pl[i]) lt 100 THEN $
64              pl[i] = '00'+pl[i]
65      IF double(fib[i]) lt 10 then fib[i] = '000'+fib[i]
66      IF double(fib[i]) ge 10 and double(fib[i]) lt 100 THEN $
67              fib[i] = '00'+fib[i]
68      IF double(fib[i]) ge 100 and double(fib[i]) lt 1000 THEN $
69      fib[i] = '0'+fib[i]
70
71      ; 光谱数据名称
72      file = 'spec−' + pl[i] + '−'+mjd[i]+'−'+fib[i]+'.fits'
73
74      ; 光谱数据对应的 SDSS 下载地址
75      sp0 = ss0 + pl[i] + '/' + file ;SDSS 地址
76      sp3 = ss3 + pl[i] + '/' + file ;eBOSS 地址
77
78      ; 使用 Linux 命令 wget 进行光谱数据下载
79      IF not file_test(file) THEN spawn,'wget −c ' + sp0
```

```
80          IF not file_Test( file ) THEN spawn,'wget −c ' + sp3
81
82          ; 如未能完成光谱数据下载, 将信息写入 bad 文件
83          IF not file_test ( file ) THEN BEGIN
84                  printf, lun,  file , format = '(1(A0,2X))'
85          ENDIF
86  ENDFOR
87
88  free_lun,lun
89
90  END
```

尽管可以直接使用 Linux 命令 wget 下载 SDSS J0752 的 SDSS 光谱数据, 但是作为实例, 可以使用 download.pro 程序完成该光谱数据的下载

download.pro 程序下载 SDSS J0752 光谱数据

```
1  IDL>.compile download
2  IDL>download, mjd='52939', plate='1582', fiberid='0612'
```

光谱数据下载成功后, 光谱的展示对于我们来说非常简单, 在前面的章节中已经进行过论述, 但是稍微值得注意的是, 在 SDSS 的较早释放的数据和最近释放的光谱数据的读取有一定的差别, 所以这里简单用 view_spec.pro 程序完成来自 SDSS DR16 的光谱展示, 具体内容如下:

程序: view_spec

```
1   ; 程序形式:
2   Pro view_spec, mjd = mjd, plate = plate, fiberid = fiberid
3
4   ; 程序目的:
5    ; 完成 SDSS 光谱的展示
6
7   ; 参数解释:
8    ; 输入参数:
9    ; mjd: 单一光谱数据对应的 mjd 信息, 五个字符
10   ; plate: 单一光谱数据对应的 plate 信息, 四个字符
11   ; fiberid: 单一光谱数据对应的 fiberid 信息, 四个字符
12   ; ps: 关键词, 是否生成 EPS 图像文件
13   ;
14
15  IF N_elements(mjd) eq 0 THEN mjd = '52939'
```

```
16  IF N_elements(plate) eq 0 THEN plate='1582'
17  IF N_elements(fiberid) eq 0 THEN fiberid='0612'
18
19  ; 光谱数据确认
20  spec = 'spec-' + plate[0]+'-'+mjd[0]+'-'+fiberid[0]+'.fits'
21
22  IF Not file_test(spec) THEN BEGIN
23        ; 没有输入的光谱数据信息
24        print, '============================='
25        print, 'No information of SDSS spectra'
26        print, '         Please the DIR         '
27        print, '============================='
28        stop
29  ENDIF
30
31  ; 读取光谱数据
32  d = mrdfits(spec,1,head)
33  dz = mrdfits(spec,2,head)
34
35  ; 输出波长、流量及流量误差
36  x = 10.d^d.loglam/(1.+dz.z)
37  y = d.flux
38  yerr = 1./sqrt(d.ivar)
39
40  IF keyword_set(ps) THEN BEGIN
41        set_plot,'ps'
42        device, file = 'sdss.ps',/encapsulate,/color, bits = 24, $
43                xsize=40,ysize=30
44  ENDIF
45
46
47  plot,x,y,psym=10,xstyle=1,ystyle=1,yrange = [2,max(y)*1.05], $
48        xtitle=textoidl('Wavelength (\AA)'), /ylog, $
49        ytitle=textoidl('FLux (10^{-17}ergs\cdot s^{-1}\cdot cm^{-2}\cdot \
                AA^{-1})'), $
50        charsize=4.5, charthick = 4
51  oplot, x,y, psym=10, color=djs_icolor('dark green'), thick = 4
52
53  ; 添加流量误差信息
54  oplot, x,yerr, psym=10, color=djs_icolor('red'), thick = 4
```

```
55
56  IF keyword_set(ps) THEN BEGIN
57          device,/close
58          set_plot,'x'
59  ENDIF
60
61  END
```

编译并运行 view_spec 程序后, 光谱展示在图 8.1 中, 详细光谱特征的处理将在 8.2 节中完成.

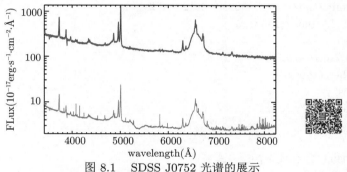

图 8.1　SDSS J0752 光谱的展示

深绿色的实线标定 SDSS 的观测光谱, 红色实线标定观测光谱的流量误差

8.2　光谱特征的标定

本节重点关注 SDSS J0752 光谱中宽 Balmer 发射线的标定. 基于 8.1 节中的展示光谱, 宽的 Balmer 发射线明晰可辨, 因此, 可以使用前面小节中的谱线处理程序, 完成对宽 Balmer 发射线的测量和标定.

首先完成对宽 Hα 发射线的测量和标定, 因为宽 Hα 发射线受到附近发射线的干扰较小. 我们将波长范围 6050Å 到 7050Å 内的所有发射线统一考虑: 窄的 Hα 发射线, 宽的 Hα 发射线, [N II]λ6548Å、6583Å 双线, [S II]λ6716Å、6732Å 双线, [O I]λ6300Å、6363Å 双线. 同时考虑一个来自核区辐射的连续谱成分. 这里为了得到最佳的拟合结果, 每个窄发射线成分都使用两个高斯函数来描述, 宽的 Hα 发射线使用两个宽高斯成分来描述. 因此, 对于发射线, 总共有 16 个高斯成分, 我们的模型函数包含 16 个高斯函数和一个幂律成分. 我们用一个简单的 fit_ha.pro 程序来完成 6050Å 到 7050Å 之间发射线的拟合, 描述如下:

程序: fit_ha

```
1  ; 程序形式:
2  Pro fit_ha, ps = ps
```

```
3
4    ; 程序目的:
5    ; 完成 SDSS J0752 光谱中 Hα 附近发射线的拟合
6
7    ; 参数解释:
8    ; 输入参数:
9    ; ps: 关键词, 是否生成 EPS 图像文件
10
11   ; 光谱数据的读取
12   d=mrdfits('spec−1582−52939−0612.fits',1)
13   dz = mrdfits('spec−1582−52939−0612.fits',2)
14   x = 10.d^d.loglam/(1.+dz.z)
15   y = d.flux
16   yerr = 1./sqrt(d.ivar)
17   pos = where(yerr gt 0)
18   x = x[pos]
19   y = y[pos]
20   yerr = yerr[pos]
21
22   ; 选取 6050Å 到 7050Å 的波长范围
23   pos = where(x gt 6050 and x lt 7050)
24   x=x[pos]
25   y=y[pos]
26   yerr = yerr[pos]
27
28   ; 建立模型函数
29     ; 可以使用 3 个宽高斯成分拟合宽 Hα 发射线,
30     ; 但是 2 个宽高斯成分就可以得到最佳拟合,
31     ; 因此设定 gauss1(x,p[6:8])*0.=0
32     ; 第一行: 宽 Hα
33     ; 第二行: 窄 Hα
34     ; 第三、四行: [N II] 双线的 & 成分
35     ; 第五、六行: [N II] 双线的延展成分 (extended component)
36     ; 第七、八行: [O I] 双线的成分
37     ; 第九、十行: [S II] 双线的成分
38     ; 第十一行: 连续谱的幂律成分
39   expr = 'gauss1(x,p[0:2])+gauss1(x,p[3:5])+ gauss1(x,p[6:8])*0.+' + $
40           'gauss1(x,p[9:11]) + gauss1(x,p[12:14]) + ' + $
41           'gauss1(x,p[15:17]) + ' +$
42           'gauss1(x,[p[15:16]*6549.86/6585.27, p[17]/3]) + ' + $
```

```
43      'gauss1(x,p[18:20]) + ' +$
44      'gauss1(x,[p[18:19]*6549.86/6585.27, p[20]/3.]) + ' + $
45      'gauss1(x,p[21:23]) + gauss1(x,p[24:26]) + '+ $
46      'gauss1(x,p[27:29]) + gauss1(x,p[30:32]) + ' + $
47      'gauss1(x,p[33:35]) + gauss1(x,p[36:38]) + '+ $
48      'gauss1(x,p[39:41]) + gauss1(x,p[42:44]) + ' + $
49      'p[45] * (x/6563.)^p[46]'
50
51   ; parinfo 信息的设定
52   par = replicate({value:0.d, limited :[0,0],  limits :[0.,0.], tied:'', $
53         fixed:0},47)
54
55   ; 宽 Hα 成分
56   par [0:8]. value = [6540., 20.,  0., 6563., 40.,  0., 6650., 20.,  0.]
57   par [0:8]. limited [0]  = 1
58   par [0:8]. limits [0]  = 0.d
59   par [0]. limited  = [1,1]
60   par [0]. limits  = [6480, 6570]
61   par [3]. limited  = [1,1]
62   par [3]. limits  = [6530, 6620]
63   par [6]. limited  = [1,1]
64   par [6]. limits  = [6560, 6680]
65   par [1]. limited [0]  = 1
66   par [1]. limits [0]  = 600 * 6564./3d5
67   par [4]. limited [0]  = 1
68   par [4]. limits [0]  = 600 * 6564./3d5
69   par [6:7]. limited [0]  = 1
70   par [6:7]. limits [0]  = 0.
71
72   ; 窄 Hα 成分
73   par [9:14]. value = [6564., 4.,  0., 6564., 6.,  0.]
74   par [9]. limited  = [1,1]
75   par [9]. limits  = [6550, 6580]
76   par [10]. limited  = [1,1]
77   par [10]. limits  = [0., 600* 6564./3d5]
78   par [11]. limited [0]  = 1
79   par [11]. limits [0]  = 0.d
80   par [12]. limited  = [1,1]
81   par [12]. limits  = [6500, 6590]
82   par [13]. limited  = [1,1]
```

```
83    par [13]. limits  =  [0.,  800∗ 6564./3d5]
84    par [14]. limited [0]  = 1
85    par [14]. limits [0]  = 0.d
86        ; 来自 Hβ 拟合结果
87    par [12]. tied  = 'p[9]  ∗ 4858.5935/4862.1465'
88
89    ;[N II] 双线成分
90    par [15:20]. value = [6583.,  4.,  0.,  6583.,6.,  0.]
91    par [17]. limited [0]  = 1
92    par [17]. limits [0]  = 0.d
93    par [20]. limited [0]  = 1
94    par [20]. limits [0]  = 0.d
95
96    ;[O I] 双线成分
97    par [21:26]. value = [6300.,  4.,  0.,  6300.,  6.,  0.]
98    par [21]. limited  = [1,  1]
99    par [21]. limits  = [6250, 6340]
100   par [22]. limited  = [1,  1]
101   par [22]. limits  = [0, 600∗ 6300./3d5]
102   par [23]. limited [0]  = 1
103   par [23]. limits [0]  = 0.d
104   par [24]. limited  = [1,  1]
105   par [24]. limits  = [6250, 6350]
106   par [25]. limited  = [1,  1]
107   par [25]. limits  = [0, 800∗ 6300./3d5]
108   par [26]. limited [0]  = 1
109   par [26]. limits [0]  = 0.d
110   par [27:32]. value = [6363.,  4.,  0.,  6363.,  6.,  0.]
111   par [27]. tied  = 'p[21]  ∗ 6365.536/6302.046'
112   par [28]. tied  = 'p[22]  ∗ 6365.536/6302.046'
113   par [29]. limited [0]  = 1
114   par [29]. limits [0]  = 0.d
115   par [30]. tied  = 'p[24]  ∗ 6365.536/6302.046'
116   par [31]. tied  = 'p[25]  ∗ 6365.536/6302.046'
117   par [32]. limited [0]  = 1
118   par [32]. limits [0]  = 0.d
119
120   ;[S II] 双线成分
121   par [33:38]. value = [6716.,  4.,  10.,  6716.,  6.,  10.]
122   par [33]. limited  = [1,  1]
```

```
123   par [33]. limits  =  [6715, 6725]
124   par [34]. limited  =  [1, 1]
125   par [34]. limits  =  [0, 600∗ 6716./3d5]
126   par [35]. limited [0]  = 1
127   par [35]. limits [0]  = 0.d
128   par [36]. limited  =  [1, 1]
129   par [36]. limits  =  [6710, 6730]
130   par [37]. limited  =  [1, 1]
131   par [37]. limits  =  [0, 800∗ 6716./3d5]
132   par [38]. limited [0]  = 1
133   par [38]. limits [0]  = 0.d
134   par [39:44]. value  =  [6733., 4., 10., 6733., 6., 10.]
135   par [39]. tied  =  'p[33] ∗ 6732.67/6718.29'
136   par [40]. tied  =  'p[34] ∗ 6732.67/6718.29'
137   par [41]. limited [0]  = 1
138   par [41]. limits [0]  = 0.d
139   par [42]. tied  =  'p[36] ∗ 6732.67/6718.29'
140   par [43]. tied  =  'p[37] ∗ 6732.67/6718.29'
141   par [44]. limited [0]  = 1
142   par [41]. limits [0]  = 0.d
143
144   ; 幂律成分
145   par [45:46]. value  =  [0.,0.]
146   par [45]. limited [0]  = 1
147   par [45]. limits [0]  = 0.d
148
149   ; 使用 MPFIT 进行拟合
150   res  = mpfitexpr(expr, x, y, yerr, parinfo = par, yfit = yfit, $
151            perror = per, bestnorm = best, dof = dof)
152
153   ; 准备图像展示或存储
154   IF NOT keyword_set(ps) THEN BEGIN
155            window,xsize=1800,ysize=1200
156   ENDIF ELSE BEGIN
157            set_plot,'ps'
158            device,  file  = 'ha.ps',/encapsulate,/color, bits=24, $
159                     xsize=40,ysize=25
160   ENDELSE
161
162   !p.multi=[0,1,2]
```

```
163
164  ; 观测光谱
165  plot, x, y, psym=10,xs=1,ys=1,yrange=[0.,max(y)], charsize = 2, $
166          ytitle = textoidl('f_\lambda (10^{-17}erg/s/cm^2/\AA)'), $
167          xrange = [6200, 6950], position = [0.085,0.275,0.95,0.95], $
168          title = textoidl('\chi^2/dof=0.64'),xtickformat='(A1)', $
169          charthick = 3
170
171  ; 最佳拟合结果
172  oplot, x, yfit, color = djs_icolor('red'), thick = 4
173
174  ; 每个发射线成分的确定
175  ; 宽 Hα 的两个成分
176  ha_b1 = gauss1(x, res[0:2])
177  ha_b2 = gauss1(x, res[3:5])
178
179  oplot, x, ha_b1, color=djs_icolor('green'), thick = 4
180  oplot, x, ha_b2, color=djs_icolor('green'), thick = 4
181
182  ; 窄 Hα 的两个成分
183  ha_n1 = gauss1(x,res[9:11])
184  ha_n2 = gauss1(x, res[12:14])
185
186  oplot, x, ha_n1, color=djs_icolor('blue'), thick = 4
187  oplot, x, ha_n2, color=djs_icolor('blue'), thick = 4
188
189  ;[N II] 双线的四个成分
190  n211 = gauss1(x, res[15:17])
191  n212 = gauss1(x, [res[15:16] * 6549.86/6585.27, res [17]/3.])
192  n221 = gauss1(x, res[18:20])
193  n222 = gauss1(x, [res[18:19] * 6549.86/6585.27, res [20]/3.])
194  n21 = n211 + n212
195  n22 = n221 + n222
196
197  oplot, x, n211, color = djs_icolor('purple'), thick = 4
198  oplot, x, n221, color = djs_icolor('purple'), thick = 4
199  oplot, x, n212, color = djs_icolor('purple'), thick = 4
200  oplot, x, n222, color = djs_icolor('purple'), thick = 4
201
202  ;[O I] 双线的四个成分
```

```
203    o11 = gauss1(x, res[21:23]) + gauss1(x,res[27:29])
204    o12 = gauss1(x, res[24:26]) + gauss1(x,res[30:32])
205
206    oplot, x, o11, color = djs_icolor('pink'), thick = 4
207    oplot, x, o12, color = djs_icolor('pink'), thick = 4
208
209    ;[S II] 双线的四个成分
210    s211 = gauss1(x, res[33:35])
211    s212 = gauss1(x,res[39:41])
212    s21 = s211 + s212
213    s221 = gauss1(x, res[36:38])
214    s222 = gauss1(x,res[42:44])
215    s22 = s221 + s222
216
217    oplot, x, s211, color = djs_icolor('cyan'), thick = 4
218    oplot, x, s221, color = djs_icolor('cyan'), thick = 4
219    oplot, x, s212, color = djs_icolor('cyan'), thick = 4
220    oplot, x, s222, color = djs_icolor('cyan'), thick = 4
221
222    ; 幂律成分
223    pow = res[45] * (x/6563.)^res[46]
224
225    oplot, x , pow, color = djs_icolor('dark green'), thick = 4
226
227    ; 残差的展示
228    plot, x, (y − yfit)/yerr, position = [0.085,0.085,0.95,0.26], $
229            charsize=2, xtitle = textoidl('Rest Wavelength (\AA)'), $
230            ytitle = 'Residual', xrange = [6200, 6950], xs=1, ys=1, $
231            yrange=[−2,2], psym=10, yticks=4, charthick = 3
232    oplot,x,x*0+1, color=djs_icolor('red'), thick = 4
233    oplot,x,x*0−1,color=djs_icolor('red'),thick =4
234
235    ; 将拟合结果存储在 ha_fit.dat 文件中
236    openw,lun, 'ha_fit.dat',/get_lun
237    FOR i = 0, n_elements(x) − 1L DO BEGIN
238            printf,lun, x[i],y[i], yerr[i], yfit [i], ha_b1[i], $
239                    ha_b2[i], ha_b2[i]*0., ha_n1[i], ha_n2[i], $
240                    n21[i], n22[i], o11[i], o12[i], s21[i], $
241                    s22[i], pow[i], format = '(16(A0,2X))'
242    ENDFOR
```

```
243   free_lun,lun
244
245   ; 将谱线参量及误差存储在 ha_fit.par 文件中
246       ; 注意 gauss1(x,p[6:8])*0. 恒等于 0, 因此自由度加 3
247   openw, lun, 'ha_fit.par', /get_lun
248   FOR i = 0, n_elements(res)−1L DO BEGIN
249        printf, lun, res[i], per[i], best[0], dof[0] + 3, $
250                 format = '(4(A0,2X))'
251   ENDFOR
252   free_lun,lun
253
254   IF keyword_set(ps) THEN BEGIN
255        device,/close
256        set_plot,'x'
257   ENDIF
258
259   END
```

编译并运行 fit_ha.pro 程序后, 可以得到最佳拟合结果对应的 $\chi^2/\mathrm{dof} = 0.64$, 同时也将生成两个数据文件: ha_fit.par 文件中存储了模型函数的模型参量及对应的误差, ha_fit.dat 文件中存储了基于 MPFIT 确定的每个发射线的成分. 如果运行 fit_ha.pro 程序时, 使用了关键词/ps, 那么最佳的拟合结果存储在 EPS 文件 ha.ps 中, 如图 8.2 所示.

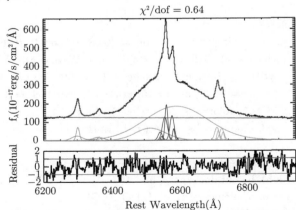

图 8.2　上图展示对 SDSS J0752 光谱中 Hα 附近发射线的测量. 黑色的实线标定 SDSS 的观测光谱, 红色实线标定观测光谱中发射线的最佳拟合结果. 绿色的实线标定 Hα 的两个宽成分, 蓝色的实线标定 Hα 的两个窄成分, 紫色的实线标定 [N II] 双线的四个窄成分, 粉色的实线标定 [O I] 双线的四个成分, 青色的实线标定 [S II] 双线的四个成分. 下图展示基于拟合结果的残差, 红色的水平线代表残差等于 ±1

类似于 Hα 附近发射线的标定, 可以使用相似的模型函数来完成对 Hβ 附近发射线 (波长范围为 4450Å 到 5350Å) 的标定: 两个宽的高斯成分描述宽 Hβ, 两个窄高斯成分描述窄 Hβ, 六个高斯成分描述 [O III]λ4959Å、5007Å 双线 (除了正常的窄成分 (core component) 和延展的宽成分 (extended broad component) 外, 还存在一个极度延展的宽成分 (extremely broad component)), 两个高斯成分描述 He II. 这里不需要讨论光学波段的 Fe II 发射线. 当然这里接受宽 Hα 和宽 Hβ 具有相近的发射线轮廓, 使用程序 fit_hb.pro 完成, 描述如下:

程序: fit_hb

```
1    Pro fit_hb, ps = ps
2
3    ; 程序目的:
4    ; 完成 SDSS J0752 光谱中 Hβ 附近发射线的拟合
5
6    ; 参数解释:
7    ; 输入参数:
8    ; ps: 关键词, 是否生成 EPS 图像文件
9    ;
10
11   ; 光谱数据的读取
12   d=mrdfits('spec−1582−52939−0612.fits',1)
13   dz = mrdfits('spec−1582−52939−0612.fits',2)
14   x = 10.d^d.loglam/(1.+dz.z)
15   y = d.flux
16   yerr = 1./sqrt(d.ivar)
17   pos = where(yerr gt 0)
18   x = x[pos]
19   y = y[pos]
20   yerr = yerr[pos]
21
22   ; 选取 4450Å 到 5350Å 的波长范围
23   pos = where(x gt 4450 and x lt 5350)
24   x = x[pos]
25   y = y[pos]
26   yerr = yerr[pos]
27   x0 = x
28   y0 = y
29   z0 = yerr
30
31   ; 建立模型函数
```

```
32    ; 宽 Hβ 发射线与宽 Hα 类比
33    ; 因此第一行、第二行使用了来自宽 Hα 发射线的参量
34    ; 第一、二行: 宽 Hβ
35    ; 第三行: 窄 Hβ
36    ; 第三到九行: [O III] 双线的成分
37    ; 第十行: 连续谱的幂律成分
38    ; 第十一行: He II 线
39    ; 第十二行: [N I] 线
40  expr2 = 'gauss1(x,[6518.02*p[0], 45.343*p[1], 7586.19*p[2]]) + '+ $
41          'gauss1(x,[6595.67*p[0], 93.478*p[1], 43373.58*p[2]]) + '+ $
42          'gauss1(x,p[9:11]) + gauss1(x,p[12:14]) + ' + $
43          'gauss1(x,p[15:17]) + '+$
44          'gauss1(x,[p[15:16]*4960.295/5008.24, p[17]/3.]) + ' + $
45          'gauss1(x,p[18:20]) + '+$
46          'gauss1(x,[p[18:19]*4960.295/5008.24, p[20]/3.]) + ' + $
47          'gauss1(x,p[21:23]) + '+$
48          'gauss1(x,[p[21:22]*4960.295/5008.24, p[22]/3.]) + ' + $
49          'p[24]*(x/5100.)^p[25] + '+$
50          'gauss1(x,p[26:28]) + gauss1(x,p[29:31]) + ' + $
51          'gauss1(x,p[32:34]) + gauss1(x,p[35:37])'
52
53  ;parinfo 信息的设定
54  par = replicate({value:0.d, limited :[0,0],  limits :[0.,0.], tied:'', $
55          fixed:0},38)
56
57  ; 宽 Hβ 成分
58      ; par[0]: Hβ 与 Hα 的线心比例
59      ; par[1]: Hβ 与 Hα 的线宽比例
60      ; par[2]: Hβ 与 Hα 的流量比例
61  par [0:2]. value = [4862.68/6564.61, 4862.68/6564.61, 1./4.5]
62  par [0]. limited = [1,1]
63  par [0]. limits  = [(4862.68−130), 4862+130]/6564.61
64  par [1]. limited = [1,1]
65  par [1]. limits  = [0.2, 2]*4862.68/6564.61
66  par [2]. limited = [1,1]
67  par [2]. limits  = [1./10, 1./2.]
68
69  ; 宽 Hβ 成分的额外设定, 但是实际拟合中并没有使用
70      ; 方便模型函数的修改
71  par [3:8]. value = [0.,  0.,  0.,  0.,  0.,  0.]
```

```
72      ; 宽 Hβ 成分
73      par [9:14]. value = [4862., 3., 440., 4858., 5., 540.]
74      par [9]. limited = [1,1]
75      par [9]. limits = [4840, 4880]
76      par [10]. limited = [1,1]
77      par [10]. limits = [0., 600* 4861./3d5]
78      par [11]. limited [0] = 1
79      par [11]. limits [0] = 0.d
80      par [12]. limited = [1,1]
81      par [12]. limits = [4840, 4890]
82      par [13]. limited = [1,1]
83      par [13]. limits = [0., 800* 4861./3d5]
84      par [14]. limited [0] = 1
85      par [14]. limits [0] = 0.d
86
87      ; [O III] 成分
88      par [15:20]. value = [5008., 3.4, 4691., 5004.,8.4, 5587.]
89      par [17]. limited [0] = 1
90      par [17]. limits [0] = 0.d
91      par [20]. limited [0] = 1
92      par [20]. limits [0] = 0.d
93      par [21:23]. value = [4999.9, 34.1, 0.]
94      par [21]. limited = [1,1]
95      par [21]. limits = [4950, 5020]
96      par [22]. limited [0] = 1
97      par [22]. limits [0] = 20
98      par [23]. limited [0] = 1
99      par [23]. limits [0] = 0.d
100
101     ; 幂律成分
102     par [24:25]. value = [156.5 , −1.29]
103
104     ; He II 成分
105     par [26:31]. value = [4680, 83.93/2.35482, 508.6, 4685., $
106             10.14/2.35482, 138.3]
107     par [26]. limited = [1,1]
108     par [26]. limits = [4650, 4750]
109     par [29]. limited = [1,1]
110     par [29]. limits = [4650, 4750]
111     par [27:28]. limited [0] = 1
```

```
112  par [27:28]. limits [0]  = 0.
113  par [30:31]. limited [0]  = 1
114  par [30:31]. limits [0]  = 0.
115
116  ; [N I] 成分
117  par [32:34]. value  = [5200, 7.981/2.35482, 100.9]
118  par [32]. limited  = [1,1]
119  par [32]. limits  = [5190, 5210]
120  par [33:34]. limited [0]  = 1
121  par [33:34]. limits [0]  = 0.
122
123  ; 疑似 [Fe III] 成分
124  par [35:37]. value  = [5091, 20.12/2.35482, 100.]
125  par [36:37]. limited [0]  = 1
126  par [36:37]. limits [0]  = 0.
127
128  ; 基于 MPFIT 进行发射线的拟合
129  res = mpfitexpr(expr2, x, y, yerr, parinfo = par, yfit = yfit, $
130          perror = per, bestnorm = best, dof = dof)
131
132  ; 结果的图形展示
133  IF NOT keyword_set(ps) THEN BEGIN
134          window,xsize=1800,ysize=1200
135  ENDIF ELSE BEGIN
136          set_plot,'ps'
137          device,  file  = 'hb.ps', /encapsulate, /color,  bits=24, $
138                  xsize=40,ysize=25
139  ENDELSE
140  !p.multi=[0,1,2]
141
142  ; 观测光谱
143  plot,x0,y0,psym=10,nsum=1,xs=1,ys=1,charsize=2, $
144          ytitle  = textoidl('f_\lambda (10^{-17}erg/s/cm^2/\AA)'), $
145          xrange = [4550, 5250], yrange = [100., 280], $
146          position  =  [0.085,0.285,0.95,0.95],  charthick = 3, $
147          title  = textoidl('\chi^2/dof = 0.63'), xtickformat = '(A1)'
148
149  ; 最佳拟合结果
150  oplot,x, yfit ,  color=djs_icolor('red'),  thick = 4
151
```

```
152    ; 宽 Hβ 的两个成分
153    ha_b1 = gauss1(x,[6518.0181*res[0], 45.343174*res[1], $
154            7586.1900*res[2]])
155    ha_b2 = gauss1(x,[6595.6776*res[0], 93.478651*res[1], $
156            43373.587*res[2]])
157    oplot, x, ha_b1+100, color=djs_icolor('green'), thick = 4
158    oplot, x, ha_b2+100, color=djs_icolor('green'), thick = 4
159
160    ; 窄 Hβ 的两个成分
161    ha_n1 = gauss1(x,res[9:11])
162    ha_n2 = gauss1(x, res[12:14])
163    oplot, x, ha_n1+100, color=djs_icolor('blue'), thick = 4
164    oplot, x, ha_n2+100, color=djs_icolor('blue'), thick = 4
165
166    ; [O III] 双线成分
167    n21 = gauss1(x, res[15:17]) + $
168            gauss1(x, [res[15:16] * 4960.295/5008.24, res[17]/3.])
169    n22 = gauss1(x, res[18:20]) + $
170            gauss1(x, [res[18:19] * 4960.295/5008.24, res[20]/3.])
171    o3E1 = gauss1(x, res[21:23])
172    o3E2 = gauss1(x, [res[21:22] * 4960.295/5008.24, res[23]/3.])
173    oplot, x, n21+100, color = djs_icolor('purple'), thick = 4;
174    oplot, x, n22+100, color = djs_icolor('pink'), thick = 4;
175    oplot, x, o3E1+100, color = djs_icolor('cyan'), thick = 6
176    oplot, x, o3E2+100, color = djs_icolor('cyan'), thick = 6
177
178    ; 幂律成分
179    pow = res[24] * (x/5100.)^res[25]
180    oplot, x , pow, color = djs_icolor('dark green'), thick = 4
181
182    ; He II 成分
183    heii = gauss1(x, res[26:28]) + gauss1(x,res[29:31])
184    oplot, x, heii+100, line=3, color = djs_icolor('pink'), thick = 4
185
186    ; [N I] 成分
187    ni = gauss1(x, res[32:34])
188    oplot, x, ni+100, line=1, color = djs_icolor('pink'), thick = 4
189
190    ; 可能的 [Fe III] 成分
191    FeIII = gauss1(x, res[35:37])
```

```
192   oplot, x, FeIII+100, line=1, color = djs_icolor('pink'), thick = 4
193
194   ; 基于最佳拟合结果的残差展示
195   yfit0 = interpol(yfit,x,x0)
196
197   plot, x0, (y0 − yfit0)/z0, position = [0.085,0.085,0.95,0.275], $
198          charsize=2, xtitle = textoidl('Rest Wavelength (\AA)'), $
199          ytitle = 'Residual',xrange = [4550, 5250], xs=1, ys=1, $
200          yrange=[−5,5], psym=10, charthick = 3
201   oplot,x, x*0 + 1, color=djs_icolor('red'), thick = 4, line=1
202   oplot,x, x*0 − 1, color=djs_icolor('red'), thick = 4, line=1
203
204   ; 拟合数据存储在 hb_fit.dat 文件
205   openw,lun, 'hb_fit.dat',/get_lun
206   FOR i =0,n_elements(x)−1L DO BEGIN
207          printf,lun, x[i],y[i], yerr[i], yfit[i], ha_b1[i], $
208          ha_b2[i], ha_b2[i]*0, ha_n1[i], ha_n2[i], n21[i], $
209          n22[i], o3E1[i], o3E2[i], pow[i], heii[i], ni[i], $
210          format = '(16(A0,2X))'
211   ENDFOR
212   free_lun,lun
213
214   ; 拟合参数及误差存储在 hb_fit.par 文件
215   openw,lun, 'hb_fit.par',/get_lun
216   FOR i =0,n_elements(res)−1L DO BEGIN
217          printf,lun, res[i], per[i], best[0], dof[0], $
218                 format = '(4(A0,2X))'
219   ENDFOR
220   free_lun,lun
221
222   IF keyword_set(ps) THEN BEGIN
223          device,/close
224          set_plot,'x'
225   ENDIF
226
227   END
```

编译并运行 fit_hb.pro 程序后, 可以得到最佳拟合结果对应的 $\chi^2/\mathrm{dof} = 0.63$, 同时也将生成两个数据文件: hb_fit.par 文件中存储了模型函数的模型参量及对应的误差, hb_fit.dat 文件中存储了基于 MPFIT 确定的每个发射线的成分. 如果运行 fit_hb.pro 程序时, 使用了关键词/ps, 那么最佳的拟合结果存储在 EPS 文件 hb.ps 中, 如图 8.3 所示. 发射线参量物理特性的深入讨论不在本书的论述范围之内, 可自行在 hb_fit.par 文件和 ha_fit.par 文件中进行检视.

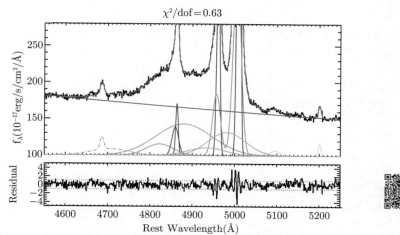

图 8.3 上图展示对 SDSS J0752 光谱中 Hβ 附近发射线的测量. 黑色的实线标定 SDSS 的观测光谱, 红色实线标定观测光谱中发射线的最佳拟合结果. 绿色的实线标定 Hβ 的两个宽成分, 蓝色的实线标定 Hβ 的两个窄成分, 紫色的实线、粉红色实线以及青色的实线标定 [O III] 双线的六个成分, 粉红色的点划线标定 He II 线, 粉红色的虚线标定 [N I] 和 [Fe III] 发射线, 深绿色的实线展示标定的连续谱成分. 下图展示基于拟合结果的残差, 红色的水平虚线代表残差等于 ±1

8.3 光变数据的讨论

SDSS J0752 光学波段的光变数据可以方便地从 CSS 和 ASAS-SN 巡天中获得, 对应的网站地址: http://nesssi.cacr.caltech.edu/DataRelease/和 https://asas-sn.osu.edu/, 如何进行光变数据的搜索和下载, 这里不做赘述, 图 8.4 上图中展示了 SDSS J0752 的光学波段的光变数据, 同时使用 JAVELIN 代码对光变数据进行了拟合, 光变数据合并在数据文件 lmc_drw.dat 中, 并得到了 DRW 参量 τ 和 σ 的分布, 使用简单的程序 lmc_drw.pro 来完成该目标, 内容如下:

程序: lmc_drw

```
1   FUNCTION drw, datafile = datafile
2
3   ; 函数目的:
4   ; 基于 Python 中 JAVELIN 代码完成光变数据的 DRW 拟合
5
```

```
6   ; 参数解释:
7   ; 输入参数:
8   ; datafile: 光变数据文件, 三列: 时间、测光或光谱强度、强度误差
9   ;
10
11  IF file_test ('drw.py') THEN $
12          spawn, 'rm −rf srw.py'
13
14  ; 创建 drw.py 文件
15  openw, lun, 'drw.py', /get_lun, /append
16
17  printf, lun, '#!/usr/bin/python'
18  printf, lun, '#filename: drw.py'
19  printf, lun, '        '
20
21  printf, lun, 'import glob, os'
22  printf, lun, 'from javelin.zylc import get_data'
23  printf, lun, 'from javelin.lcmodel import Cont_Model'
24  printf, lun, 'from javelin.lcmodel import Rmap_Model'
25  printf, lun, '        '
26
27  printf, lun, 'javdata1=get_data([' + '"' + datafile +'"' +'])'
28  printf, lun, 'cont = Cont_Model(javdata1)'
29  printf, lun, 'cont.do_mcmc(fchain=' + '"' + 'drw.mychain0' +'"' + $
30                  ',nwalkers=100, nchain=100, nburn=100)'
31  printf, lun, 'cont.get_hpd()'
32  printf, lun, 'conthpd = cont.hpd'
33  printf, lun, '        '
34
35  printf, lun, 'myfile = file(' + '"' + 'drw.dat_hpd' + '"' + ',' + $
36                  '"' +'w' +'"' +')'
37  printf, lun, 'print >> myfile, conthpd[0,0],' + '"' + ', ' + '"' + $
38                  ',conthpd[1,0],'+'"'+','+'"'+',conthpd[2,0],' $
39                  + '"' + ', ' + '"' + ', conthpd[0,1],' + '"' + ', ' + $
40                  '"' +', conthpd[1,1],' + '"' + ', ' + '"' + $
41                  ', conthpd[2,1]'
42  printf, lun, 'myfile.close()'
43
44  printf, lun, 'par_best = conthpd[1,:]'
45  printf, lun, '        '
```

```
46
47   printf, lun, 'javdata_best=cont.do_pred(par_best,fpred='+'"'+ $
48           'drw.dat_myfit' +'"' + ', dense=100)'
49   printf, lun, 'javdata_best.plot(set_pred = True, obs=javdata1,' + $
50           'figout =' + '"' + 'drw.dat_myfit' +'"' +',figext=' + $
51           '"' +'eps' +'"' +')'
52
53   printf, lun, 'quit()'
54
55   free_lun, lun
56
57   ; 运行 JAVELIN 代码
58   spawn, 'python drw.py'
59
60   END
61
62   Pro lmc_drw, datafile = datafile, ps = ps
63
64   ; 程序目的:
65   ; 完成 SDSS J0752 光变数据的 DRW 拟合及展示
66
67   ; 参数解释:
68   ; 输入参数:
69   ; datafile: 光变数据文件, 三列: 时间、测光或光谱强度、强度误差
70
71   IF N_elements(datafile) eq 0 THEN $
72           datafile = 'lmc_drw.dat'
73
74   ; 运行 DRW 代码
75   ; 生成 JAVELIN 代码的拟合结果及标定的模型参数
76   ; 并生成相应的数据文件
77   res = drw(datafile = datafile)
78
79   IF keyword_set(ps) THEN BEGIN
80           set_plot,'ps'
81           device, file = 'drw.ps', /encapsulate, /color, bits=24, $
82                   xsize=40,ysize=50
83   ENDIF
84
85   !p.multi = [0, 1, 2]
```

```
86
87   ; 观测数据及拟合数据读取
88   djs_readcol, datafile , mjd, mag, magerr, format = 'D,D,D'
89   djs_readcol, 'drw.dat_myfit', xx, yy, zz, format = 'D,D,D'
90
91   ; 所有的观测数据
92   plot, MJD, mag, psym=3, xtitle = textoidl('MJD−2453000 (days)'), $
93          ytitle  = textoidl('V−band Apparent magnitudes'),charsize=4, $
94          charthick = 4, yrange=[16.3,14.9], ys=1, xthick = 2, $
95          ythick = 2, xrange=[300, 5600],xs=1
96
97   ; 添加 DRW 拟合结果的 1sigma 置信范围
98   pos = where(xx ge 300 and xx lt 5600)
99    polyfill , [xx[pos], reverse(xx[pos])], [yy[pos]+zz[pos], $
100          reverse(yy[pos]−zz[pos])], color=djs_icolor('light blue')
101
102  ; 将来自 CSS 和 ASAS-SN 的数据划分清楚
103    ; 原始数据已经做了适当的处理, 并保存在 lmc_qpo.dat 文件中
104  djs_readcol,'lmc_qpo.dat',x,y,z
105  cssx = x[0:101]
106  cssy = y[0:101]
107  cssyerr = z[0:101]
108  asx = x[102:418]
109  asy = y[102:418]
110  asyerr = z[102:418]
111
112  ; CSS 数据
113  plotsym,0,/ fill , 1.25, color=djs_icolor('dark green')
114  oplot,cssx,cssy,psym=8
115  DJS_OPLOTERR,cssx,cssy,yerr=cssyerr,color=djs_icolor('dark green'), $
116          thick = 3
117
118  ; ASAS-SN 数据
119  plotsym, 0, / fill , 1.25, color = djs_icolor('red')
120  oplot, asx, asy, psym=8
121  DJS_OPLOTERR, asx, asy, yerr = asyerr, color = djs_icolor('red'), $
122          thick = 3
123
124  ; 添加 DRW 的最佳拟合结果
125  oplot,xx,yy, color=djs_icolor('blue'), thick = 6
```

```
126
127   ; 基于 MCMC 方法得到的 DRW 参量的统计分布
128   djs_readcol,'drw.mychain0', a, b
129   pos = where(b gt 0)
130   con_fig, a[pos], b[pos], npx=20, npy=20, outarr=data, outx=xx, $
131         outy=yy
132
133   ; 等高线图准备
134   ncontours=11
135   colors  = BINDGEN(ncontours)
136   cgLoadCT, 1, clip=110, /Reverse, NColors=ncontours
137   clevels =[10,20,40,60,80,100,120,140,160,180,200]
138
139   ; 运行 cgContour
140   cgContour, data, xx, yy, Levels=clevels, C_Colors=colors, $
141         / cell_fill , /traditional, charsize=4, charthick = 4, $
142         xtitle  = textoidl('ln(\sigma) (mag/day^{1/2})'), $
143         ytitle = textoidl('ln(\tau) (days)'), xthick = 2, $
144         ythick = 2, xs=1,ys=1;,c_charsize=3.5
145
146   ; 添加 colorbar
147   cgCOLORBAR, NColors=ncontours, Range=[10,200], $
148         position =  [0.9,0.15,0.915,0.4],  charsize=1.75, /vertical
149
150   IF keyword_set(ps) THEN BEGIN
151         device,/close
152         set_Plot,'x'
153   ENDIF
154
155   END
```

编译并运行后, 生成一个 Python 文件 drw.py, 而后将光变数据的 DRW 模型的数学拟合结果存放在四个数据文件: drw.dat_hpd 存放 DRW 的模型参量 $\ln(\sigma)$ 和 $\ln(\tau)$ 以及上下限, drw.dat_myfit 存放 DRW 的最佳拟合结果及对应的 1sigma 置信范围, drw.dat_myfit.eps 存放最佳拟合结果的对应 EPS 文件, drw.mychain0 存放对应的 MCMC 结果. 最后的结果展示在图 8.4 中, 可以得到明确的 $\ln(\sigma)$ 和 $\ln(\tau)$ 的数值及对应的误差. 可以看到 SDSS J0752 的光变具有明显偏大的 $\ln(\tau)$, 具体的物理意义不在本章的讨论范畴内, 但是其预示着 SDSS J0752 是一个非常有趣的宽发射线活动星系核, 可以对其光变特性进行进一步的深入讨论.

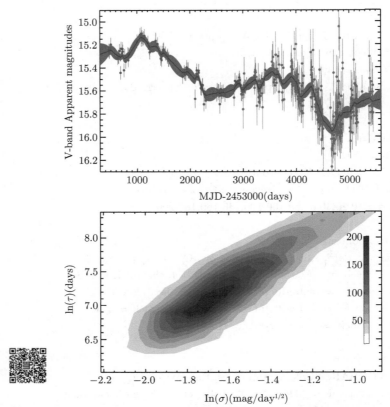

图 8.4   上图展示对 SDSS J0752 光变数据的 DRW 拟合记过. 蓝色实线和淡蓝色的区域标定
观测光变数据基于 DRW 数学模型的最佳拟合结果以及对应的 1sigma 置信区间, 深绿色的数
据点代表来自 CSS 的数据, 红色的数据点代表来自 ASAS-SN 的数据点. 下图展示基于
MCMC 方法得到的模型参量 $\ln(\sigma)$ 和 $\ln(\tau)$ 的后验分布

8.4   QPO 信号的探索和讨论

很明显, 考虑到基于 DRW 数学模型描述的光变特性具有远高于平均值的
$\ln(\tau)$, 因此在 SDSS J0752 的光变模式中, 存在着除 AGN 内禀光变特性之外的另
一种光变模式, 这对光变特性的进一步检验是非常有意义的. 从光变曲线来看, 可
以看到明显的 QPO 成分, 因此, 本节中重点讨论 SDSS J0752 光变中的 QPO 信
号. 基于 8.3 节中对 QPO 信号探索的讨论, 这里使用直接拟合方法、PSD 方法
和自相关方法来验证光变数据的准周期性, 使用程序 lmc_qpo.pro 来实现, 其中
PSD 使用了最新的广义 Lomb-Scargle 方法, 程序 lmc_qpo.pro 用来展示直接拟
合方法的结果, 内容描述如下:

程序: lmc_qpo

```
1    Pro lmc_qpo, ps = ps
2
3    ; 程序目的:
4    ; 完成 SDSS J0752 光变数据中基于直接拟合法对周期性信号的标定及展示
5
6    ; 参数解释:
7    ; 输入参数:
8    ; ps: 关键词, 是否将拟合结果存储在 EPS 文件中
9    ;
10
11
12   IF keyword_set(ps) THEN BEGIN
13        set_plot,'ps'
14        device, file = 'lmc_qpo.ps', /encapsulate, /color, $
15               bits =24, xsize=90, ysize=30
16   ENDIF
17   !p.multi = [0,1,2]
18
19   ; 没有对数据文件进行额外的设定, 所有的数据文件都已存在
20   ; 读取从 CSS 获得的原始数据, 存放在 LMC_CSS.csv 中
21   djs_readcol,'LMC_CSS.csv', MasterID, Mag, Magerr, RA, Dec, MJD, $
22        Blend, format = 'A,D,D,A,A,D,A'
23   mjd = mjd − 53000.d & xx1 = mjd & yy1 = mag
24
25   ; 将时间分辨率进一步清晰化, 同一天的观测数据进行平均
26   SS=fix(mjd) & ss=ss(REM_DUP(ss))
27   cssx = DINDGEN(n_elements(ss)) ∗ 0.
28   cssy = cssx & cssyerr = cssx
29   FOR i =0,n_elements(ss)−1L DO BEGIN
30        pos = where(fix(mjd) eq ss[i])
31        cssx[i]=mean(mjd[pos])
32        cssy[i]=mean(mag[pos])
33        cssyerr[i]=mean(magerr[pos])
34   ENDFOR
35
36   ; 读取从 ASAS-SN 获得的原始数据, 存放在 LMC_ASASSN.csv 中
37   djs_readcol, 'LMC_ASASSN.csv', HJD, UTDate, Camera, FWHM, Limit, $
38        mag, mag_err, flu, flux_err, Filter, $
39        format = 'D,A,A,A,A,D,D,A,A,A', /silent
```

```
40    ; 将 ASAS-SN 数据序列与 CSS 数据序列的时间信息保持一致
41    hjd=hjd−2453000.d
42    ; 只选取 V 波段的有效数据
43    pos = where(Filter eq 'V' and mag_err gt 0 and mag_err lt 10 $
44            and mag gt 10 and mag lt 20)
45    hjd = hjd[pos] & xx2 = hjd & yy2 = mag[pos]
46
47    ; 来自 CSS 和 ASAS-SN 的星等差
48    mag=mag[pos] − 0.201967 & mag_err = mag_err[pos]
49
50    ; 将 ASAS-SN 数据的时间分辨率进一步清晰化, 同一天的观测数据进行平均
51    SS=fix(hjd) & ss=ss(REM_DUP(ss))
52    asx = DINDGEN(n_elements(ss)) ∗ 0.
53    asy = asx & asyerr = asx
54    FOR i =0,n_elements(ss)−1L DO BEGIN
55            pos = where(fix(hjd) eq ss[i])
56            asx[i]=mean(hjd[pos])
57            asy[i]=mean(mag[pos])
58            asyerr[i]=mean(mag_err[pos])
59    ENDFOR
60
61    ; 将观测数据展示
62      ; 深绿色的数据点: CSS
63      ; 红色的数据点: ASAS-SN
64    plot, [cssx, asx], [cssy, asy], psym=3, xs=1, ys=1, $
65            xrange = [300, max(asx)+150], charsize=3.5, $
66            yrange = [max(asy)+0.1, min(cssy)−0.1], charthick = 3, $
67            xtitle = textoidl('MJD − 2453000 (days)'), $
68            ytitle = textoidl('V−band Apparent magnitudes')
69
70    plotsym,0,/ fill , 1.5, color=djs_icolor('dark green')
71    oplot, cssx, cssy,psym=8
72    DJS_OPLOTERR, cssx, cssy, yerr=cssyerr, $
73            color=djs_icolor('dark green'), thick = 3
74
75    plotsym,0,/ fill , 1.5,color=djs_icolor('red')
76    oplot, asx, asy,psym=8
77    DJS_OPLOTERR, asx, asy, yerr=asyerr, $
78            color=djs_icolor('red'), thick = 3
79
```

```
80   ; 为直接拟合方法准备数据
81   pos = sort(cssx)
82   x1 = cssx[pos] & y1 = cssy[pos]
83   y1err = cssyerr[pos]
84   pos = sort(asx)
85   x2 = asx[pos] & y2 = asy[pos]
86   y2err = asyerr[pos]
87   x=[x1,x2] & y=[y1,y2] & yerr = [y1err, y2err]
88   pos = sort(x)
89   x=x[pos] & y=y[pos] & yerr=yerr[pos]
90
91   ; 基于正弦函数的模型函数
92   expr ='p[0]+p[1]*x/1d3+p[2]*sin(2*!pi/p[3]*x+p[4])'
93
94   ; 使用 MPFIT 进行数据拟合
95   res = mpfitexpr(expr,x,y,yerr ,[15.5,0.,1.,2 d3 ,0.], yfit =yfit, $
96         perror = per, bestnorm = best, dof = dof, /quiet)
97
98   ; 屏幕输出模型参数
99   print, res, per, best, dof
100
101  ; 添加最佳拟合结果
102  xx = 10.d^(2+DINDGEN(201)/100.)
103  p = res
104  yf = p[0] + p[1]*xx/1d3 + p[2]*sin(2*!pi/p[3]*xx + p[4])
105  oplot, xx, yf, color = djs_icolor('purple'), thick = 6
106
107  ; 添加 1rms 的置信范围
108  rms = STDDEV((y − yfit))
109  oplot, xx, yf+1*rms, line=5, thick = 6, color=djs_icolor('purple')
110  oplot, xx, yf−1*rms, line=5, thick = 6, color=djs_icolor('purple')
111
112  ; 基于直接拟合方法得到的 QPO 信号的周期 2320days, 进行相位折叠数据的展示
113     ; 440 是为了让相位折叠数据更优美, 可以更换任意的数值
114  x = [cssx, asx]
115  y = [cssy, asy]
116  yerr = [cssyerr, asyerr]
117
118  xx = (x−440)/2320. − fix((x−440)/2320.)
119  yy = y & yyerr = yerr
```

```
120
121   expr = 'p[0] + p[1]*x + p[2]*sin(p[3]*x + p[4])'
122   res = mpfitexpr(expr,xx,yy,yyerr ,[15.5,0.,1.,1,0.], yfit=yfit, $
123          perror = per, bestnorm = best, dof = dof, /quiet)
124
125   ; 模型参数的屏幕输出
126   print , res , per , best , dof
127
128   ;phase-folded 数据展示
129     ; 深绿色的数据点: CSS
130     ; 红色的数据点: ASAS-SN
131   plotsym, 0, / fill , 1.5, color=djs_icolor('dark green')
132   plot , [cssx−440, asx−440]/2320.− fix([cssx−440, asx−440]/2320.), $
133          [cssy, asy], psym=3, xrange = [0, 1], xs=1, ys=1, $
134          yrange = [max(asy)+0.1, min(cssy)−0.1], charsize=3.5, $
135          xtitle = textoidl('Phase'), charthick = 3, $
136          ytitle = textoidl('V−band Apparent magnitudes')
137
138   oplot, (cssx−440)/2320. − fix((cssx−440)/2320.),cssy,psym=8
139   DJS_OPLOTERR,(cssx−440)/2320. − fix((cssx−440)/2320.), cssy, $
140          yerr = cssyerr,color = djs_icolor('dark green'), thick = 3
141
142   plotsym,0,/ fill , 1.5,color=djs_icolor('red')
143   oplot, (asx−440)/2320. − fix((asx−440)/2320.), asy, psym=8
144   DJS_OPLOTERR,(asx−440)/2320. − fix((asx−440)/2320.), asy, $
145          yerr = asyerr,color = djs_icolor('red'), thick = 3
146
147   ; 添加最佳拟合结果
148   xs = DINDGEN(101)/100. & p=res
149   yf = p[0]+p[1]*xs+p[2]*sin(p[3]*xs+p[4])
150   oplot, xs, yf, color = djs_icolor('purple'), thick = 6
151
152   ; 添加 1rms 的置信范围
153   rms = STDDEV((yy − yfit))
154   oplot, xs, yf+1*rms, line = 5, thick = 6, color=djs_icolor('purple')
155   oplot, xs, yf−1*rms, line = 5, thick = 6, color=djs_icolor('purple')
156
157   IF keyword_set(ps) THEN BEGIN
158          device,/ close
159          set_plot,'x'
```

```
160  ENDIF
161
162  END
```

编译并运行后, 对 SDSS J0752 观测数据以及直接拟合方法的结果展示在图 8.5 中, 可以发现用正弦函数可以使观测数据得到很好的描述, 且使用标定的周期 2320days, 可以展示出相位折叠的光变数据也具有很好的正弦函数形式, 因此, 可以预期在 SDSS J0752 的光变数据中存在着很好的周期性信号. 当然, 为了更好地说明 SDSS J0752 的光变数据中存在着很好的周期性光变信号, PSD 方法和自相关方法被用来做进一步的验证.

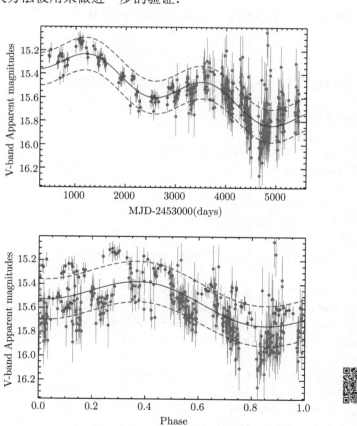

图 8.5 上图展示对 SDSS J0752 的光变数据及基于正弦函数的最佳拟合结果. 下图展示基于周期 2320days 得到的相位折叠的光变特性. 深绿色的数据点代表来自 CSS 的数据, 红色的数据点代表来自 ASAS-SN 的数据点; 紫色的实线和虚线代表基于正弦函数的最佳拟合结果和对应的 1rms 的置信范围. 下图展示基于周期 2320days 得到的相位折叠的光变特性

在 7.3.2 节中, Lomb-Scargle 方法已经被介绍, 而且 IDL 中存在着公开的 scargle.pro 程序, 可以方便进行非均匀时序数据 PSD 的计算, 这里依然以 Lomb-Scargle 方法为基础, 但是使用最新发展的广义 Lomb-Scargle 方法来进行 PSD 的计算, 广义 Lomb-Scargle(GLS) 方法的实现需要借助 Python 代码. 我们用程序 lmc_gls.pro 来实现 GLS 和自相关方法, 具体内容如下:

程序: lmc_gls

```
1    FUNCTION GLS, datafile = datafile
2
3    ; 函数目的:
4    ; 对存放于 datafile 中的光变数据基于 GLS 方法进行 PSD 计算
5
6    ; 参数解释:
7    ; 输入参数:
8    ; datafile: 光变数据文件, 三列: 时间、测光或光谱强度、强度误差
9
10   ; 准备 Python 文件 gls.py
11
12   IF file_test ('gls.py') THEN spawn, 'rm −rf gls.py'
13   openw, lun, 'gls.py', /get_lun, /append
14
15   printf, lun, '#!/usr/bin/python'
16   printf, lun, '# −*− coding: utf−8 −*−'
17   printf, lun, '#   gls.py'
18   printf, lun, '# Run the generalized Lomb−Scargle period search'
19   printf, lun, '        '
20   printf, lun, 'import numpy as np'
21   printf, lun, 'from matplotlib import pyplot as plt'
22   printf, lun, 'from astroML.time_series import lomb_scargle,' + $
23          'lomb_scargle_BIC, lomb_scargle_bootstrap'
24   printf, lun, '        '
25   printf, lun, 'obs_data = np.loadtxt(' + '"""' + datafile + '"""' + ')'
26   printf, lun, 'xb = obs_data.T[0]'
27   printf, lun, 'yb = obs_data.T[1]'
28   printf, lun, 'yberr = obs_data.T[2]'
29   printf, lun, '        '
30   printf, lun, 'omega = np.linspace(−2.8,−1,1000)'
31   printf, lun, 'omega = 10.**omega'
32   printf, lun, '        '
33   printf, lun, 'D = lomb_scargle_bootstrap(xb, yb, yberr, omega,' + $
```

```
34          'generalized=True, N_bootstraps=1000, random_state = 0)'
35   printf, lun, 'sig1, sig5 = np.percentile(D, [99.99, 95])'
36   printf, lun, 'print sig1, sig5'
37   printf, lun, 'np.savetxt(' + '"' + 'gls_omega.dat' + '"' +', omega)'
38   printf, lun, 'np.savetxt(' + '"' + 'gls_slm.dat' + '"' + ', D)'
39   printf, lun, 'exit()'
40   free_lun,lun
41
42   ; Python 中运行 GLS
43   spawn, 'python gls.py'
44
45   END
46   ;
47
48   Pro lmc_gls, datafile = datfile, ps = ps
49
50   ; 程序目的:
51   ; 完成 SDSS J0752 光变数据中基于直接拟合法对周期性信号的标定及展示
52
53   ; 参数解释:
54   ; 输入参数:
55   ; datafile: 光变数据文件, 三列: 时间、测光或光谱强度、强度误差
56   ; ps: 关键词, 是否将拟合结果存储在 EPS 文件中
57   ;
58
59   IF N_elements(datafile) EQ 0 THEN BEGIN
60          print, '========================='
61          print, 'No information of datafile'
62          print, 'lmc_qpo.dat will be used '
63          print, '========================='
64          datafile = 'lmc_qpo.dat'
65   ENDIF
66
67   ; 执行 GLS 方法
68   res = gls(datafile = datfile)
69
70   ; 读取 GLS 方法生成的结果数据文件
71     ; psf 和角频率
72   djs_readcol, 'gls_glm.dat', psf
73   djs_readcol, 'gls_omega.dat', omega
```

```
74
75  ; 图像展示准备
76  IF keyword_set(ps) THEN BEGIN
77      set_plot,'ps'
78      device, file = 'qpo.ps', /encapsulate, /color, bits =24, $
79              xsize = 40, ysize = 50
80  ENDIF
81  !p.multi = [0, 1, 2]
82
83  plot, 2*!pi/omega, psf, psym=10, /xlog, xs=1, charsize=3.5, $
84          xtitle = textoidl('periodicity (days)'), charthick = 3.5, $
85          ytitle = 'Generalized Lomb—Scargle Power'
86  oplot, 2*!pi/omega, psf, psym=10, color=djs_icolor('dark green'), $
87          thick = 6
88
89  ; 0.07 是 GLS 方法确定的 99.99% 的置信度
90      ; Python 文件 gls.py 运行时, 屏幕会输出该信息
91  oplot, 2*!pi/omega, psf*0.+ 0.07, line=2, color=djs_icolor('red'), $
92          thick = 6
93
94  ; 在 GLS 结果出现的峰值
95  oplot, [350,350], [0.25, 0.4], color=djs_icolor('red'), thick = 6
96  xyouts, 320, 0.275, textoidl('350days'), color=djs_icolor('red'), $
97          charsize=2.5, charthick = 2.5, ori = 90
98  oplot, [2400,2400], [0.1, 0.4], color=djs_icolor('red'), thick = 6
99  xyouts,2350,0.125,textoidl('2400days'),color=djs_icolor('red'), $
100         charsize=2.5, charthick = 2.5, ori = 90
101
102 ; 自相关结果的检验
103     ; 观测数据读取
104 djs_readcol,'lmc_qpo.dat', x, y, z, format = 'D,D,D'
105
106 ; 插值均匀化
107 xx = min(x) + DINDGEN(501) * (max(x) − min(x))/5d2
108 yy = interpol(y, x, xx)
109 z = interpol(z, x, xx)
110
111 ; 时间步长及时间延迟信息的确定
112 dt = xx[1] − xx[0]
113 lags = DINDGEN(740) − 370
```

```
114
115   ; 初始数据的自相关结果
116   res = djs_correlate(yy, yy, lags)
117
118   ; 自相关结果展示
119   plot, lags*dt, res, psym=10, xtitle = textoidl('time lags (days)'), $
120            ytitle = textoidl('cross correlation  coefficients '), $
121            charsize = 3.5, charthick = 3.5
122   oplot, lags*dt, res, psym=10, color = djs_icolor('dark green'), $
123            thick = 4
124
125   ; 使用 bootstrap 方法标定自相关结果的上下限
126   resL = res & resH = res
127   num = 0
128      ; 执行 800 次随机试验
129   WHILE num lt 800 DO BEGIN
130            pos = fix(randomu(seed,501)*501)
131            pos = pos(REM_DUP(pos))
132            pos = pos(sort(pos))
133            xx1 = xx[pos] & yyerr = z[pos]
134            kk = randomu(seed,1)
135            IF kk[0] ge 0.5 THEN mark = 1 else mark = −1
136            ; 考虑误差影响
137            yy1 = yy[pos] + yyerr * mark
138            sxx = min(xx1) + DINDGEN(501) * (max(xx1) − min(xx1))/5d2
139            syy = interpol(yy1,xx1,sxx)
140            ddt = sxx[1] − sxx[0]
141            res2 = djs_correlate(syy, syy, lags)
142            res2 = interpol(res2, lags*ddt, lags*dt)
143            es2 = res2 − resL & es3 = res2 − resH
144            pos1 = where(es2 lt 0)
145            IF pos1[0] ge 0 THEN resL[pos1] = res2[pos1]
146            pos2 = where(es3 gt 0)
147            IF pos2[0] ge 0 THEN resH[pos2] = res2[pos2]
148            num = num+1L
149   ENDWHILE
150
151   ; 添加自相关结果的上下限
152   oplot, lags*dt, resL, psym=10, line=2, color=djs_icolor('blue'), $
153            thick = 4
```

```
154   oplot, lags*dt, resH, psym=10, line=2, color=djs_icolor('blue'), $
155         thick = 4
156
157   ; 标定检验周期信息
158   oplot, lags*dt*0 + 350, [−1, 1], line=2, color=djs_icolor('red'), $
159         thick = 4
160   oplot, lags*dt*0 + 2320, [−1, 1], line=1, color=djs_icolor('red'), $
161         thick = 4
162   oplot, lags*dt*0 − 350, [−1, 1], line=2, color=djs_icolor('red'), $
163         thick = 4
164   oplot, lags*dt*0 − 2320, [−1, 1], line=1, color=djs_icolor('red'), $
165         thick = 4
166
167   IF keyword_set(ps) THEN BEGIN
168         device,/close
169         set_Plot,'x'
170   ENDIF
171
172   END
```

编译并运行后, 对 SDSS J0752 观测数据基于 GLS 方法的周期性结果检验以及基于自相关方法的周期性结果的检验展示在图 8.6 中, 可以发现 GLS 结果中出现了两个峰值: 一个峰值在周期 2320days 左右, 与直接拟合方法得到的结果一致; 另一个峰值在 350days 左右. 但是在自相关结果中, 2320days 的峰值明确可辨, 350days 处在自相关结果中无明确峰值, 因此, 尽管在 GLS 方法中出现了两个可信的峰值 (置信度高于 99.99%), 350days 的出现可能有其他原因, 这里不做讨论.

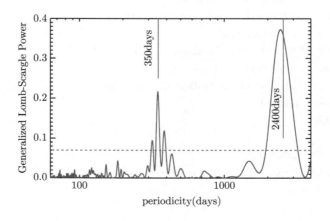

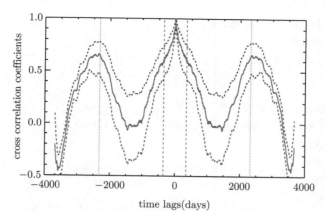

图 8.6 上图展示对 SDSS J0752 的光变数据的 GLS 方法的处理结果；水平虚线代表置信水平 99.99%，垂线标定 GLS 结果中出现的两处峰值. 下图展示基于自相关方法的结果；实线标定基于观测数据的自相关结果，弯曲虚线给出自相关结果的上下限，垂直虚线标定 ± 350 和 ± 2320 的位置

8.5 基于 DRW 模型对 QPO 信号的置信度检验

从 SDSS J0752 的光变数据中可以发现周期性的 QPO 信号, 并且可以通过不同的方法得到验证. 但是对于活动星系核来说, AGN 本身就存在着明确的光变现象, 因此, 有必要探讨: 是否能够从 AGN 的内禀光变中检测到类似的 QPO 光变特征, 如果能够普遍检测到 DRW 光变信号中存在着类似的 QPO 信号, 那么说明, 该探测到的 QPO 信号有很大概率是假的. 因此, 在本节中, 我们对 QPO 信号在 DRW 光变模式中进行探测.

简单地说, 前面的章节中, 我们已经提供了明确的函数 generate_DRW.pro 来完成 DRW 光变数据的生成, 因此可以方便地产生大样本符合 DRW 光变模式的光变数据, 进而在其中使用基于正弦函数进行直接拟合的方法以及自相关检验的方法探索是否能够检测到类周期的光变信号. 使用程序 check_drw_qpo.pro 来完成该目标, 内容如下:

程序: check_drw_qpo.pro

```
1   ; 程序形式:
2   Pro check_drw_qpo
3
4   ; 程序目的:
5   ; 检验符合 DRW 光变模式的光变数据中是否存在假的 QPO 信号
6   ;
7
```

```
8   ; generate_DRW 中三个参量
9       ; 让光变曲线的均值为零
10      ; par_b = 0, 不影响结果
11  par_b = 0
12
13  ; 使用 SDSS J0752 的时间序列, 存放在 lmc_qpo.dat 中
14  djs_readcol,'lmc_qpo.dat', xx, yy, yyerr, format = 'D,D,D'
15  pos = sort(xx)
16  xx = xx[pos]
17  yy = yy[pos]
18  yyerr = yyerr[pos]
19
20  ; 直接拟合方法模型函数
21  expr = 'p[0] + p[1]*x + p[2]*sin(2*!pi/10.d^p[3]*x + p[4])'
22
23  ; 自相关检验准备
24  xx2 = min(xx) + DINDGEN(501)*(max(xx)-min(xx))/5d2
25  lags = DINDGEN(800)-400
26  dt = xx2[1]-xx2[0]
27
28  ; 屏幕展示结果
29  !p.multi = [0,1,2]
30  window, xsize=1200, ysize=1400
31
32  ; 进行 10000 次检验
33  np = 0L
34  WHILE np lt 10000 DO BEGIN
35      ; DRW 模型参数 τ 和 σ 随机确定
36      ; 数值范围来自对类星体光变统计结果
37      tau_in = randomu(seed,1) * 950.d + 50. ; 100days 到 1000days
38      sig_in = sqrt(2*0.047/tau_in[0])
39      print, sig_in, tau_in, tau_in[0]*sig_in[0]^2./2.
40
41      ; 运行 generate_DRW 函数
42      LMC_ori = generate_DRW(xx,par_b=0.,par_tau=tau_in[0], $
43              par_sig = sig_in[0])
44
45      ; 平均值与 SDSS J0752 相当
46      yy2=lmc_ori +15.62
47
```

```
48      ; 添加误差
49      yy2err = yy2/yy * yyerr
50
51      ; 使用正弦函数进行拟合
52      res = mpfitexpr(expr, xx, yy2, abs(yy2err), $
53              [0.,0.,0.,3.1,0.],   yfit = yfit, /quiet, $
54              bestnorm = best, dof = dof)
55
56      ; 屏幕展示拟合结果
57      plot, xx, lmc_ori + 15.62, ys=1, $
58              title = string(np) + 'best:' + string(best) + $
59              ' dof:' + string(dof), charsize=2, charthick = 2, $
60              position = [0.1,0.55,0.95,0.95]
61
62      ; 添加误差棒
63      DJS_OPLOTERR,xx,lmc_ori + 15.62, yerr = yyerr, $
64              color = djs_icolor('red')
65
66      ; 添加拟合结果
67      oplot, xx, yfit , color = djs_icolor('red')
68
69      ; 自相关结果的检验和展示
70      plot, lags*dt, djs_correlate(yy2,yy2,lags), charsize=2, $
71              charthick = 2, position = [0.1,0.15,0.95,0.5]
72
73      ; 希望峰值处的 coefficient 大于 0.5
74      oplot, lags*dt, lags*dt*0 + 0.5, color = djs_icolor('red')
75
76      ; 屏幕图像保留 1 秒钟
77      wait, 1
78
79      ; 光变数据存储
80      spawn, 'mkdir Check_drw_qpo'
81      openw,lun, 'Check_drw_qpo/lmc_' + $
82        strcompress(string(fix(np)),/remove_all)+'_tau_'+ $
83        strmid(strcompress(string(tau_in[0]),/remove_all),6) $
84        +'_sigma_'+ $
85        strmid(strcompress(string(sig_in[0]),/remove_all),5)+ $
86        '_'+str+'.dat',/get_lun
87      FOR kk=0, n_elements(xx)-1L DO BEGIN
```

```
88            printf,lun,xx[kk], lmc_ori[kk]+15.62, yy2err[kk],$
89            format = '(3(D0,2X))'
90        ENDFOR
91        free_lun,lun
92
93        np= np+1L
94  ENDWHILE
95
96  print, '========================='
97  print, ' 10000 fake light curves '
98  print, ' by DRW process!         '
99  print, '========================='
100
101 END
```

　　编译并运行后, 将生成一个新的目录: Check_drw_qpo, 该目录下基于 DRW
数学模型生成了 10000 条光变曲线, 时间信息与 SDSS J0752 光变数据中的事件
信息一致, 且屏幕上每隔一秒展示一个对光变曲线的拟合结果和自相关检验结果.
明确符合 QPO 特征的光变数据, 可自行从 Check_drw_qpo 目录下的光变数据
进行检验, 这里不再深入讨论, 可以将该程序中部分内容直接复制运行即可. 统计
结果的明确讨论也不在本书的讨论范畴之内, 但是在 10000 个生成的符合 DRW
光变模式的光变数据中, 可以找到几十条光变曲线, 其可以完成正弦函数的直接拟
合, 且在自相关结果中出现明确的峰值, 峰值处的互相关系数大于 0.5, 因此可以
预期从 DRW 光变数据中找到 QPO 信号的概率是很低的. 换句话说, 基于 AGN
的长时标光变, 从其中探寻的 QPO 信号是真实可信的. 图 8.7 展示了两个实例,
光变数据由 DRW 生成, 但是可以使用正弦函数完成最佳拟合.

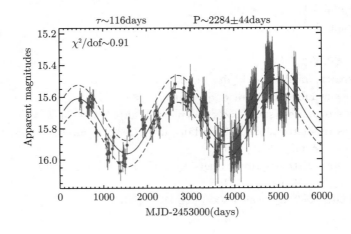

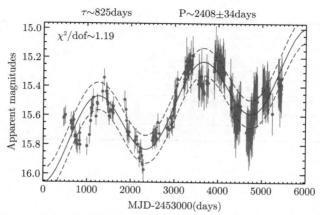

图 8.7 两个实例, 光变数据由 DRW 数学模型产生, 但是可以使用正弦函数得到最佳拟合
实线和虚线分别对应最佳的拟合结果和对应的 1rms 的置信区间

很显然, 对于活动星系核数据的处理, IDL 可以自始至终地顺利完成一个研究主题. 至于结合光变特性和光谱特征进行深层次的物理意义的讨论, 例如: 中心双黑洞模型, 不在讨论范畴之内. 本章用一个明确的实例, 展示了使用 IDL 在数据搜集、光谱展示、光谱拟合处理、光变特性的 DRW 处理、光变 QPO 信号的探寻、光变 QPO 信号置信度的检验等一系列过程中的完整过程, 因此, 在天文学研究中, IDL 有足够的威力, 可以在研究过程中提供莫大的助力.

8.6　本章函数及程序小结

最终, 我们对本章用到的 IDL 及相关天文软件包提供的主要的函数和程序总结如表 8.1.

表 8.1　本章所使用的 IDL 环境下的函数和程序总结

函数/程序	目的	示例
download	SDSS 光谱下载	download, mjd = m, plate=p, fiberid=f
view_spec	SDSS 光谱展示	view_spec, mjd = m, plate=p, fiberid=f
fit_ha	SDSS 光谱中 Hα 附近发射线的拟合实例	fit_ha, /ps
fit_hb	SDSS 光谱中 Hβ 附近发射线的拟合实例	fit_hb, /ps
drw	基于 JAVELIN 代码对光变数据的拟合	res = drw(datafile = datafile)
lmc_drw	基于 JAVELIN 代码对光变数据的拟合实例展示	lmc_drw, /ps

函数/程序	目的	示例
lmc_qpo	基于直接拟合法对光变 数据中 QPO 信号的标定实例	lmc_qpo, /ps
GLS	基于 Python-GLS 方法对光变 数据中 QPO 信号的标定	res = GLS(datafile = datafile)
lmc_gls	基于 GLS 方法对光变 数据中 QPO 信号的标定实例	lmc_gls, /ps
check_drw_qpo	在 DRW 光变数据中探寻 QPO 信号	check_drw_qpo

索　引

致　　谢

　　书稿完成，心有所感，写一首《卜算子》，以飨清月，感谢数十年来各位师长、朋友的帮助！

清月揽飞鸿，
格物寒山静.
十载匆匆阅百城，
相伴星光影.

窗前揖青藤，
身外霜梅共.
淡墨书香入梧桐，
最美心中景！